计算机网络原理及应用

主编　于子凡

武汉大学出版社

图书在版编目(CIP)数据

计算机网络原理及应用/于子凡主编. —武汉：武汉大学出版社,2018.9
ISBN 978-7-307-20514-7

Ⅰ.计…　Ⅱ.于…　Ⅲ.计算机网络　Ⅳ.TP393

中国版本图书馆 CIP 数据核字(2018)第 197964 号

责任编辑:鲍　玲　杨晓露　　　责任校对:李孟潇　　　版式设计:汪冰滢

出版发行:**武汉大学出版社**　(430072　武昌　珞珈山)

（电子邮件：cbs22@whu.edu.cn　网址：www.wdp.com.cn）

印刷:湖北民政印刷厂

开本:787×1092　1/16　印张:20.5　字数:483 千字　插页:1

版次:2018 年 9 月第 1 版　　2018 年 9 月第 1 次印刷

ISBN 978-7-307-20514-7　　定价:45.00 元

前　言

我们已经进入"互联网+"时代，大量基于手机这种计算机网络智能终端设备的应用的出现，给人们带来了极大的便利，并将继续改变人们的生活方式。计算机网络是这个时代极其重要的工具，计算机网络基本知识、计算机网络应用基本方法是信息学科各个专业拓展专业应用领域、提升专业应用水平的必备知识和技能。对于信息学科各专业的学生而言，学习和掌握计算机网络基本原理和应用方法是十分必要的。

本书的宗旨不是如何建设一个更好的计算机网络，而在于基于现有网络如何应用好这一工具。因此，对于计算机网络知识介绍只涉及网络的基本概念、原理、常用协议的工作机制，并不对它们的细节、优劣做深入细致的分析，目的是把关注的焦点集中在网络应用上。

本书分为计算机网络基本知识和基本应用方法两部分。全书共分为13章，第1~8章属于计算机网络基本知识部分，第9~13章属于计算机网络基本应用方法部分。第1章介绍了计算机网络概念，计算机网络发展历史，计算机网络体系结构采用分层结构的原因以及如何分层，最后对互联网做了简要说明。第2章介绍了物理层的工作机制以及与物理层相关的通信技术知识和与物理层相连接的有线传输介质相关内容。第3章以PPP协议为例介绍了数据链路层的概念、工作机制，然后主要介绍了工作在数据链路层的局域网结构、类型和数据在局域网中的传输机制。第4章首先介绍了网络互连的概念，数据在互连网络之间的传输机制，以向量距离算法和链路状态算法这两种典型的路由算法为例介绍了在网络拓扑关系图中选择最佳路径的原理和方法。然后，针对网络中需要解决的问题，介绍了无分类编址技术和几种应用于网络层的技术。最后，介绍了在互联网中逐步采用的IPv6网络互连协议。第5章介绍了传输层的必要性，并着重介绍了TCP和UDP这两种位于传输层的数据传输工作机制。第6章分别介绍了六种工作于应用层的协议或系统的作用、工作机制。第7章介绍了网络安全概念和几种网络安全方法。第8章主要介绍了广泛应用的无线局域网的结构和工作机制。第9~10章内容涉及网页制作基本知识、方法和排版优化技术。第11章介绍了建立Web网站的基本工具、基本方法和相关技术。第12章以一个详细的Web网站建设实例展示了建立Web网站的全过程及方方面面。第13章介绍了.NET环境下网络数据传输的相关方法。在附录部分详细介绍了迪杰斯特拉最短路径算法、DES加密算法的编程思路、实现途径和程序清单。

本书各章后面的作业，既有理论练习题，又有实际编程任务，希望能够帮助读者提升理论知识和实际动手能力。

本书可作为与信息技术相关非计算机专业的本科生计算机网络课程学习教材。

由于编者水平有限，书中有许多不足和缺憾，敬请读者加以批评、指正！

编　者
2018 年 3 月于武汉大学

目　录

第1章　概　　述

本章首先介绍计算机网络的定义，衡量网络优劣的主要性能指标，以及计算机网络学科形成和发展的历史。接着，着重介绍计算机网络体系结构，内容包括：网络分层的好处，网络的分层结构，以五层网络体系为实例介绍各个层次需要完成的基本任务，各个层次之间的相互衔接关系，以及数据在各个层次中的传输过程。最后，介绍目前广泛使用的互联网，包括互联网的发展历程，互联网的结构，互联网各个组成部分的工作方式。

1.1　什么是计算机网络

1.1.1　计算机网络的定义

计算机网络是将地理位置不同、具有独立功能的多个计算机系统，通过通信设备和线路连接起来，以功能完善的网络软件实现资源共享的系统。

简单地说，将几台计算机连接起来，能够相互传输数据，就构成了计算机网络。但还有一些限定词，如独立的、资源共享可以帮助我们进一步理解。我们可以随时上网查询信息，查询到的信息是网络上的其他计算机提供给我们的，这就是计算机与计算机之间实现了资源共享。连在网络上的计算机彼此都是相互独立的。独立是指一台计算机如何使用网络不会影响到其他计算机使用网络，何时上网、何时退出网络，都不会影响别人使用网络；反过来，别人也不会影响到我们。与计算机网络系统独立性可以作对比的是分布式计算机系统。

分布式计算机系统是在分布式计算机操作系统支持下，进行并行计算和分布式数据处理的计算机系统，其要点是各个互连的计算机互相协调工作，共同完成一项任务。

分布式计算机系统中的计算机是相互联系、协调、有分工的，也就是说是不独立的。部分计算机不工作，它们负责的功能就无法实现，整个系统必然受到影响。但分布式计算机系统与计算机网络系统在计算机硬件连接、拓扑结构和通信、控制方式等方面基本一样，都具有通信和资源共享等功能，两者之间的界限越来越模糊。除了需要严格区分的场合，一般人们就把分布式计算机系统看作是计算机网络系统。

1.1.2　计算机的连接方式

网络中的计算机不论性能、价格有多大的差异，在网络中的地位是平等的，都能够提供或索取信息。地位平等还体现在，网络中的任意一台计算机都能够在需要的时候和任意另一台计算机连接起来。因此，网络中的任意两台计算机都必须有连接通道。

在早期，网络中的计算机数量较少时，可以采用将计算机两两相连的直接连接方式，如图 1-1 所示。

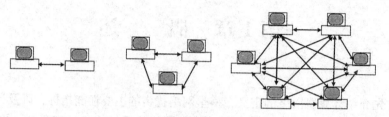

图 1-1 计算机直接连接示意图

需要连线的数量为 $C_n^2 = \dfrac{1}{2} n \times (n-1)$。随着网络规模的扩大，网络中计算机数量越来越多，当 n 较大时，连线数量太多，直连方式难以为继。为此，网络采用交换机(或者具有交换功能的通信设备)连接方式。在当时，交换机连接方法已经广泛应用于电话网络，并非新技术。采用交换机技术构建网络，计算机连在交换机上，任何两台计算机的连通，由交换机根据连接的需要，自动相互连通来完成。交换机连接方式以及与之对应的网络逻辑图如图 1-2 所示，其中右边的逻辑图形象地表示了组成计算机网络的三种主要元素：通信设备、通信链路和计算机。

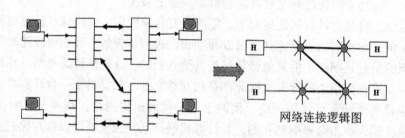

网络连接逻辑图

图 1-2 通过交换机连接构成的网络

如图 1-3 所示，在计算机网络逻辑图中，通信设备用圆圈表示，称之为"节点"。连接通信设备的"通信链路"用粗线表示，同一条通信链路连接的两个节点互为"相邻节点"，图 1-2 中的 H 表示与通信设备相连的计算机(或称主机，Host)。在大部分情况下，H 会被省略掉，只剩下一条小短线表示一台连接的计算机。随着网络规模的扩大，结构的变化，这样的小短线不仅连接一台计算机，还可以连接一个属于下一级的子网络。因此，小短线通常理解为连接到交换节点的一个连接。

1.1.3 计算机网络在信息时代的作用

21 世纪是信息时代，体现在数字化、网络化、信息化技术的大量出现。信息时代以网络为物质基础，其中网络又包括电信网络、有线电视网络和计算机网络。电信网络就是

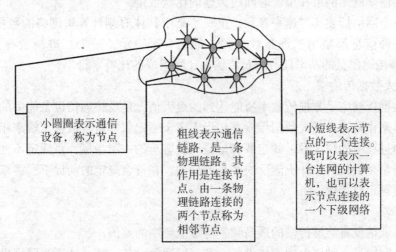

图 1-3 网络逻辑图中各种符号的意义

电话网，在三网中出现最早，主要功能是传送语音信息。有线电视网络传送视频图像、语音。计算机网络出现最晚，主要功能是传送数据。在数字化时代，语音和视频图像都可以用数据来表示，因而计算机网络完全可以取代电信网络和有线电视网络。三网中发展最快、起核心作用的是计算机网络。所谓的三网合一是指将电信网络、有线电视网络合并到计算机网络中来，或者说，用计算机网络技术来实现电信网络和有线电视网络功能。三网合一在技术上已经实现。

计算机网络在信息时代发挥着巨大的作用，我们在生活、工作、学习、交往、娱乐等诸方面已经离不开计算机网络。但计算机网络只是人类创造的众多工具中的一种，当然它是一种潜力巨大的工具。只有学习它、了解它、应用它，这种工具才能为我们发挥出更大的作用。

1.1.4 计算机网络的类别和性能指标

要分类就要首先确定分类标准。如果按照网络的覆盖地理范围来分，计算机网络可以分成局域网、城域网和广域网。局域网的覆盖范围局限于一个单位；城域网的覆盖范围局限于一个城市；广域网的覆盖范围超过城域网。按照不同使用者来分，可以分为公用网和专用网。公用网针对所有大众，任何经过注册的用户都成为合法用户，能够使用该网络。专用网属于一个圈子(企业、公司或某个政府部门)，针对特定人群，只有在圈子范围内的用户能够使用网络。专用网与公用网的重大区别在于 IP 地址性质不同，专用网使用仅在本网络内部能够使用的本地 IP 地址，公用网使用在整个互联网中都认可的全球 IP 地址。

计算机网络作为一个具体的物理系统，可以用各种指标、参数来衡量其性能。常用的性能指标如下：

(1) 数据传输率

数据传输率就是网络在单位时间内传输的比特数量。

这是一个网络传输实时速率参数,反映了某个具体时刻计算机网络的数据传输速度。网络中的各种信息都是用二进制数 0 和 1 的组合来表示,一个二进制数称为一个比特(bit),网络传输信息的基本任务就是传输由比特组成的比特字符串。

(2)最大数据传输率

最大数据传输率是数据传输率所能达到的最大值,是反映通信设备能力的指标。

用客车来作类比,最大数据传输率相当于客车额定载客量,数据传输率相当于客车一次实际运输过程中的载客量。额定载客量是反映客车的一项指标,是固定不变的。而每次的实际载客量是变化的,并不能反映客车的能力。在符合规定的前提下,客车的实际载客量不能超过额定载客量。

(3)带宽

带宽是通信设备能够传输的最高频率与最低频率的差值。

计算机网络是一种庞大的通信设备,和一般通信设备一样,计算机网络也存在带宽参数,是体现网络性能的一个指标。我们常说的百兆网、吉比特网都是从带宽这一指标来描述网络的。带宽指标之所以重要,是因为在实际应用中,认为带宽和通信设备的最大数据传输率相等,从而直接体现了通信设备的能力。例如,百兆网被认为每秒钟能够传输 100M 比特的数据量,吉比特网被认为每秒钟能够传输 1000M 比特的数据量。因为两者被认为是相等的,带宽和最大数据传输率两个指标就常常被混用,对于设备制造者而言,偏重于带宽,对用户而言,偏重于最大数据传输率。

(4)吞吐量

吞吐量是指对网络、设备、端口、虚电路或其他设施,单位时间内成功地传送数据的数量(可以用比特、字节、分组等多种数据计量单位进行测量)。

(5)时延

时延是指数据从源端到目的端所需要的时间,包括发送、传播、处理、排队时延,即

$$时延 = 发送时延 + 传播时延 + 处理时延 + 排队时延$$

计算机网络以数据帧为数据传输单位,通过设备端口发送和接收数据。一个数据帧是一个二进制数据队列,数据帧的数据传输是以队列中每一个比特依次传输的方式进行的。

发送时延是数据帧从第一个比特到最后一个比特出端口所需要的时间。

传播时延是数据帧最后一个比特从离开发送端口到进入接收端口所需要的时间,是数据在传输介质中所花的时间。

一个数据单元被一个节点发往下一个节点之前,需要进行数据检查、路由选择等多种操作,这些操作所需时间就是处理时延。

如果一个节点中需要处理的数据单元有多个,就必须排队等待。一个数据单元从加入排队队列到开始得到处理所需要的时间就是排队时延。

(6)时延带宽积

时延带宽积,即通道所能容纳的比特数,是衡量网络数据传输综合能力的指标。

(7)往返时间

往返时间是指从源主机传输到目的主机再传回源主机所需要的时间。一般被认为是两

倍的时延。

(8)利用率

利用率是指网络被利用的时间，包括信道利用率和网络利用率。

(9)抖动

抖动就是延迟时间变化量。

由于网络的状态随时都在变化，有时候流量大，有时候流量小。当流量大的时候，许多数据包就必须在节点的队列中等待被传送，因此每个数据包从传送端到目的地端的时间不一定会相同，而这个不同的差异就是抖动。抖动越大，表示网络越不稳定。

(10)网络丢包率

网络丢包率是数据包丢失部分与所传数据包总数的比值。

数据在网络中是被分成一个个数据包传输的，每个数据包中有表示数据信息和提供数据路由的信息字段。而数据包在传播时总有一小部分由于各种原因而丢失，而大部分数据包会到达目的终端。

1.2 计算机网络的产生与发展

计算机网络的发展可分为四个阶段：①网络的萌芽阶段，计算机技术与通信技术相结合，形成计算机网络的雏形。②网络形成阶段，不仅出现了实际的网络，还形成了完整的计算机网络技术理论体系，从而形成了计算机网络学科。③网络的标准化阶段，为了在更大范围内实现资源共享，必须将各种网络互连起来；为了实现多个网络的互联互通，每个网络都必须用同一个标准来建设。该阶段的主要标志就是提出了建设网络的标准模型，网络的建设都依照标准模型进行。④网络的大发展阶段，计算机网络向互联、高速、智能化方向发展，并获得广泛应用。我们目前正处在这个阶段。

1. 第一阶段：计算机网络雏形

早期的计算机十分昂贵，数量很少，计算机系统通常是由一台主机带多台终端(如图1-4 所示)，多个用户在终端上以共享的方式共同使用一台计算机主机。终端由主机完全控制，不同终端之间可以通过主机形成信息交流。从物理结构上来看，图中的主机与现代计算机网络中的节点十分相似。但终端没有 CPU，不具备处理功能，不是智能设备，不

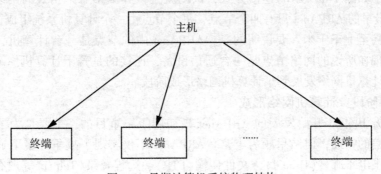

图 1-4　早期计算机系统物理结构

符合计算机网络的定义，只能说是网络的雏形。

主机一般放在恒温恒湿无尘的主机室内，终端放在一个或几个计算机教室或操作间中。终端是用户输入输出接口，通常是一台显示器和一个键盘。所有的用户通过终端共同使用一台计算机。主机负责接收终端输入的用户指令，运算，返回运算结果。主机还要负责运算和通信工作，以及管理系统所带的磁带存储机、打印机等附属设备。和运算相比，通信工作效率极低。这是因为通信是双方的事情，需要双方都做好准备才能进行，如果一方还未做好准备，另一方必须等待。相对而言，数据实际传输时间很短，等待时间很长，通信机制中必不可少的等待是降低通信效率的主因。频繁的等待会对主机宝贵的CPU 时间资源造成极大的浪费。

为了避免主机 CPU 时间资源的浪费，采用了一台主机+一台辅机+多台终端的计算机系统结构，如图 1-5 所示。

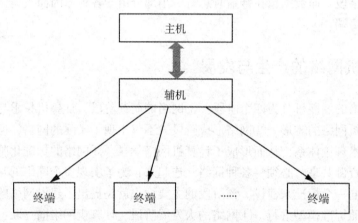

图 1-5　主机加辅机的计算机系统物理结构

辅机是低档计算机，负责收集和分发各个终端的数据，定期与主机通信，交换数据，其作用是大幅度减少了主机等待时间，节省主机 CPU 时间资源。其意义在于出现了计算机(主机)与计算机(辅机)之间的连接与通信技术。

既然解决了主机和辅机的通信技术问题，不同计算机系统之间也能够实现数据交换。于是，出现了如图 1-6 所示的连接方式，该图就是世界上第一个正式的网络——美国的ARPAnet。最早的 ARPAnet 只有四个节点，每个节点由一个计算机系统组成，节点之间彼此相距几百甚至上千千米。要说明的是，ARPAnet 中的节点是一台计算机，连接的是若干终端，而现在所说的网络节点是一台通信设备，连接的是若干计算机。ARPAnet 的出现，标志着计算机网络发展到了计算机网络形成阶段。

2. 第二阶段：计算机网络形成

美国军方 1969 年开始发展的 ARPAnet 最初用于军事目的，主要是为了在战争环境下，保持通信的畅通，但结果颇为丰富。ARPAnet 不仅实现了战争环境下通信畅通的初衷，还实现了电子邮件(E-mail)、文件传输(FTP)、远程登录(Telnet)等现有互联网的基本功能，成为互联网的雏形。保持通信畅通的基本要求是线路中断不能导致通信中断，甚

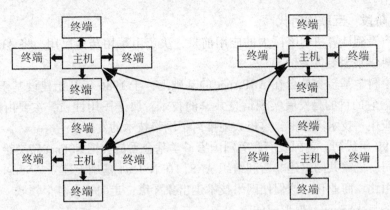

图 1-6   利用计算机之间的连接与通信技术将不同的计算机系统连接起来

至通信双方都不会感觉到线路出现了中断，这是电信网不能做到的。电话因故中断后，通信立即中断，需要通过重新拨号建立连接，这样一来，中断的时间就太长了。因此，当时的电信系统不能满足美国军方的要求。

ARPAnet 是计算机网络技术发展的一个重要的里程碑，它不仅建立了一个真实的计算机网络，还对计算机网络理论体系的形成作出了贡献。主要表现在以下几方面：①完成了对计算机网络的定义、分类；②提出了资源子网、通信子网的两级网络结构的概念；③研究了报文分组交换的数据交换方法；④采用了层次结构的网络体系结构模型与协议体系。

随着 ARPAnet 研究成果的公布，各大计算机公司、研究机构开始研究网络技术，建设自己的计算机网络。例如，美国加利福尼亚大学劳伦斯原子能研究所的 OCTOPUS 网、法国信息与自动化研究所的 CYCLADES 网、国际气象监测网 WWWN、欧洲情报网 EIN 等，同时还出现了一些研究试验性网络、公共服务网络、校园网以及网络协议等研究成果。这一阶段的特点是遍地开花，各自为政，即出现了很多网络，但是网络之间采用的结构、技术、协议等各不相同，无法互连。

与美国军方网络的目的不同，民用网络的建设目的是资源共享，即能够方便、快捷地从其他计算机获得所需要的信息。但不同网络系统之间的差异，导致了网络互连的困难，阻碍了更大范围内的资源共享。为了将各个独立的网络互连起来，必须建立一套标准，各个计算机网络都按照同一标准进行建设。

3. 第三阶段：开放式标准化网络

国际标准化组织 ISO 于 1977 年成立了专门机构，正式制订并颁布了"开放系统互连基本参考模型"（OSI/RM，Open System Interconnection /Reference Model）。20 世纪 80 年代，ISO 与 CCITT 等组织又为该参考模型的各个层次制订了一系列的协议标准，组成了一个庞大的 OSI 基本协议集。而首先应用在 ARPAnet 上的 TCP/IP 协议经过不断地改进与规范化，目前广泛应用在互联网上，成为事实上的工业标准。这样就出现了两个标准。经过一段时间的竞争，TCP/IP 模型在全球得到了广泛的应用，OSI 在网络理论的学习和研究中也得到了应用。

4. 第四阶段：互联网时代

美国政府看到计算机网络巨大的应用前景，决定由军用转为民用，将 ARPAnet 技术转交给国家科学基金委员会（NSF）。

美国国家科学基金委员会在 ARPAnet 的基础上，于 1986 年开始建设基于 TCP/IP 协议的 NSFnet。它的目的是发展实现信息共享的技术，属于民用性质，主要由科研与教育部门研究、应用，技术不保密，这极大地推广了网络技术的发展。

20 世纪 90 年代初，美国政府和美国国家科学基金委员会把 NSFnet 转交给美国三家最大的电信公司，三家共同组建非营利组织 ANS，在 NSFnet 基础上建立 ANSnet，目的是把成熟技术实用化、商业化。这促使网络技术走出象牙塔，走向社会各个领域。现有的互联网是各种网络与 ANSnet 互连形成的。

目前正在研制新一代互联网，特点是速度有极大的提高，应用极其方便和广泛，IP 地址由 32 位变成 128 位，地址空间几乎无限。

1.3　计算机网络体系结构

1.3.1　计算机网络体系结构的概念

在说明网络体系结构相关概念之前，我们来看看现代邮政系统。

现代邮政系统也是进行信息传输的系统，不过信息的载体是纸质的信件。在没有邮政系统的时代，信息传输的方式一般是鸿雁传书、找到合适的人捎口信，所以完成一次信息传输十分麻烦，并且时效性、可靠性都不高。现代邮政系统的建立，使信件传输问题十分简单。对于普通用户而言，只需要做到写上正确地址，贴足邮票，找到邮筒投入。这种简单来源于庞大的现代邮政系统的支持。现代邮政系统如图 1-7 所示。

现代邮政系统分成了三个层次（又可以称为子系统或独立实体），每个实体只与在异地同层次的实体以及本地上下层相邻实体打交道。为了完成信息传输，在异地同层实体以及本地上下层相邻实体之间都需要设置约定（协议），每个实体只需要按照约定（协议）完成自己的工作，因此每个实体的任务都很简单。以用户子系统为例，同层次方面，信件收发双方需要采用双方都认识的文字或者事先约定的密语、暗号；在上下层方面，用户要满足邮政局的要求，采用标准信封，以正确的格式书写邮政编码、地址和收信人，贴足邮票，将信件投入邮筒。

现代邮政系统给我们如下启示：

①异地的两个系统分层划分必须一致，双方存在对等的、可以交往的实体。

②不论是在异地同层还是在本地上下层之间，信息交流都是双方的事，必须在信息交流的两个实体之间建立必要的约定、规范（协议），以保证双方不产生歧义。

③实体的工作之所以变得简单，是因为只与本地上下层实体，以及对方的同层实体存在信息交流（例如写信人不必和运输部门打交道，不必知道信件是如何传递的），只要按照实体之间的约定完成该做的工作。

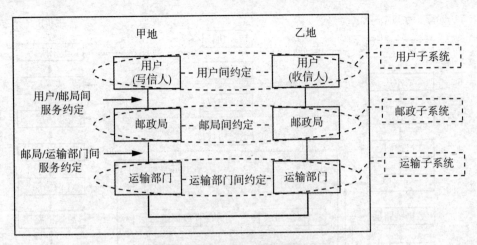

图 1-7 现代邮政系统分层结构

④同层交流是双向的，甲乙两地的用户都可以给对方写信，也都可以接受对方的来信；上下层之间的交流不是双向的，只有用户去找邮局，邮局不会来找用户。

⑤下层为上层服务，下层为上层提供了服务接口，确定了规范要求（约定）；上层在服务接口处满足了下层的要求，才能得到下层的服务。

计算机网络系统借鉴了现代邮政系统的思想，将整个复杂的系统以分层的方式划分成若干个相对简单的子系统（独立实体），每一个独立实体都有各自的功能，完成各自的任务；每一个实体只与对方的同层实体以及本方的上下层实体打交道；相应地，在异地同层实体之间，以及本地上下层实体之间需要做相应的约定。图 1-8 所示就是 ISO 提出的计算机网络系统分层结构。

计算机网络体系结构一方面描述了计算机网络系统层次的划分，并精确定义了系统各个层次需要完成的功能；另一方面在同一系统上下相邻层次实体之间和不同系统同一层次实体之间确定了双方通信所需要的协议，构成与层次划分结构相适应的一个协议集。

1.3.2 网络分层

将网络系统划分成多个层次实际上是将一个完整的、复杂的系统划分成多个相对简单的容易实现的子系统。同时，层次划分子系统方法将网络系统要实现的功能转化成若干个步骤需要完成的子功能，每个子系统都完成其中一个步骤对应的子功能。这样的分层具有以下优点：

①各层之间是独立的。整个系统划分成几个相对独立的层次，实现了复杂系统模块化。只要层次之间的接口关系满足公共协议要求，每个独立实体内部可以采用自己想用的任何方法完成本实体的任务，实现本层次的功能。这样，整个系统的复杂程度就下降了，系统的建立也简化了。

②灵活性好。任何一层发生改变，只要不破坏原有接口处的连接关系，就不会影响整个系统。因此，在满足协议接口关系的前提下，可以采用新技术、新方法、新工艺对每个

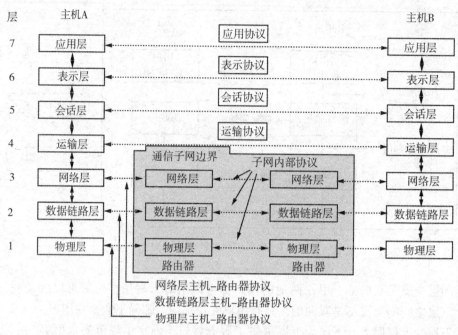

图 1-8　OSI 网络模型分层结构图

层次进行技术升级和改造，也可以用新的独立实体替换原有的独立实体。

③易于实现和维护。这种结构实现了大系统的模块化，使得实现和调试一个庞大而复杂的系统变得易于处理。

④能促进标准化工作。因为每一层的功能以及所提供的服务都已有了精确的说明，所以标准化工作更容易进行。

1.3.3　计算机网络协议与服务

网络体系分层后，整个系统分成了从上到下的若干个实现各自子功能、完成各自子任务的独立实体，系统的总任务通过这些独立实体依次完成各自的子任务而完成。

每个独立实体的子任务就是将各自的数据单元传输到异地系统同层次独立实体上。例如，图 1-8 中主机 A 物理层的任务就是将比特流传输到相邻节点的物理层上，主机 A 数据链路层的任务就是将数据帧传输到相邻节点的数据链路层上，主机 A 网络层的任务就是将数据包传输到相邻节点的网络层上，主机 A 运输层的任务就是将报文传输到主机 B 的运输层上，主机 A 应用层的任务就是将用户数据传输到主机 B 的应用层上。

每个独立实体需完成的任务是为其上层提供服务而设计、安排的，每个独立实体又要通过下层为它提供的服务来实现。例如，主机 A 运输层要完成自己的报文传输任务，必须调用主机 A 网络层的数据包传输功能；而主机 A 运输层本身的报文传输功能又是为主机 A 应用层提供服务而存在的。

网络系统中计算机通信变成了独立实体之间的数据交换。两个独立实体之间要实现通信，必须遵循统一的信息交换标准或规约（约定），这些标准或规约就是协议。将一个计算机网络分层模型的所有协议称为协议集。如果将计算机网络分层模型比作书架，那么协议就是书架上摆放的书。每个协议依实体在分层模型中的位置而处在协议集中的一个固定位置，像书架上的书一样摆放有序。因此，协议集又称为协议栈。

所有的实体之间的约定分为"水平"、"垂直"方向的两类。同层实体之间信息交流方向是水平的，水平方向的通信约定称为"协议"；同一系统中相邻上下层实体之间信息交流方向是垂直的，垂直方向的通信约定称为"服务"。

协议和服务都是通信约定，但它们又有所不同。同层实体之间采用相同的协议，两个实体是对等的，通信是双向的。上下层实体是不对等的，它们之间的关系是下层为上层提供服务，上层向下层传输的是服务要求，下层向上层传输的是服务结果。水平实体之间采用相同的协议，上下层实体之间通过服务接口传递信息。

服务（Service）这个术语在计算机网络中是一个非常重要的概念。服务就是网络中各层向其相邻上层提供的一组操作，是相邻两层之间的界面。分层设计方法将整个网络通信功能划分为垂直的层次集合。在通信过程中，下层向上层隐蔽其实现细节，这意味着对于每一个独立实体而言，下层提供的服务接口就是网络，向下层接口发数据就是利用网络发送数据，从下层接口提取数据就是从网络中获得数据。上层关注的是下层服务接口有何规定，至于下层是如何运作、如何实现的，都不用关心。这样，每个实体真正地"独立"了，所需要考虑的就是如何从上层得到发送数据或向上层提交接收数据，如何根据本层协议要求处理数据，如何利用下层服务发送数据或从下层服务中得到接收数据。

值得注意的是，独立实体不一定要由硬件实现，它也可以是一系列的软件。看看我们常用的计算机网络，只有物理层和部分数据链路层功能是在网卡硬件上实现，其他各个实体的功能都是由软件实现的。

1.3.4　两个网络分层模型

在标准模型出现之前，各个网络建设单位都有自己的模型，按照自己的模型建立了网络。不同模型之间存在层次划分数量的不同、层次功能的差异，导致一个系统中的实体无法在另一个系统中找到功能完全相同的对等实体，使得不同的网络无法互连。网络标准化是指各个网络建设单位必须依照"同一模型"建设网络，同一模型就是标准。采用哪一家的模型作为标准？一方面标准之争向来存在巨大的商业利益，因而竞争激烈。结束标准之争，需要权威机构或超强者。国际标准化组织（ISO）自然是标准方面的权威，它推出了OSI 网络体系结构（图 1-8 所示）。另一方面，ARPAnet 作为世界上第一个网络，在技术方面是超强者，它在 ARPAnet 使用的是 TCP/IP 网络体系结构。

1. OSI/RM 参考模型

OSI/RM 模型是国际标准化组织（ISO）提出的开放式系统互连参考模型（Open System Interconnection/Reference Model）。OSI 参考模型是研究如何把开放式系统（即为了与其他系统通信而相互开放的系统）连接起来的标准。OSI 模型详细地描述了一个计算机网络模型，用这个模型可以很好地讨论计算机网络。但由于 OSI 模型太细、太复杂，执行效率低，不实用，因而 OSI 模型并未流行起来。

2. TCP/IP 体系结构

TCP/IP 分层模型也被称为互连网分层模型或互连网参考模型，TCP/IP 参考模型及其两个主要协议（TCP 和 IP），就是为提高多个网络无缝连接能力而设计的。TCP/IP 模型的层次结构与 OSI 模型有所不同，它由网络接口层、互连网层、传输层和应用层组成，如图1-9 所示。

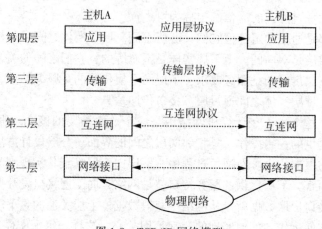

图 1-9 TCP/IP 网络模型

TCP/IP 模型层次不分明，允许用户应用层直接调用底层，不符合分层精神。但因其效率高、实用，所以 TCP/IP 模型被广泛应用。TCP/IP 协议从未宣称自己是标准，但由于一个网络要连接互联网就必须采用 TCP/IP 模型，因而成为事实上的国际标准。

1.3.5 五层体系结构

1. 五层网络模型概述

OSI 模型和 TCP/IP 模型都有自己的优缺点。为了便于研究，学术界将两个模型进行综合，形成一个五层模型，如图 1-10 所示。和前两个模型不同的是，这个模型仅仅是理论性的，在实际中并不存在，但该模型对于研究和说明相关理论十分方便。

从图 1-10 中可以看到，主机的层次结构与通信子网中节点的层次结构是不一样的（OSI 模型也是如此）。主机层次模型有五层，通信节点的层次模型只有三层，与主机层次模型的下三层相同、对应，它们缺乏主机上面的层次。这是因为任何数据，不论其原来是语音、图像、视频还是文本，在传输过程中都被整合成形式一致的数据传输单元，通信子网只需对数据单元进行传输，因而只需要下三层；而在主机中，不仅涉及数据传输问题，还要进行数据组织、管理与处理，因此需要高层功能的参与。

2. 五层体系结构各层功能介绍

（1）物理层（Physical Layer）

物理层的主要功能是在相邻节点之间进行比特流的传输。物理层传输的数据单元是比特流，传输起点和终点是相邻节点上的两个物理层实体。

在计算机中有各种形式的信息，不管信息以何种面目出现，在计算机中都是二进制数

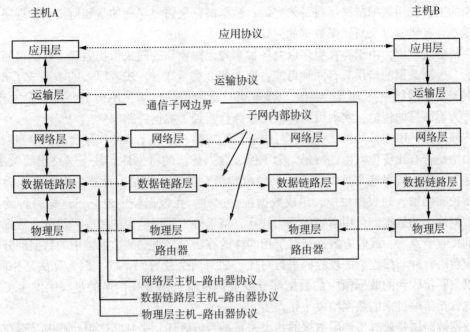

图 1-10 五层网络模型示意图

据，所有信息都蕴含在二进制数据中，因此，在网络中传输的物理单元就是二进制数据。一个二进制数据符号不论是 0 还是 1，都占据一个比特位，称为一个比特(bit)。任何一条消息都需要用若干个比特组成的比特符号串表示，因此，网络中传输的是比特串。又因为比特串在网络中是连续不断地传输着，是流动的比特串，因此又称为比特流。

物理层传输的数据来自其上层数据链路层，数据链路层交给物理层传输的是数据帧，数据帧是一个具有特定数据结构的数据集合，所以物理层传输的比特串是一个数据帧的二进制表现形式。这个数据集合在数据链路层看来是数据帧，在物理层看来是一个比特串。

物理层下面是传输媒介，具体使用何种传输媒介，取决于物理网络。物理层将数据转换成信号，即将比特流中的二进制数据变换成适合媒介传输的信号形式，然后通过链路传输到相邻节点。这样，二进制数据就从一个节点传输到另一个节点。

从分层的角度来看，物理层为其上的数据链路层提供了在相邻节点之间传输比特串的功能，或者说数据链路层能够借助物理层提供的服务，将数据帧传输到相邻节点。

从图 1-10 中可以看到，源主机和目的主机之间是通过许多彼此相邻的节点搭建的桥梁而连接起来的，一次物理层传输是在相邻节点之间的链路中进行的，只是将数据向目的主机移动了一步，通过多次物理层传输才能完成两个主机之间的数据通信。

(2)数据链路层(Datalink Layer)

数据链路层的主要功能是在相邻节点之间实现可靠的数据帧传输。数据链路层传输的数据单元是数据帧，一次传输的起点和终点是相邻节点上的两个数据链路层。

所谓可靠传输，包含传输和可靠两个方面。数据链路层的实际数据传输工作由它调用物理层服务来完成，但物理层只负责比特流传输，不保证传输的数据没有错误，因此可靠性方面的工作要用数据链路层自身来完成。数据链路层需要考虑的是如何检查物理层传输的数据是否有错，以及对错误数据如何处理。

在传输过程中，由于存在噪声以及各种事先无法预知的随机干扰因素，数据可能发生错误。二进制数据的错误只有两种可能：原本的 0 变成了 1，或者原本的 1 变成了 0。这种错误类型在网络中称为"比特错"。物理层只管数据的传输，不会理会是否发生错误，因此称为不可靠的传输，实现可靠传输的任务就落到了数据链路层。

传输的比特串中，如果二进制符号组合是无规律、杂乱无章的，接收端很难判断一个比特串中是否有比特位发生比特错。为了保证数据传输的可靠性，数据链路层的做法是：在发送方，将比特串这个数据块作为某种校验函数的输入变量，计算的函数值作为校验码，将校验码加入到数据块中，组成数据帧。这样，在数据帧中建立了这样一种约束关系：数据帧中的数据部分用指定的算法计算，结果等于数据帧中的校验码部分。数据帧被传输到接收节点后，接收方数据链路层用同样的算法对接收到的数据帧中的数据部分重新计算校验码，并与接收到的校验码进行对比。如果两个校验码不同，因为算法是相同的，就可以判断接收到的数据帧中的数据部分或者是校验码部分在传输的过程中发生了比特错，也就是传输过来的数据帧发生错误了。

数据链路层是通过传输后数据的约束关系是否被破坏，来判断这组比特串是否存在比特错。至于发生错误的是哪一个或哪几个比特，数据链路层无法进行准确定位。接收端数据链路层会将出错的整个数据帧丢弃，以保证向其上层交出的数据帧没有比特错，从而实现数据帧的可靠传输。

数据链路层并不能阻止网络传输过程中出现错误，但可以及时发现错误，因此数据链路层能够保证提交的数据是没有错误的。是否会出现这样的情况：数据帧中的数据部分和检错码都发生了比特错，但由出错的数据计算出的结果恰好等于出错的检错码，也就是设定的约束关系似乎没有破坏。理论上有可能，但在精心设计算法的前提下，出现这种情况的概率太小。

和物理层一样，数据链路层的一次传输也是在相邻节点中进行的。数据链路层调用物理层服务完成数据传输，数据链路层自身负责传输数据的检查工作，最终形成一种数据链路层向网络层提供的在相邻节点之间进行可靠的数据传输服务。或者这么说，数据链路层在物理层服务的支持下，向网络层提供了在相邻节点之间进行可靠数据包传输服务。

数据帧是一组按照事先约定的数据格式或数据结构组织起来的一组数据。为了实现数据的可靠传输，数据必须组织起来。

（3）网络层（Network Layer）

网络层的主要功能是完成从源主机到目的主机的数据包（又称为报文分组）传输。网络层传输的数据单元是数据包，一次传输的起点和终点分别是源主机和目的主机上的网络层。

源主机和目的主机都属于资源子网，是网络的末梢，它们都分别连在通信子网中的一个交换节点上。其中，源主机连接的交换节点称为源节点，目的主机连接的交换节点称为目的节点。如图 1-16 所示，在通信子网中，源节点和目的节点通过一系列中间节点相连，它们建立了一条连接源主机和目的主机的通道。

网络层的具体工作就是：①选择、建立一条连接源主机和目的主机的最佳通道；②通过这条通道将源主机上的数据包传输到目的主机上。

选择最佳通道的基本方式是：节点的网络层根据数据包中的目的地址，得知数据包要去的目的地；节点网络层根据路由算法，在相邻节点中选择一个更靠近目的地的最佳节点，从而完成了整个通道中的一段；被选中的下一个节点重复这一工作，完成又一段通道建设；如此下去，直到通道连接到目的地，整个通道建立完成。

整个通道是一段一段相连组成的，每一段上都有一对相邻节点，每个节点上都有一个网络层，每一对网络层完成一段数据包的传输工作，整个通道上的数据包传输是由这些一段段的数据包传输来具体完成的。因此，一次源主机到目的主机的数据包传输，是由沿途众多节点网络层的参与而完成的。

网络层的基本功能是选择路径，传输工作是利用数据链路层的数据帧传输服务。在源节点网络层将数据包交给数据链路层，由数据链路层将数据包整合进数据帧，然后传输到相邻的目的节点，由目的节点数据链路层检查数据帧是否有错，在正确传输的前提下，从数据帧中提取出数据包，交给其上的网络层，完成数据包的一段传输。该节点变身为新的源节点，以相同的方法，开始了下一个阶段的传输。

源主机和目的主机网络层之上还有传输层，因而源主机和目的主机网络层能够为其上的传输层提供主机到主机的数据包传输（又称为点到点的数据传输）。通信子网中的节点是没有传输层的，网络层是节点的最高层。

（4）传输层（Transmission Layer）

传输层的主要功能是完成网络中不同主机上的用户进程之间的报文传输，又称为端到端的传输服务。

传输层是利用网络层为其提供的主机到主机（点到点）的数据包传输服务，来完成进程到进程的数据传输。发送进程和接收进程分别是源主机和目的主机中负责利用网络发送和接收数据的系统软件。发送进程通过其占据的端口将需要传输的报文交给源主机传输层，传输层将报文分解成若干个报文分组（数据包），向网络层索取数据传输服务。源主机网络层依次将报文分组发往目的主机网络层，其通过服务接口交给目的主机传输层；目的主机传输层将一个报文的所有分组收集齐以后，将它们拼接成报文，通过接收进程占据的端口交给接收进程，从而完成进程到进程的报文传输。因为发送进程和接收进程都占据了一个端口，进程之间的数据传输可以看成是端口到端口的数据传输，简称端到端的数据传输。

传输层的具体工作还包括对报文分组进行检错和纠错工作。

（5）应用层（Application Layer）

应用层的功能是接受用户数据和传输指令；对数据进行处理；向用户反馈信息。

应用层是网络与用户之间的接口，用户需要传输的数据以及传输数据地址、数据处理方式等指令，都需要由应用层获得。系统传输数据过程中的执行情况也要通过应用层向用户反馈。

加密、压缩等数据处理是应用层为数据传输用户提供的常规服务，可以供需要的用户选用。数据格式转换也是网络数据传输所必不可少的数据处理方法。因为连接在互联网上的计算机五花八门，它们使用的操作系统、信息编码码制可能都不一样。字符、数字都是经过编码变成数据以后存储、保留、运用、传输于计算机中，同样的字符在采用不同码制的计算机中表示的数据肯定不同。当一种码制的字符串数据传到另一种码制的计算机上，还需要通过一次码制转换处理，才能正确地表现在目的计算机上。如果不进行码制转换，必然得到错误的信息。这样，尽管数据传递没有出错，但信息传递出错了。计算机网络的基本功能是正确传递信息，仅仅做到正确传输数据是不够的。要将数据正确传输提升到信息正确传输，码制转换处理是必不可少的。

网络的用户不是指人，而是指运行的应用软件，是进程在利用网络发送和接收数据，人是通过这些应用软件使用网络。用户的要求是多方面的，应用层是由系统中的一些专门针对某种要求的应用模块构成。

3. 数据传输流程

我们已经知道，源主机的数据传输任务被分解成一系列独立实体的子任务，每个子任务都是将本独立实体的数据单元传输到目的节点上的同层次独立实体，每个独立实体（物理层除外）都是利用下层独立实体提供的服务来完成本实体的数据传输任务，每个独立实体所能完成的功能又作为一种服务提供给上层实体。不同的独立实体都有各自的数据传输单元，数据传输单元包括数据部分和控制部分。数据部分就是上层的数据传输单元，提交给本层，需要本层传输。控制部分就是本层为了完成数据传输而设置的必备控制信息，因为放在数据传输单元的前面，称为首部。首部信息是同层次实体之间信息传输的必备信息，是各个实体根据自身协议生成的，不属于网络用户要传的数据，被称为冗余信息。

网络系统各独立实体完成数据传输工作的过程如图 1-11 所示，其中源端对应实体都用 A 表示，目的端对应实体都用 B 表示。

如图 1-11 所示，应用进程 A 需要通过网络将数据块传输给应用进程 B，这个数据块是网络用户需要传输的数据，数据传输的整个过程如下：

应用进程 A 交给应用层 A，应用层 A 根据应用进程 A 的指令对数据进行处理，然后将处理后的数据通过网络传输给应用层 B。为了应用层 B 能够对数据进行正确的逆向处理、保证信息传输的正确性，应用层 A 需要将处理方法记录下来，写入首部，并将首部与数据作为一个整体"应用层数据"，一起交给应用层 B。应用层 A 与应用层 B 也无法直接传输数据，只能将应用层数据交给传输层 A。

传输层 A 需要通过网络将应用层数据交给传输层 B。为了传输层 B 能够正确处理该数据，传输层 A 将相关的信息写入首部，将首部和数据形成"报文"，将报文传输给传输层 B。关于传输层的首部细节，在介绍传输层时进行介绍。

同样，传输层 A 需要把报文交给网络层 A 进行传输。它还需要根据网络层的要求，将整个报文划分成不超过网络层规定的若干个数据单元，并对每个数据单元编号。

网络层 A 将每个数据单元加上网络层首部，形成"报文分组（数据包）"，以报文分组为单位，依次传输给网络层 B。它也不能直接传输，根据目的主机地址，选择一个最佳的相邻节点，将每个数据包交给数据链路层 A，由它将数据包传输给选定的相邻节点。对于

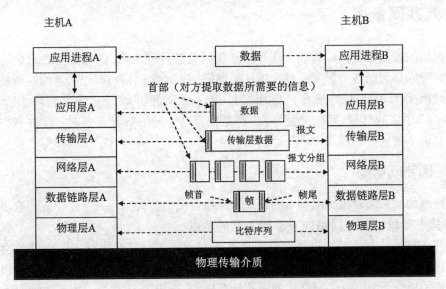

图 1-11　数据在各个层次中的流动示意图

主机 A 而言，这个相邻节点就是将主机 A 连入通信子网的源节点。

数据链路层 A 运用特定算法对数据计算出校验码，形成"数据帧"，交给网络层选定的相邻节点中的数据链路层。它也不能直接传输，需要交给物理层 A 进行传输。

对于物理层 A 来说，数据帧就是一个"比特序列"。物理层 A 需要做的就是将这个比特序列传输给网络层选定的相邻节点物理层。物理层 A 根据物理传输介质特点，将比特序列变换成适合传输的信号形式，通过传输介质将信号传输给相邻节点。这样，数据就到达了通信子网。

通信子网的每个交换节点只有网络层、数据链路层和物理层，它们以类似的方式依次传递，将数据传输到与主机 B 相连的目的节点。关于通信子网数据传输的过程，在介绍网络层时详述。

目的节点物理层以适当的信号形式将比特序列传输给物理层 B，物理层 B 将信号反变换得到数据帧的比特序列。它将数据帧交给数据链路层 B。

数据链路层 B 通过校验码检查该数据帧，如果无误，就将数据帧中的数据分组提取出来，交给网络层 B。

网络层 B 检查收到的数据分组，如果没有错误，就从中抽出数据部分交给传输层 B。这样，接收进程就收到了报文中的一数据单元。

用同样的方法，接收进程收到一个报文的所有数据单元，根据编号将它们合成，恢复报文原貌。在检查无误后，从报文中抽出数据部分，交给应用层 B。

应用层 B 根据首部信息，对数据部分进行必要处理，然后将数据交给应用进程 B。

这样，数据就完成了从应用进程 A 到应用进程 B 的传输。

1.4 互联网概述

从网络的发展历史可以看到,现有的互联网是各种网络与 ANSnet 互联形成的。这里所说的各种网络包括各个国家、各个地区的网络,也是我们目前每个人上网时所使用的网络。互联网是当前研究得最多,应用最广泛,覆盖范围最广、最大的网络,英文的"Internet"、中文的"因特网"、"互联网"都是特指这个网络的专有名词。在本书中,对这些专有名词不加区分、混用。

1.4.1 因特网结构

因特网的结构随着因特网技术的发展和网络规模的扩大,经历了三个发展阶段。

1. 第一阶段:单一网络向互联网发展的阶段

按照 ARPAnet 的观点,网络划分成通信子网和资源子网两级结构。通信子网是由所有节点(网络通信设备)和连接节点的链路组成,图 1-12(a)中的圆圈符号和连接圆圈的粗线就构成了通信子网。一个网络中的所有计算机(左图中的 H 符号,大部分情况下用小短线表示),组成本网络的资源子网,它包括了网络信息的提供者和使用者。

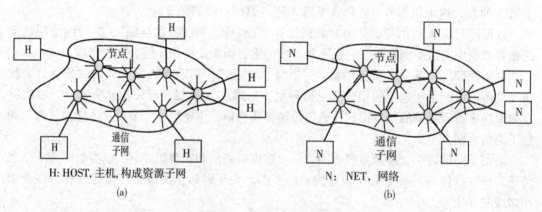

H: HOST, 主机, 构成资源子网   N: NET, 网络

(a)   (b)

图 1-12 单一网络与互联网

建设一个网络,实际上是建设一个通信子网,计算机是由用户自己提供,并且自己连上网络的。如果一个通信子网所连接的都是计算机,这个通信子网就是单一网络(如图 1-12(a)所示)。随着技术的发展和网络扩张的需要,通信子网不仅可以连接计算机,还可以也有必要连接不同的网络。如果一个通信子网所连接的是网络,这个通信子网就是网际网(如图 1-12(b)所示)。

早期的网络都是单一网络。随着连网的计算机越来越多,在一个已构成的通信子网中继续增加节点,网络覆盖的地理范围越来越大。早期的网络扩张就是以这种"摊大饼"的方式进行的。网络规模加大,节点的路由选择工作难度大幅增加,网络管理难度增加,网络传输效率和速度下降。为了解决这一问题,设置一级子网,即在原本用来连接一台计算机的端口用来连接一个子网络,如图 1-12(b)所示。子网络的出现,使得网络出现了主干网和子网两个层级。对于主干网这一层来说，一个子网无论物理结构多么复杂、有多少台计算机，只是节点一个端口上的连接，在子网中增加计算机数量、改变子网络内部结构，都不会改变上层网络的逻辑结构。下级网络是一个独立的、完整的网络，用符号 N 表示（大部分情况下用小短线表示），是一个自治系统，即可以采用自己确定的协议，自己管理自己的网络。自治系统只在需要与其他网络交换数据时才通过主干网向其他网络传送或接收数据。这样，以主干网为核心构成的一个网络分出了不同层次。在主干网这个层次，连接点不多，不会导致网络速度的降低；在下层网络这个层次，可以根据高效的原则独立地建立网络，它的效率如何并不影响其他的独立网络。

所以，单一网络是由通信子网连接计算机构成的，互联网是由通信子网连接网络构成的。两者的差别在于通信子网的连接单元有区别：单一网络中的通信子网连接的是计算机，互联网是将不同的网络连接在一起。连接计算机的可以是称之为内部网关的普通节点，连接网络的节点必须是边界网关。

2. 第二阶段：三级结构

因特网采用分级方式来解决计算机数量与网络效率之间的矛盾。分级方式不仅简化了本级网络，保证了本级网络的效率，还解除了网络扩展的限制，因为不论下级网络规模多大，在本网络中都只是一个点，一个连接。这种分级方式同样可以在下级网络中应用。因特网发展的第二个阶段就是推广"主干网—地区网—局域网"的三级结构，如图 1-13 所示。

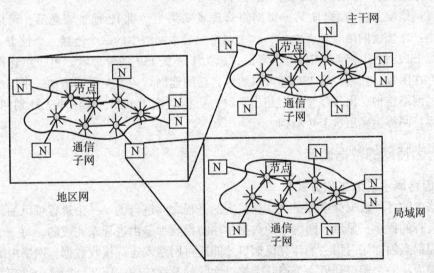

图 1-13　互联网的三级结构

在分级结构中，下级网络是一个"自治系统(AS)"，即自己管理自己，它可以采用与上级网络完全不同的协议而不用担心与上级网络相互影响。自治系统与主干网之间通过两者之间的连接点和边界网关协议(BGP)来连接和协调两者之间的联系。它们之间的连接点既是连接双方的纽带，也是分割双方的边界。只要解决好双方的边界连接问题，就可以实现双方的完全独立。

图 1-14 显示了作为自治系统的地区网与上一级的核心主干网之间的关系。实际上局域网作为地区网的下一级，也是一个自治系统。这种方式大幅度地减少了局域网建设的限制条件。

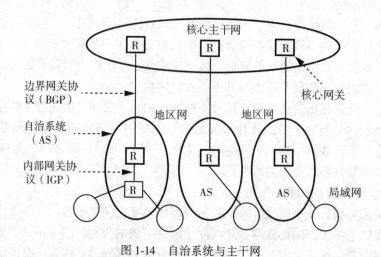

图 1-14　自治系统与主干网

3. 第三阶段：多层次 ISP 结构的因特网

ISP(网络服务供应商)向某一级网络管理者购买了一批 IP 地址资源后，可以建立自己的网络；在该级网络管理者眼里，这个网络只是本网络中的一个连接点。该 ISP 又可以向下一级 ISP 用户出售部分 IP 地址资源，成为下一级 ISP 的管理者。由于组建网络在技术上不存在困难，任何一个 ISP 都可以通过自己的建网行为为互联网增加一个层次，改变因特网的网络结构。由于整个过程超出了单一机构的控制范围，无法事先规划网络结构。目前，因特网称为多层次 ISP 结构。

1.4.2　因特网的数据通信

1. 因特网主机的工作方式

网络中的各种数据交换都是在计算机上的进程之间进行的。一个进程可以简单地理解为一个运行的程序。显然，网络中的数据传输与接收都是由进程来完成的。每一个使用网络的进程都必须首先占用一个计算机端口才能通过网络发送或接收数据，网络中的数据交换都表现为从一个端口到另一个或几个端口之间的数据传输，因此，网络中进程之间的通信又称为端口—端口之间的通信，简称为端—端通信。

端—端通信方式有客户/服务器和对等方式两种。

客户/服务器方式(Client/Server，C/S)：通信总是由客户端发起，而服务器进程总是等待客户进程要求，随时响应并提供相应的进程服务。客户端提出信息服务要求，服务器端满足客户端的服务要求；客户端是主动方，可随时索取信息，客户端不工作也不影响网络上的信息服务。服务器进程是数据交换的被动方和信息服务提供方，必须时刻准备着某一个客户进程在任何时候提出的信息服务要求，并满足客户要求。在网络上的服务器端不能停止工作，一些著名的网站还必须提供双服务器机制，以便在一台服务器突发故障时，立即由另一台服务器顶替上，以保证服务不因故障而中断。

对等方式(Peer to Peer，P2P)：两台主机进程地位相同，都可以成为服务的提供者和要求者。常见的共享目录的拷贝就是一种对等通信方式。

2. 通信子网的工作方式

端到端的通信是指从源主机到目的主机的数据传输过程。在源主机和目的主机之间的通信子网中，数据又是如何交换的呢？在谈论 ARPAnet 的贡献时提到它的贡献之一是研究了报文分组交换的数据交换方法。在因特网中，各个节点正是以分组交换的数据交换方法进行数据单元的转发。为了说明因特网的分组交换，先说明一般网络的电路交换和报文交换。

(1)电路交换

电路交换类似于电话系统。传输数据前，通过各个交换机的端口转接，在源主机和目的主机之间搭建一条实际的物理通道，一直占用，直到数据传输完毕，再释放它。

如图 1-15 所示，图中的实线就是网络中的若干台交换节点为本次通信而在连接源主机和目的主机之间搭建的、多段组成的一条临时通道，源主机中的数据传输单元通过这条通道被各个节点一站站地往下传，直到目的主机。在传输过程中，整个通道为本次通信专用，网络中其他任何计算机在此期间都不能使用其中的任何一段通道。

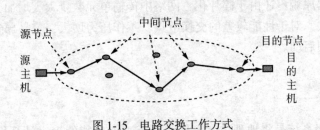

图 1-15　电路交换工作方式

专用通道数据交换速度快，但建立通道需要较长时间；通道占用期间，其他通信不能使用任何一段线路，线路利用率低。一旦通道因故被打断，需要重新建立一条连接源主机和目的主机的新通道。

(2)报文交换

如图 1-16 所示，源主机将要传输的数据(文件)组成一个报文，以报文为单位传输；节点采用"存储—转发"方式，即从上一个节点接收报文，存储起来，找机会发给下一个更接近目的主机的节点。每经过一次传输，报文都更加接近目的主机，直到最终到达目的主机。

在报文存储期间，所有线路都可以被其他通信进程使用；在报文传输期间，只有一段通道为本次通信所占用，其他通信进程仍可以使用所有其他线路，总体上提高了线路利用率。缺点是：由于需要传输的文件五花八门，事先难以估算报文大小，难以预留存储空间；节点只能将报文存储在容量足够大，但读写速度慢的外存(磁盘、磁带)中，大大地延长了传输时间。

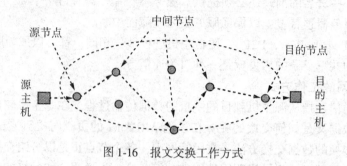

图 1-16　报文交换工作方式

（3）分组交换

为了克服报文交换的缺点，分组交换将报文划分成大小不超过某一上限的报文分组（又称为数据包，包），以分组为单位传输；节点采用"存储—转发"方式，即从上一个节点接收分组，存储起来，找机会发给下一个更接近目的主机的节点。

可以看到，分组交换只是事先对传输数据单元在大小上进行了限制，传输数据集装箱化，其他处理方法与报文交换一样。这样，数据单元大小有上限，中间节点可以预先在内存中开辟专用存储区，数据在中转期间可以放在内存中，从而大大缩短延迟时间，提高了速度。缺点是信息碎片化，发送方需要分割数据以保证传输单元不超过上限，接收方需要通过拼接还原数据原貌；还由于碎片化，网络中传输单元数量大大增加，同时数据单元的流动速度大大加快，对于性能较差的交换节点，工作压力增大，容易导致数据拥塞，触发网络拥塞解决机制启动。

本章作业

一、填空题。

1. 计算机网络系统是将地理位置不同，具有独立功能的多个计算机系统通过通信设备和线路连接起来，以功能完善的网络软件实现（　　）的系统。

2. 计算机网络向用户提供的最重要的两个功能是连通性和（　　）。

3. 三网即（　　）、有线电视网络和计算机网络。

4. 计算机网络的数据通信的目的是为了实现目的主机和源主机的（　　）之间的数据通信。

5. 自从 20 世纪 90 年代以后，以（　　）为代表的计算机网络得到了飞速的发展，可以毫不夸张的说，其是人类自印刷术发明以来在通信方面的最大变革。

6. 世界上第一个正式的网络是美国的（　　）网。

7. ARPAnet 可以发电子邮件、文件传输、（　　），成为了 Internet 的雏形。

8. 目前，国际上应用广泛的 Internet 就是在（　　）的基础上发展而来的。

9. 因特网在地理范围上覆盖了全球，它的拓扑结构非常复杂，从其工作方式上看，可以划分为（　　）和（　　）两大块。

10. 在网络边缘的端系统中运行的程序之间的通信方式通常可以划分成两大类：（　　）和（　　）。

11. 网络体系结构就是对网络系统层次的划分，以及各层功能的（　　　　）。

12. 网络体系结构分层的好处有：①各层之间是独立的；②灵活性好；③结构上可以分割开；④易于实现和维护；⑤（　　　　）。

13. OSI 模型将计算机网络体系结构分为 7 层，从下到上分别是物理层、数据链路层、物理层、传输层、（　　　　）、表示层和应用层。

14. 和 TCP/IP 模型相比，OSI 模型的优点是（　　　　），缺点是（　　　　）。

15. 网络协议有两类，一类是两个对等实体间的通信约定，称为（　　　　）；另一类是上下相邻实体之间的通信约定，称为（　　　　）。

16. 在网络的分层协议组织结构中，（　　　　）是垂直的，协议是水平的。

17. 由一条物理链路连接的两个节点称为（　　　　）。

18. 互联网在其发展阶段中经历了"三级结构"阶段，这三级结构是指（　　　　）、地区网和局域网。

19. 交换节点采用（　　　　）方式传递数据包。

20. 在分组交换中，节点采用"存储—转发"方式，其工作方式是（　　　　）。

21. 时延是数据从源端到目的端所需要的时间。包括发送、传播、（　　　　）、排队时延。

22. 发送时延是主机或路由器发送（　　　　）所需要的时间，处理时延是主机或路由器在收到（　　　　）时要花费一定的时间进行处理，例如分析分组的首部，从分组中提取数据部分，进行差错检验或查找适当的路由等。

二、判断题。

1. 计算机网络的功能之一是增强系统可靠性，也就是通过网络将多个计算机组合起来，共同完成某个艰巨的、大型的任务，即使少数计算机出现故障，也能通过重新分配任务，使整个任务得以顺利完成。

2. 网络中的计算机不论性能、价格上的差异，地位都是平等的。

3. 同一网络内的计算机必须采用相同的网络协议，通过通信子网络进行信息交换的、分属于两个不同物理网络的两台计算机可以具有不同的体系结构。

4. 计算机网络系统中的计算机是独立的，分布式计算机系统中的计算机是相互联系、协调、有分工的，也就是不独立的。

5. ARPAnet 作为第一个正式的计算机网络十分原始，结构上是典型的单一网络，没有考虑安全性问题，只能传输明码，没有电子邮件功能。

6. 服务就是网络中各相邻层彼此提供的一组操作，是相邻两层之间的界面。

7. 分层设计方法将整个网络通信功能划分为垂直的层次集合。在通信过程中，下层向上层隐蔽其实现细节。

8. 为了提高数据的传输速度，网络应用程序应充分考虑网络传输介质的类型。

9. TCP/IP 是一个五层体系结构，包括应用层、运输层、网络层、数据链路层和物理层。

10. 在网络边缘的端系统中运行的程序之间的通信方式通常可划分为两大类：客户服务器方式和浏览器服务器方式。

11. 从计算机网络的作用范围划分，可以将计算机网络分为广域网、城域网、局域网和个人区域网络。

12. 网络把许多计算机连接在一起，而因特网则把许多网络连接在一起。

13. 将地理位置不同、具有独立功能的多个计算机系统通过通信设备和线路连接起来，以功能完善的网络软件实现资源共享的系统。

14. OSI 模型将计算机网络体系结构分为 7 层，从下到上分别是物理层、数据链路层、网络层、传输层、会话层、表示层和应用层。

15. 网络体系结构分层的好处有：①各层之间是独立的；②灵活性好；③结构上可以分割开；④易于实现和维护；⑤能促进标准化工作。

16. 时延是数据从源端到目的端所需要的时间，包括发送、传播、处理、排队时延。

三、名词解释。

互联网　网际网　相邻节点　网络协议　自治系统　B/S 模式　排队时延
客户-服务器方式　发送时延

四、问答题。

1. 什么叫计算机网络？什么叫分布式计算机系统？简述两者的相同点和不同点。

2. 常说的"三网"指的是哪三种网络？

3. 网络中的时延有几个部分组成？它们的含义是什么？

4. 计算机网络系统分层可以带来哪些好处？

5. 说明计算机网络中"服务"和"协议"的区别与联系。

6. OSI 模型有几层，各层的主要功能是什么？

7. 依次说明计算机网络五层协议体系结构的名称，并简要说明各层的功能。

8. 互联网发展有哪三个阶段？在各阶段中，互联网分别有什么特点？

9. 因特网的两个组成部分，以及它们的主要作用。

10. 简述因特网中计算机上的进程之间的通信有哪两种方式？它们如何工作？

11. 在客户/服务器这种通信模式下，客户端和服务器端是如何工作的？

12. 简述三种数据交换技术的原理和特点。

第 2 章 物 理 层

2.1 物理层概述

现有的计算机都是数字计算机，计算机中的各种信息和指令都以二进制数据编码的形式存在，每一个二进制数据用"0"或"1"字符表示方式，计算机之间需要传输的数据、指令都是长长的二进制数据字符串。因为每一个二进制数据称为一个比特，因此计算机之间需要传输的内容称为比特串；在传输过程中，比特串是流动的，因此又称为比特流。总之，在网络中的两个节点之间传输的是比特流。

物理层是 OSI 模型中的最低层，它是建立在通信介质的基础之上，是计算机与通信介质之间的接口。物理层的基本任务就是在节点之间传输比特流，具体过程是：发送方物理层将比特符号变成适合于传输线路传输的信号形式，通过传输介质将信号传送到相邻节点；接收方物理层从接收信号中将二进制数据提取出来。通信理论告诉我们，数据只有变换成信号才能在通信链路中传输。要完成比特流的传输，发送端物理层要将比特流中的二进制数据变换成适合通信介质传输的信号形式，然后通过通信介质传输到相邻节点。而接收端物理层从接收到的信号中将二进制数据提取出来。这样，二进制数据就从一个节点传输到另一个节点。信号的形式与传输介质的类型紧密相关，如果通信链路是光纤，就要采用适合光纤传输的光信号，如果通信链路是同轴电缆，就要采用适合同轴电缆传输的电信号。具体的信号形式、参数又有相应的通信协议作出了详细规定。

实际通信方式与多种因素有关。如物理连接方式，包括点对点、多点连接或广播连接；传输媒介的种类，包括双绞线、同轴电缆、光缆、架空明线、对称电缆、各个波段的无线信道；传输模式，包括串行、并行、同步、异步等。

实际采用的通信方式种类繁多，差别巨大。这些差别由物理层负责解决，高层不必考虑这些差异。有了物理层，高层只需按照自己的数据格式要求组织数据，而不管底层连接的通信子网是宽带网、光纤网，还是无线通信网。所以说，物理层对上层屏蔽(掩盖)了实际网络的差异。

物理层功能的实现主要由各种硬件(如网卡)完成。TCP/IP 网络模型没有考虑通信的具体细节，即网络模型中物理层的实现交给了硬件生产厂商来完成。但为了使不同硬件厂商生产产品具有广泛的通用性，网络模型规定了物理层特性，它是各种硬件接口共同具有的特性，是硬件接口生产商必须遵守的。

物理层特性描述了以下四个方面：①机械特性；②电气特性；③功能特性；④规程

特性。

机械特性：说明接口所用接线器的形状、尺寸、引线数目和排列、固定和锁定装置等。

电气特性：说明在接口线缆的哪条线上出现的信号应在何种范围之内。以电脉冲信号为例，什么样的电压表示 1，什么样的电压表示 0，一个比特的脉冲宽度有多大等。主要考虑信号的大小和参数、电压和阻抗的大小、编码方式等。

功能特性：主要考虑每一条信号线的作用和操作要求。以串行口常用的 RS-232 标准为例，2 号线是发送，3 号线是接收，7 号线是地线。

规程特性：主要规定利用接口传送比特流的整个过程中，各种可能事件的执行和出现的顺序。

物理层不是指连接计算机的具体物理设备和传输介质，而是规定了标准的数据传输服务模式。数据链路层使用物理层提供的服务，而不必关心具体的物理设备和传输介质，只需考虑如何完成本层服务和协议。换言之，物理层在数据链路层和物理介质中间起到屏蔽和隔离作用。

物理层标准并不完善。它不考虑物理实体、服务原语及物理层协议数据单元，而重点考虑物理层服务数据单元，即比特流、物理连接等。

2.2　通信基础知识

1. 通信系统模型

计算机网络学科是计算机学科和通信学科相结合而发展起来的新学科，学习计算机网络有必要学习一点通信系统的基础知识。图 2-1 所示为通信系统模型，该模型适用于一切具有信息交流的场合。

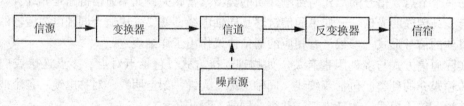

图 2-1　通信系统模型

信源是信息的发出者。信息简而言之就是一种要表达的意思和内容，在计算机中，任何形式的意思、内容都蕴含在数据中。例如，图像数据蕴含着图像内容，音乐数据蕴含着声调的变化，Word 文本、Excel 表格无一不是用数据来表达的。变换器的作用是将数据加载到信号中，变成适合高质量、快速传输的信号形式。信道是信号的传送通道。反变换器的作用是将数据从信号中提取出来。信宿是信息的接收者。

信号的种类很多，包括语言、文字、图像、手势、信号灯、信号弹、灯光、电信号等。通信系统中传递的实体是信号，信源要传递的是信息，信息只能依靠信号进行传递。对于计算机网络而言，信源和信宿分别是发出和接收数据的计算机，分别称为源主机和目的主机；网卡可以看作变换器和反变换器；通信子网可以看作信道。

2. 电信号

电子通信系统以及计算机网络中，一般传递的信号都是电信号（现在有了光纤网络，使用的是光信号）。电信号分为模拟信号和数字信号。模拟信号是在时间和幅度上都连续的信号；数字信号是在时间和幅度上都离散的信号，如图2-2所示。

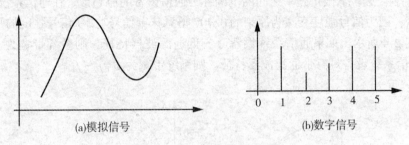

(a)模拟信号　　　　　　(b)数字信号

图 2-2　模拟信号和数字信号

在数字信号中，信息蕴含于数据（一般为整数）之中，在模拟信号中，信息蕴含于波的形状之中。数字信号和模拟信号相比，具有抗干扰能力强、可以再生中继、便于加密、易于集成化等一系列优点。数字信号的缺点是在携带相同数量信息的条件下，数字信号频带更宽，因而占用通信系统中更多的频带资源。采用模拟信号的系统有电话、广播电台、电视等，采用数字信号的系统有数字通信、数字电视、计算机系统、计算机网络等。早期发明的电子系统采用模拟信号，发明较晚的电子系统一般采用数字信号。随着数字通信技术的成熟，越来越多的早期系统也用数字技术进行改造。

3. 信号的频谱与带宽

任何信号都有频率分量，信号越复杂、波形越剧烈，频率分量越多。将信号所有的频率分量在频率域列出，就得到了信号的频谱。信号频谱中最高频率与最低频率的差值就是信号带宽 B（如图2-3所示）。波形信号又称为时域信号，信号的频谱又称为频域信号。时域信号和频域信号只是信号的两种不同表现形式，或者说是从不同角度所看到的同一信号的观察结果。

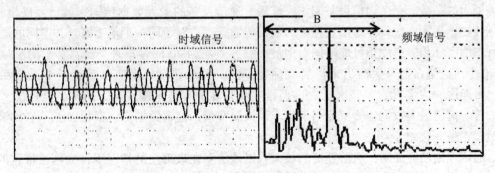

图 2-3　信号的时域与频域

4. 信道的截止频率与带宽

信道是信号的传送通道，但信道对信号不同频率分量的传送能力不同，对有些频率分量不衰减，对另一些频率分量则衰减较大甚至完全衰减掉。信道对频率分量的衰减是有规律的，一般包括低通和带通两种情形。

从最高点衰减到一定程度(可以取 0，最高点的 0.5 倍或 0.707 倍)所对应的上、下频率为截止频率，上、下截止频率之间的范围称为通信设备的通频带。在通信系统中，一般取 0.707 倍，因为信号强度衰减为原来的 0.707 倍意味着信号功率(信号强度的平方)衰减一半。如图 2-4 所示，如果通信系统设备具有低通滤波器特征，则系统带宽为 $B=f_c-0=f_c$；如果通信系统设备具有带通滤波器特征，则系统带宽为 $B=f_2-f_1$。

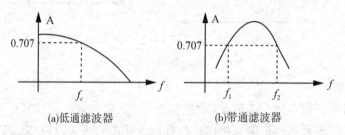

(a)低通滤波器　　　　　　(b)带通滤波器

图 2-4　信道带宽以最高点的 0.707 倍为截止频率点

如果一个信号的整个频谱都位于通信设备的通频带之中，该信号的频谱能够完整地传输到接收端，接收端得到的频域信号与发送端的信号几乎一样，信号中所蕴含的信息能够被接收端完整地获得。如果一个信号只有部分频谱位于通信设备的通频带范围内，则超出通频带的频谱分量被衰减掉，接收端只能得到通频带范围内的信号频谱，因而得到的信号与发送端的信号差异较大，原信号中所蕴含的信息损失较大。为了保证网络传输信息不损失，需要确保传输信号的带宽不高于网络带宽，以保证信号的所有频率分量都能传输到目的地。

5. 信道的最大数据传输率

信道在单位时间内能传输的最大二进制位数被称为最大数据传输率。与之对应，信道在单位时间内实际传输的二进制位数被称为数据传输率。最大数据传输率是一个反映信道传输能力的参数，一个通信设备制作完成后，通信设备的最大数据传输率就已经确定了；数据传输率表示一次具体通信过程中的数据传输速度。对于同一个信道而言，不同的通信过程中的实际传输速度很可能不同。用最大载客人数为 40 的客车来类比，客车的座位只有 40 个，这是在客车生产出来以后就确定了的，但该客车每次实际载客量不一定都是 40，可能这一次是 30，另一次是 25。但是实际载客量不可能超过 40，否则，就违反了交通法规。信道最大数据传输率相当于客车最大载客量，信道数据传输率相当于客车实际载客量，它是变化的。

通信理论已经证明，通信系统的最大数据传输率在最理想的情况下，为信道带宽的 2 倍，也就是每秒钟可以传递 2B 个二进制位数。在实际应用中，由于达不到理想的情况，实际数据传输率达不到 2B，究竟离 2B 差多少，取决于实际状况与理想情况的差异大小。

工程实践中常常留有余地，将最大数据传输率与网络带宽看作相等。在理论上，带宽和最大数据传输率是两个概念，但由于两者在数值上相等，在实践上常将两者混用。例如，一个带宽为 100M 的网络，认为其最大数据传输率达到 100Mbps（比特/秒）。宽带网络 B 值远高于窄带网络，所以宽带网络速度快。

例如，一条平均宽度 10 米的公路，如果存在一个 5 米宽的瓶颈，整条公路的通行能力只能以 5 米宽来计算。通信子网包括作为交换节点的通信设备和传输介质，为了组建具有一定带宽的网络，通信设备带宽和传输介质带宽要匹配，这就需要我们在组建通信子网时要仔细选择通信设备和传输介质。

6. 信号调制解调技术

计算机及其网络通信设备中使用的都是数字信号。数字信号传输距离很短，直接用来通信，传输距离有限。例如，打印机电缆一般长为 2 米、3 米，最多为 5 米。高频信号能够传输更远的距离，需要远距离传输时将原有数字信号变成高频信号，即进行调制。调制是指将要传输的原始信号加载到一个被称为载波的高频信号中，形成调制信号，如图 2-5 所示。调制信号是高频信号，适合于传输，并且能够传输得很远。调制信号传输到接收端，通过解调将低频原始信号从高频调制信号中恢复出来。

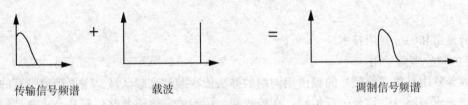

传输信号频谱　　　　　　载波　　　　　　　　　　调制信号频谱

图 2-5　信号调制过程，又称为频率搬家

常用的调制技术有：调幅、调频、调相。调幅：就是使载波时域信号的幅度值随传递时域信号而变化；调频：就是使载波信号的频率随传递信号而变化，如图 2-6 所示；调相：就是使载波信号的相位随传递信号而变化。

7. 多路复用

前面提到，为了保证信息不损失，一定要做到信号的带宽小于信道带宽。实际情况是，由于硬件技术的飞速发展，一般计算机网络带宽远高于传播信号带宽。如果在宽带信道中只传递一路窄带信号，相当于在一条宽阔的公路上只走一路汽车，这会造成信道资源的浪费。可以采用多路复用技术在一条宽带信道中同时传输多路信号，相当于在一条宽阔的公路上画了多路车道，多辆汽车在各自的车道中可以同时使用公路。

多路复用是指用一条线路同时进行多路通信传输。多路电信号不能同时在一根导线体中传输，因为多路信号波形会自动叠加，接收端无法从叠加信号中还原出原信号。要实现多路复用就要先将多路信号合成一路信号，通过线路传输合成的一路信号，接收端再从合成信号中还原出多路原始信号。多路复用技术可以使多路信号同时使用同一线路，其好处是提高线路利用效率。计算机网络系统中常见的多路复用方法有五种：频分复用、时分复用、统计时分复用、码分复用、波分复用。为了帮助理解多路复用技术，我们只介绍经典

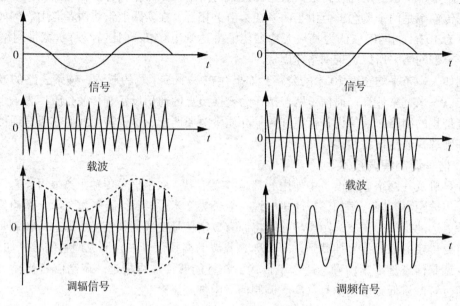

图 2-6　调幅、调频示意图

的频分复用和时分复用技术。

（1）频分多路复用

频分复用是将多路信号的频谱用调制的办法依次搬到高频区域，占据信道带宽的不同部分，合成一路宽带信号进行传输；在接收端，用滤波方法将各路信号从合成宽带信号中提取出来，分别交给不同的接收者。频分多路复用的实质是被合成的多路信号在频谱上并没有混淆，因而在接收端可以将原始信号还原。例如，一路电话的标准频带是 0.3kHz~3.4kHz，超出该范围的频率分量被衰减掉。对于每一路电话分配 4kHz，利用调制技术，将 3 路电话分别搬到频段 0 kHz ~4 kHz、4kHz ~8 kHz、8 kHz ~12 kHz，就形成了带宽为 12kHz 的复用信号，在接收端再分解成 3 路，如图 2-7 所示。

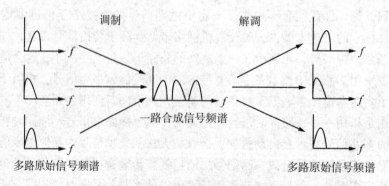

图 2-7　三路电话信号频分复用示意图

电话系统的频分复用技术已经十分成熟，而且已被广泛应用。目前，一根同轴电缆上实现了上千路电话的同时传输。CCITT 建议：12 路电话共 48kHz，构成一个基群，占用 60～108kHz 频段；5 个基群构成一个超群，占用 312～552kHz 频段；5 个超群构成一个主群，占用 812～2044kHz 频段；3 个主群构成一个超主群，占用 8516～12388kHz 频段；4 个超主群构成一个巨群，占用 42612～59684 kHz 频段。可见，一个巨群包含了 3600 路电话，如果只简单地考虑信号所占频带，不过 20M 带宽。

（2）时分多路复用

时分多路复用是将一个单位时间段分成多个时间片，将每个时间片依次分配给多路通信，每一路通信的发送端和接收端都只在各自的时间片内连接链路，收发数据。如图 2-8 所示，有三路通信要利用同一通信链路同时通信，通信系统将单位时间划分成 3 个时间片，三路通信在各自的时间片内传输数据，它们轮流使用通信系统完成各自的数据传输任务。从一个时间段来看，它们同时在传输数据。

图 2-8　三路通信时分复用示意图

前面已经介绍，信道带宽等于最大数据传输率。10M 带宽意味着一秒钟可传输 10M 比特数据；100M 带宽意味着一秒钟可传输 100M 比特数据。反过来，传输一个比特的数据，100M 带宽所需时间为 10M 带宽的十分之一。每一路通信，数据总量是一定的，带宽越宽，数据传输越快，信道的空闲时间越多。时分多路复用的实质是，利用一路通信的空闲时间传输其他的通信任务。将多路信号分时传输，可减少信道的空闲时间，提高信道利用率。但通信双方之间以及各路通信之间，要建立起严格的同步关系。

时分多路复用在电话系统中也得到了广泛应用。根据奈奎斯特准则，带宽为 B 的模拟信号，每秒等间隔传输 2 B 个采样点的采样数据，接收方就可完全恢复模拟信号。对于带宽为 4kHz 的电话信号，每秒采样 8k 次，每个采样值用 8 位二进制数表示，则一路电话需要的数据传输率为 8×8k＝64kbps。24 路电话复用，依次传输，24 个采样点加上一个间隔，共 24×8+1＝193 比特，每秒采样 8k 次，则 24 路电话需要的数据传输率为 193×8k＝1.544Mbps。CCITT 规定：24 路电话复用一条 1.544Mbps 主干线路被称为 T1 标准；4 个 T1 信道复用一个 T2 信道，T2 信道数据传输率 6.312Mbps＞4×1.544，额外的比特主要用于帧定界和时钟同步；6 个 T2 流复用成一个 T3 线路；7 个 T3 流复用成一个 T4 线路。一个 T4 线路采用时分复用技术同时为 4032 路电话服务，T4 线路的最大数据传输率为 274.76Mbps。

各种多路复用技术采用不同的方式，实现了多对通信同时使用一条线路，提高了信道的利用率，从整体上提升了网络的速度。

2.3 传输介质

传输介质是物理层的下层，已经不属于计算机网络模型范畴。但要组建、连接网络，必然要考虑使用什么传输介质，因此有必要了解一些传输介质知识。

传输介质通常分为有线介质(或有界介质)和无线介质(或无界介质)。有线介质将信号约束在一个物理导体之内，如双绞线、同轴电缆和光纤等；无线介质则不能将信号约束在某个空间范围之内。激光通信、微波通信、无线电通信，其信号都是直接通过空间进行传输，因此在这些形式的通信中，传输介质是空间，是一种无线介质。

在计算机网络系统中，有线介质通常有 3 类，它们是双绞线、同轴电缆和光纤。

1. 双绞线

双绞线(Twisted Pair，TP)是目前使用最广、相对廉价的一种传输介质。它是由两条相互绝缘的铜导线组成，导线的典型直径为 0.4～1.4mm 之间。两条线扭绞在一起，可以减少对邻近线对的电气干扰。为了进一步降低电气干扰，还可以在双绞线外面包裹一层铜线网，以隔断线内外电磁场的互相影响。有铜线网的双绞线叫做屏蔽双绞线，没有铜线网的双绞线叫做非屏蔽双绞线，如图 2-9 所示。毫无疑问，屏蔽双绞线抗干扰能力更强，但这无疑会增加成本。一般使用双绞线都是因为其成本较低，因此，除非特殊场合，一般都使用非屏蔽双绞线。几乎所有的电话机都是通过双绞线接入电话系统的。

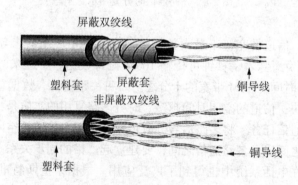

图 2-9 两类双绞线

双绞线既可以传输模拟信号，又可传输数字信号。用双绞线传输数字信号时，其数据传输率与电缆的长度有关。在几千米的范围内，双绞线的最大数据传输率可达 10Mbps，甚至 100Mbps，因而可以采用双绞线来构造价格便宜的计算机局域网。

对于双绞线的定义有两个主要来源：一个是美国电子工业协会(Electronic Industries Association，EIA)的远程通信工业分会(Telecommunication Industries Association，TIA)；另一个是 IBM 公司。EIA 负责"Cat"(即"Category")系列非屏蔽双绞线(Unshielded Twisted Pair，UTP)标准。IBM 负责"Type"系列屏蔽双绞线标准，如 IBM 的 Type1、Type2 等。电

缆标准本身并未规定连接双绞线电缆的连接器类型，然而 EIA 和 IBM 都定义了双绞线的专用连接器。对于 Cat3、Cat4 和 Cat5 来说，使用 RJ-45（4 对 8 芯），遵循 EIA-568 标准；对于 Type1 电缆来说，则使用 DB9 连接器。大多数以太网在安装时使用基于 EIA 标准的电缆，大多数 IBM 及令牌环网则使用符合 IBM 标准的电缆。

2. 同轴电缆

同轴电缆（Coaxial Cable）中的内外导体等材料是共轴的，同轴之名由此而来。外导体是一个由金属丝编织而成的圆形空管，内导体是圆形的金属芯线。内外导体之间填充绝缘介质，如图 2-10 所示。

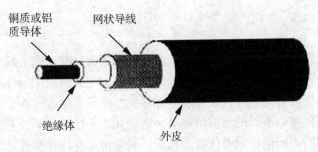

图 2-10　同轴电缆

同轴电缆内芯线的直径一般为 1.2~5mm，外管直径一般为 4.4~18mm。内芯线和外导体一般采用铜质材料。同轴电缆可以是单芯的，也可以将多条同轴电缆安排在一起形成电缆。广泛使用的同轴电缆有两种：一种是阻抗为 50Ω 的基带同轴电缆，另一种是阻抗为 75Ω 的宽带同轴电缆。当频率升高时，外导体的屏蔽作用加强，因而特别适用于高频传输。一般情况下，同轴电缆的上限工作频率为 300MHz，有些质量高的同轴电缆的工作频率可达 900MHz。因此，同轴电缆具有很宽的工作频率范围。当用于数据传输时，数据传输率可达每秒几百兆比特。

由于同轴电缆具有寿命长、频带宽、质量稳定、外界干扰小、可靠性高、维护便利、技术成熟等优点，同轴电缆在闭路电视传输系统中一直占主导地位。

3. 光纤

随着光通信技术的飞速发展，现在人们已经可以利用光导纤维来传输数据，以光脉冲的出现表示"1"，不出现表示"0"。

可见光所处的频段为 108MHz 左右，因而光纤传输系统可以使用的带宽范围极大。目前的光纤传输技术可使人们获得超过 50000GHz 的带宽，而且还在不断地提高。但光纤链路的实际最大数据传输率为 10Gbps，这是因为光纤两端的光/电以及电/光信号转换的速度只能到 10GHz，成为光纤链路的瓶颈。今后将有可能实现完全的光交叉和光互连，省去光电转换环节，构成全光网络，网络的速度将增长上万倍。

光传输系统利用了一个简单的物理原理：当光线在玻璃上的入射角大于某一临界值时，光线将完全反射回玻璃，而不会因为折射而漏入光纤之外。这样，光线将被完全限制在光纤中，而几乎无损耗地传播，如图 2-11 所示。光纤呈圆柱形，含有纤芯和包层，纤

芯直径为 $5\sim75\mu m$，包层的外直径为 $100\sim150\mu m$，最外层的是塑料，用于保护纤芯。纤芯的折射率比包层的折射率高 1% 左右，这使得光局限在纤芯与包层的界面以内，并保持向前传播。

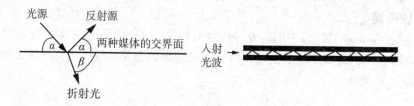

图 2-11 光纤传输原理

光纤不同于电线。电线只能传输一路电信号，如果有两路电信号同时加入到一条电线中，两路电信号波形叠加在一起，无法区分开来。一根光纤可以同时传输多路光信号，任何以大于临界值角度入射的光线，在介质边界都将按全反射的方式在介质内传播，而且不同的光线在介质内部将以不同的反射角传播，它们互不干扰。如果纤芯的直径较粗，则光纤中可能有许多种沿不同途径同时传播的模式，通常将具有这种特性的光纤称为多模光纤（Multi-mode Fiber）；如果将光纤纤芯直径减小到光波波长大小的时候，光在光纤中的传播没有多次反射，这样的光纤称为单模光纤（Single-mode Fiber）。

光纤通信的优点是频带宽、传输容量大、重量轻、尺寸小、不受电磁干扰和静电干扰、无串音干扰、保密性强、原材料丰富、生产成本较低。因而，由多条光纤构成的光缆已成为当前主要发展和应用的传输介质。

本章作业

一、填空题。

1. 物理层的作用：将计算机中应用的数据（   ）变换成适合于通信介质的传输方式，通过通信介质将数据传输到其他节点。

2. 物理层的主要任务是确定与传媒接口有关的一些特性，包括：机械特性、（   ）、功能特性和过程特性。

3. 物理层的（   ）特性主要考虑利用接口传送比特流的整个过程中，各种可能事件的执行和出现的顺序。

4. 单工通信是指（   ）。

5. 通信的双方可以同时发送和接收信息的通信方式称为（   ）。

6. 数字信号是在时间和（   ）上都离散的信号。

7. 与模拟通信相比，数字通信的最大缺点是（   ）。

8. 计算机网络中常用的信道复用技术包括：频分复用、时分复用、（   ）、波分复用和码分复用技术。

9. 频分多路复用的方法：传输前，（   ）；传输后，（   ）。

10. 有线介质将信号约束在一个物理导体之内。常用的有线介质包括双绞线、（   ）

和光纤。

11. 双绞线有( )和( )两种类型，它们的抗电磁干扰能力不同。

12. 在几公里的范围内，双绞线的数据传输率可达( )，甚至 100Mbps，因而可以采用双绞线来构造价格便宜的计算机局域网。

13. 一般情况下，同轴电缆的带宽为( )。

14. 光纤传输技术可使人们获得超过( )的带宽，且还在不断地提高。但由于光电转换接口等环节的限制，光纤链路的实际最大数据传输率为( )。

二、判断题。

1. 物理层的任务是透明地传送比特流，但是哪几个比特代表什么意思则不是物理层要管的。

2. 物理层的一个作用是对用户屏蔽了底层网络的巨大差异，使网络应用程序员不必考虑底层网络是宽带网还是窄带网。

3. 信道带宽越大，信息的最大传输率就越高。

4. 一般认为，信道的最大数据传输率等于信道带宽。

5. 通信系统的最大数据传输率在最理想的情况下，为信道带宽 B 的 2 倍，也就是每秒钟可以传递 2B 个字节。

6. 双向交替通信是指通信的双方都可以发送信息，也能双方同时发送。

7. 双绞线既可以传输模拟信号，又可传输数字信号。

8. 数字信号是在时间和幅度上都离散的信号。

9. 物理层的规程特性主要考虑利用接口传送比特流的整个过程中，各种可能事件的执行和出现的顺序。

10. 有线介质将信号约束在一个物理导体之内。常用的有线介质包括双绞线、同轴电缆和光纤。

三、名词解释。

模拟信号 数字信号 信道 时分多路复用 时间片 多路复用技术 多模光纤 全双工通信 最大数据传输率

四、问答题。

1. 什么是模拟信号？什么是数字信号？它们靠什么携带信息？

2. 最大数据传输率与数据传输率有何区别？

3. 多路复用有什么优点？简述频分多路复用的做法。

4. 简述传输介质光纤的优缺点。

第 3 章　数据链路层

3.1　基本概念

1. 链路与数据链路

链路是一条无源的节点到节点的物理线路，中间没有任何其他的交换节点。如果一台源主机和一台目的主机通过多个交换节点互连，那么其中任何一条链路都只是整个通路的一部分，它们共同构成了该通路。两个相邻节点之间一般采用多路复用技术进行数据传输，因此一条物理链路可以表示多条逻辑链路。

要实现数据的传输，不仅需要物理链路，还需要控制数据传输的相关通信协议。物理链路加上实现通信协议的软件和硬件就构成了数据链路。这和交通道路类似，并不是修好了水泥道路就能正常行车，要保证交通秩序不仅需要交通灯、斑马线等有形交通设备，还需要交通法规来规范人们的行为。现在最常用的办法是使用适配器（网卡）来实现这些协议的硬件和软件。一般的适配器都包含了数据链路层和物理层这两层的功能。

2. 数据链路层信道类型

数据链路层信道包括点对点信道和广播信道两种类型。点对点信道是节点到节点的一对一通信方式；广播信道是使用共享信道的广播通信，能够实现一对多通信方式。

从通信的目标来说，一对一通信只有一个信息接收者，网络系统就必须精确确定信息接收者在网络中的位置；一对多通信中有多个信息接收者组成的群体，网络系统只需要确定这个群体在网络中的范围。广播通信的另一种情形是通信接收者存在于某个群体中，如果通过广播方式使这个群体都收到了传输数据，接收者自然也收到了传输数据，从而实现了通信的目的。从我们常见的广播找人中，就可以想象到在某些情况下，广播方式信息传播具有无需确定目标精确位置的优越性，它给所有的可能接收者都发了一份数据，只有真正的接收者才会接收和使用数据。但是在一个广域网中的广播方式，往往在整个网络中产生大量的多余数据，降低了整个网络的传输效率。因此，在覆盖范围较大的广域网中，只在少数特殊情况下使用广播方式，而在覆盖范围很小的局域网中则使用广播方式。

3.2　数据链路层功能

数据链路层的基本功能是在相邻节点之间向该层用户（即网络层）提供可靠的数据传送服务。数据链路层调用物理层服务来完成实际数据传输工作，因此，数据链路层只关注如何使传输能够做到可靠。具体而言，数据链路层三个基本功能是：封装帧、透明传输、差错检验。

1. 差错检验

可靠的传输使用户免去对数据出错的担心。物理层只管数据传输，不理会传输的数据是否会出错。数据出错问题由数据链路层解决，以保证交给接收者的数据没有错误。数据链路层是对物理层传输原始比特流功能的加强，将物理层提供的可能出错的物理链路改造成为逻辑上无差错的数据链路，使之对网络层表现为一个无差错的链路。

数据链路层如何实现可靠传输？作为两个不同的独立实体，数据链路层无法制止物理层的错误，但数据链路层要能够及时发现物理层数据传输出现的错误，才能对错误进行处理。物理层传输的是比特串，物理层传输出错的情形是：一组比特串中的某些比特符号在传输后发生了变化，即原本是1，传输后变成了0，或者原本是0，传输后变成了1。这种错误叫做"比特错"，是网络传输的四种错误类型之一。"差错检验"就是检验传输过来的一组数据中是否存在比特错。

物理层接收端对于接收到的一组比特串无法直接判断接收数据是否存在比特错，只能交给数据链路层解决这一问题。物理层无法判断的原因在于：对物理层而言，这一组比特串数据没有约束关系。数据链路层进行差错检验的方法是：在传输前，对这组比特串建立一种约束关系；在传输后，检查这组比特串的约束关系是否还存在。如果还存在，这组比特数据没有比特错误，否则可以判断这组数据出现了错误。具体的约束关系是通信协议事先规定的，因而接收端是知道的。数据链路层建立约束关系的具体做法是：数据链路层发送端用一种校验函数对这组比特数据进行计算，得到计算结果（称为校验码），将校验码与这组比特数据放在一起，作为一个整体一起传输给接收端。接收端的数据链路层了解数据帧结构，知道哪些部分属于传输数据，哪些部分是校验码，也知道发送端采用的校验函数。接收端可以采用与发送端相同的方式计算一个校验码。将传输过来的校验码和自己计算的校验码进行比较，如果两者相同，传输数据无错，否则可以判断数据帧在传输过程中发生了错误。这种方法并不能检查出比特错发生在帧的哪个地方，只能说明其中有错。

2. 封装帧

"封装帧"就是数据链路层计算校验码，并将校验码与这组传输的数据以及一些相关的信息组合成一个整体的过程，组合成的整体叫做"数据帧"，简称为帧。帧是一种数据结构，数据帧是一种结构化的数据单元。网络中所传输的都是经过封装帧处理后的数据帧，它们连在一起组成数据帧串。从数据链路层的角度来看，网络链路中传输的都是一个接一个的数据帧组成的数据帧流。

数据链路层如何从物理层传输来的比特流中看出哪些比特串属于一个帧？组成一个数据帧的比特串前后都有称为"帧首"、"帧尾"标志，因此在一个比特流中，只要找到帧首帧尾就可以从比特流中提取出属于一个帧的完整比特串。数据链路层正是通过识别比特流中的帧首帧尾标志，将整个比特流看成数据帧流。帧首帧尾标志都是一组数量有限的比特组合，这套组合在比特流中必须具有唯一性，否则会引起数据帧边界确定错误。

3. 透明传输

"透明传输"功能就是为了防止这类错误。透明传输的过程是：在发送端，数据链路层检查需要传输的数据，其比特表现形式中是否有与帧首帧尾比特组合一样的子串，如果有，则这些子串会被接收端数据链路层误认为是帧首帧尾标志。为了避免误会，对子串进行某种处理，使得这些子串不再和帧首帧尾比特组合一致，但要在接收端对处理过的子串进行反向处理，恢复数据帧比特串原貌。经过这样的处理，就做到了"传输数据的内容、格式及编码没有限制"的透明传输方式。网络层提交的任何数据包，都能以相同的方式传输。

3.3　PPP 协议的帧格式

PPP（Point to Point Protocol，点到点协议）是为在同等单元之间传输数据包这样的简单链路设计的链路层协议。这种链路提供全双工（全双工是指一条链路可以同时进行收发双向数据流动）操作，并按照顺序传递数据包。设计目的主要是用来建立点对点连接发送数据，使其成为各种主机、网桥和路由器之间简单连接的一种共通的解决方案。PPP 协议是点到点通信的典型协议，目前在互联网上得到广泛应用，本书用它来说明数据链路层的通信原理。

PPP 协议的帧格式见表 3-1。

表 3-1　　　　　　　　　　**PPP 的帧格式**

F	A	C	P	I	FCS	F
标志	地址	控制	协议	数据	校验码	标志

PPP 采用 7EH 作为一帧的开始和结束标志（F）。H 表示这个数是十六进制数 7E，也就是二进制的 01111110。这意味着在数据帧的其他地方均不能出现 01111110 比特组合。地址域（A）和控制域（C）取固定值（A=FFH，C=03H）。协议域用来表示 I 字段中数据的属性：取 0021H 表示 I 域数据为 IP 数据包，取 8021H 表示网络控制数据，取 C021H 表示链路控制数据。帧校验域（FCS）为两个字节，它存放对 I 域数据进行计算后得到的校验码。

I 域又称为信息域，是网络层需要传输的数据包，但它是经过数据链路层透明传送处理后的数据包。透明传送是数据链路层的一种处理方式：若信息域中出现 7EH，则转换为（7DH，5EH）两个字符，即在 7 和 E 之间插入了 D5H，这样，信息域中出现的 01111110 比特组合就转化为 0111110101011110 比特组合，避免了数据帧边界的误解。透明传输还对信息域出现的其他特殊符号进行处理：当信息域出现 7DH 时，则转换为（7DH，5DH）；当信息流中出现 ASCII 码的控制字符（即小于 20H），即在该字符前加入一个 7DH 字符。接收端数据链路层的透明传输处理则是与发送端相反的，经过接收端的透明传输处理，数据包恢复了原样。

PPP 协议发现错误帧，则丢弃该帧，不会要求源端重传，重传要求由传输层或应用层提出。因此，PPP 协议有可能丢失数据，只检错，不纠错，是一种不可靠传输。数据丢失也是网络传输四种错误类型之一。在 PPP 协议之前，互联网数据链路层上广泛使用的是 HDLC 协议，该协议是会要求源端重传以消除数据丢失错误，为了做到这一点，HDLC 需要做很多工作。例如，为了重传出错的数据单元，就要指明数据单元从何处来，还要为每个数据单元编号，这样就需要启用地址域和控制域，协议中就要规定对这两个域的处理方法，就要多出很多程序模块。因为网络质量的提高，使比特错发生率大幅降低，数据丢失错误概率大幅减少，偶尔出现的错误还可以由高层进行纠正，因此省略了比较繁忙的数据链路层纠错工作，以此提高网络效率。PPP 协议实际上是 HDLC 协议在新形势下的简化版。

3.4 局域网

3.4.1 局域网概述

局域网产生于 20 世纪 70 年代。微型计算机的发明和迅速流行，计算机应用的迅速普及与技术提高，人们对信息交流资源共享和高带宽的迫切需求等因素，直接推动着局域网的发展。计算机局域网技术在计算机网络中占有非常重要的地位，它具有覆盖的地理范围比较小、数据传输率高、传输延时短、误码率低、属于单一组织拥有等特点。由局域网互连而成的广域网使得人们获取信息的范围更加广阔，得到的服务也日趋便捷。

1. 局域网的拓扑结构

局域网的拓扑结构主要有总线型、环型和星型三种，如图 3-1 所示。

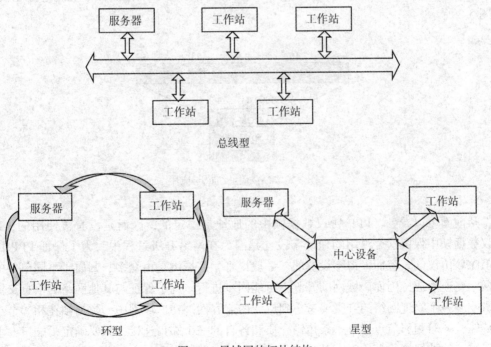

图 3-1 局域网的拓扑结构

39

①总线型特征：所有的工作站都连接在同一根总线上，所有的工作站都通过总线收发信息；任何一台工作站在总线上发布消息，所有的其他工作站几乎可以同时收到该消息。总线型的优点是：价格低廉，用户入网灵活，一个站点失效不影响其他站点。

②环型特点：所有工作站首尾相连，形成一个物理环路，每个工作站都可以通过环路向其他工作站发送信息；信息在环中沿着每个节点单方向传输，工作站收到信息后确认是否发给自己，如果是就接收，信息传递结束，如果不是发给自己，就沿着环路方向向下一家继续传送；数据传输时间确定。

③星型特点：系统通过中心节点转发数据、控制全局，方便了网络的维护和调试；缺点是中心节点失效会导致全网无法工作。

局域网由其拓扑结构决定了它必然是以广播方式传输信息，是硬件决定的广播方式。以总线结构为例，每一台工作站都连接在同一条总线上，都能收到总线中传输的数据帧。至于该数据帧由谁发出、由谁接收，则由数据帧中的源地址和目的地址标明。

2. MAC 地址

MAC 地址是在数据帧中使用的地址，包括源地址、目的地址，都是 MAC 地址。数据帧中有地址字段，专门用来存储数据帧所需要的地址。其中，源 MAC 地址表明了数据帧从哪一台主机或节点中发出，目的 MAC 地址表明了数据帧需要传输到哪台主机或节点上。局域网中的每一台主机都用 MAC 地址标识自己。MAC 地址实际上是网卡这一硬件设备的产品序列号，每一个合法厂家生产出来的网卡都有一个全球唯一的产品序列号，它是由厂家代码和序列号组成。MAC 地址在计算机或通信设备开机后的初始化过程中，由操作系统从只读存储器 ROM 中读取并存放在计算机内存 RAM 中，以便操作系统随时都能使用，如图 3-2 所示。

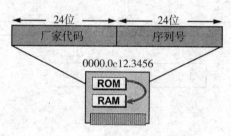

图 3-2　MAC 地址组成与应用

从前面可以看到，PPP 协议数据帧中的地址是固定的，因而是没有被使用的，PPP 协议数据帧中保留这个没用的地址字段，是因为在网络升级过程中，为了保证 PPP 协议与 HDLC 协议的兼容而不得不设置的。一般说来，广域网是由众多、归属于不同单位的物理网络互连形成，因而广域网的升级不可能同步进行，为了保证与其他网络的信息交流不受影响，一个物理网络的升级要考虑到广泛的兼容性。在广域网中，数据帧在相邻节点之间传输，一对相邻节点通过一条传输介质和各自的一个端口连接，只要确定了端口，就确定了唯一的数据接收者，因而 PPP 协议可以在数据帧中不使用地址。在局域网中，以总线型为例,所有工作站连接在同一根总线上,所有工作站都可以收到同一数据帧,真正的接收者必须用目的地址来确定。由于局域网数据传输天然的广播方式,数据帧中的源地址和目的地址是不可或缺的。这也说明,不同数据传输方式中的数据链路层协议是不同的。

3. 局域网的体系结构

ISO 在制定 OSI 模型时,局域网技术还不成熟,因此,OSI 模型的数据链路层没有考虑到局域网的特点。后来颁布的 IEEE802 标准,规划了局域网的体系结构,将数据链路层划分成逻辑链路控制 LLC、介质访问控制 MAC 两个子层。在 20 世纪 80 年代初期,IEEE802 委员会首先制定出局域网体系结构,即著名的 IEEE802 参考模型。许多 802 标准现已成为 ISO 组织的国际标准。局域网 802 参考模型与 OSI 的模型对比如图 3-3 所示。

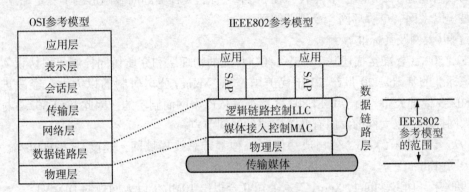

图 3-3 802 参考模型与 OSI 模型对比

LLC 功能是为上层的应用进程提供服务访问点(LLC SAP),两端主机的收、发进程各利用主机上的一个 SAP,组成一对 SAP 进行通信,SAP 为进程提供网络通信服务。一台计算机有多个 SAP,所以计算机上的多个进程可以同时进行网络通信,一个 SAP 一次只能为一个进程提供服务。

MAC 功能有两个:一是在发送时,将传输数据装配成帧,接收时,从帧中取出数据;二是确定介质访问控制方式,它是局域网特有的需求。在局域网中,站点数量少,采用广播方式:源站点通过共享传输介质向所有其他站点发数据帧,只有目的站点接收该数据帧,其余站点直接忽略传来的数据帧。局域网所有站点都有权发送数据,但任一时刻只能有一个站点使用传输介质发送数据。介质访问控制进行公用传输介质管理,是局域网数据链路层的重要功能。

介质访问控制方式主要有两种:竞争方式和令牌方式。竞争方式:局域网中的每一个站点都有同等的权力使用传输总线,谁抢先占用传输总线,谁就可以发送数据,其他站点必须等待,直到总线空闲才能使用。令牌方式:局域网中的站点必须持有令牌,才有权使用传输介质发送数据。令牌是一种特殊的帧,在网络站点中循环传输游荡,欲发送数据的站点必须先捕捉令牌,不发送数据的站点则将上一个站点传来的令牌传给下一个站点。

竞争方式的典型代表是 CSMA/CD(载波监听多路访问/碰撞检测)介质访问控制方式,它的工作原理如下:

①每个工作站都能监听到总线上是否有载波出现，从而判断是否有数据在传递。要发送数据时，若探测到总线中无数据在发送，就立即发出自己的数据，否则，边探测边等待。

②一旦有了一个以上的节点同时发出数据（碰撞），转而发送一个强干扰信号，以强化碰撞，目的是让所有的节点都知道发生了碰撞。

③而后退避一段随机时间，试着重发。

④只要有信息在传递，每个工作站都能接收到数据帧，所有工作站对帧中的目的地址字段进行检查，若是发给自己的就接收该帧，否则就忽略该帧。

4. 几种典型的局域网

局域网起源于 20 世纪 70 年代，在 80 年代有三大种类的局域网形成了三足鼎立之势，它们是：以太网、令牌环网、令牌总线网。

（1）以太网及其标准

IEEE802.3 标准是描述基于 CSMA/CD 总线的物理层和介质访问控制子层协议实现方法。该标准的基础是 20 世纪 70 年代美国施乐（Xeror）公司研制的以太网，经改进后以 IEEE802.3 标准公布。由于 IEEE802.3 标准是依以太网而制定的，因此 IEEE802.3 标准也称以太网标准。以太网的发展有几个重要的时间节点：

1975 年，施乐（Xerox）公司成功研制一种基带总线局域网，速度是 2.94Mb/s，命名为以太网（Ether）；

1980 年，DEC、Intel、Xerox 三家公司联合提出 10Mb/s 以太网规约 DIX V1；

1980 年又修改为第二版规约：DIX V2，它是第一个局域网产品规约；

1983 年 IEEE802 委员会制定了第一个 IEEE 以太网标准，编号为 802.3，它与 DIX V2 差别极小，DIX V2 与 802.3 常常混用。

严格地讲，以太网是指符合 DIX V2 标准的局域网。

以太网采用总线型、星型拓扑结构和 CSMA/CD 协议，具有组网简单、扩展容易、速度快、价格相对便宜的优点，是办公环境组建局域网的首选。缺点是如果网上用户太多，通信冲突加剧，网络速度将大幅度下降。

IEEE 802.3 标准规定了下列以太网：10Base-5，10Base-2，10Base-T，10Base-F，10BROAD-36 等。其中，10 表示最大数据传输率为 10Mbits/s；Base 表示基带传输；5，2，36 分别表示电缆的最大长度可达 500 米，200 米，3600 米；T 表示中心集线器；F 表示光纤；BROAD 表示宽带传输。

IEEE 802.3 标准具体内容就是对这些网络技术参数的具体规定。例如：

10Base-5 是粗同轴电缆以太网，最大长度为 500 米，最大工作站数目为 100；

10Base-2 是细同轴电缆以太网，最大长度为 200 米，最大工作站数目为 30，价格低廉；

10Base-T 采用中心集线器和双绞线，工作站距中心集线器最大距离为 100 米。

IEEE802.3 标准对以太网所使用的帧结构也进行了规定，如图 3-4 所示。

（2）令牌环网及其标准

最有影响的令牌环网是 IBM 公司的 Token Ring，它于 20 世纪 70 年代研制成功。令牌

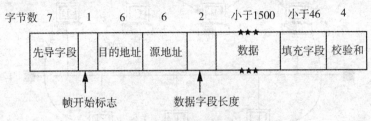

图 3-4 以太网的数据帧结构

环网采用环形拓扑结构和令牌方式进行介质访问控制，具有节点访问延迟确定，速度快（16M/s），大数据量传输环境下效率高等优点。缺点是维护复杂，设备成本高。

令牌环网的组建技术要求由 IEEE 802.5 标准规定，它是由 IBM 公司制定的。IEEE 802.5 标准规定的拓扑结构和工作方式如图 3-5 所示。

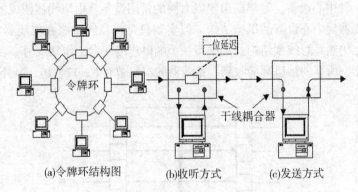

图 3-5 令牌环网拓扑结构和工作方式

IEEE 802.5 标准还定义了 25 种介质访问控制帧。众多的数据帧结构也从一个方面说明了令牌环网工作的复杂性。

(3)令牌总线网及其标准

令牌总线网(Token Bus)，拓扑结构为总线型，介质访问控制采用令牌方式。它集中了以太网和令牌环网的优点，组网简单，延迟时间确定，大数据量传输时效率高。但也继承了令牌环网的缺点，就是管理复杂，并且由于其需要在线性的物理总线结构上维持一个逻辑环，其复杂性更甚于令牌环网。

令牌总线网由 IEEE 802.4 标准规定。其令牌总线网工作原理如图 3-6 所示：①网络上所有站点依次编号；②令牌在网络中依编号在各站点中依次传递；③持令牌的站点才能发数据，源站点发出的数据沿着编号依次在各站点间传递，直到达到目的工作站。

3.4.2 局域网扩展

一个单位往往拥有多个局域网，通常需要将这些局域网互连起来，以实现局域网间的通信。局域网扩展是将几个局域网互连起来，形成一个规模更大的局域网。扩展后的局域

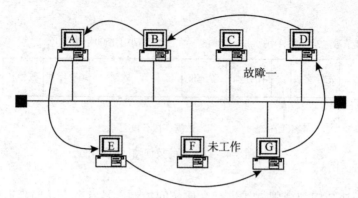

图 3-6 令牌总线网工作原理

网仍然属于一个网络。常用的局域网扩展方法有集线器扩展、交换机扩展和网桥扩展。

1. 集线器扩展

集线器是一种中心设备，是早期组建以太网的常用设备。由集线器构成的局域网在物理结构上是以集线器为中心设备的星型结构，但实质只是将总线隐藏在集线器内部，如图 3-7 所示，在逻辑上仍然是总线型结构。集线器一个端口连接一台工作站或另一台集线器，在一个端口上发数据，所有的端口都能收到。集线器的端口数有 8、12、16、24 不等。

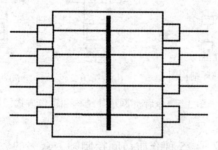

图 3-7 集线器结构示意图

在办公环境下，工作站往往集中在几个办公室中。在每个办公室中用一台集线器连接所有工作站构成一个局域网，再将几台集线器连接起来就共同组成了一个较大的局域网。图 3-8 显示了用集线器扩展局域网的方法，图中第三层的每个集线器都代表一个局域网。

第一层

第二层

第三层

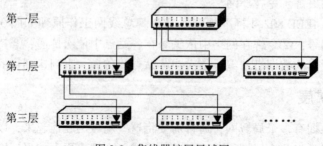

图 3-8 集线器扩展局域网

集线器扩展局域网存在一些缺陷:多个子级的局域网组成一个大的局域网,其冲突域也相应地扩大到了多个局域网中。在这样的扩展局域网中,任意时刻仍然只能有一台主机发送数据。

2. 交换机扩展

局域网交换机是以太网中心连接设备,它也有若干个端口,工作站通过传输介质接在端口上,组成局域网,整个网络构成一个星型结构。它的工作原理类似于电话交换机,是在交换机中将一对欲通信的节点连接起来。对比图 3-7 与图 3-9,尽管交换机外形与集线器类似,但内部结构有了本质的区别。交换式局域网不再是"共享介质"工作方式,它可以实现多对数据并发,避免了碰撞,提高了网络的效率。

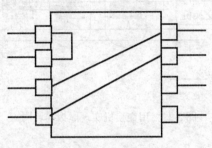

图 3-9　交换机结构示意图

用交换机扩展局域网的一种组合方式如图 3-10 所示。

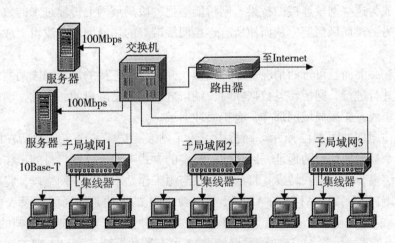

图 3-10　交换机扩展局域网

交换机的特点是按需连接,利用这一特点可以将不同地域的工作站由交换机连成一个网络,用交换机实现虚拟局域网(Virtual LAN,VLAN)。如图 3-11 所示,只要设置各个交换机上的端口连接关系,就可以把在物理上属于不同局域网的工作站组成 VLAN1、VLAN2、VLAN3 三个逻辑上的局域网。

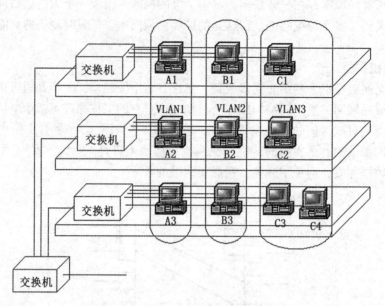

图 3-11　用交换机实现虚拟局域网

3. 网桥扩展

网桥是一种局域网扩展硬件设备。网桥有若干个端口，每个端口连接一段局域网，网桥本身也通过该端口的连接成为该网段中的一个工作站。一个网桥能够同时成为几个网段中的成员，成为这些网段连接的桥梁。网桥能够把一段局域网上传输过来的数据帧转发到它需要去的另一段局域网上，从而使所有连接网桥端口的局域网段在逻辑上成为一个扩展局域网。

网桥只在必要而且可行的情况下才转发帧，并且网桥连接的局域网段两两之间的数据帧转发可以并行进行。网桥转发数据帧时，端口之间仍然是隔离的，因此，网桥扩展的局域网不会像集线器扩展局域网那样，会扩大冲突域。

网桥工作原理如图 3-12 所示。网桥中设置了站表，记录每个工作站所在的端口；网桥检查每一个数据帧的目的地址，以过滤—转发的方式工作。过滤：目的工作站与源工作站在同一网络段，丢弃帧；转发：目的工作站与源工作站不在同一网络段，将帧发往目的工作站对应端口。例如，A1 要向 A2 发出数据帧，A1 的做法是向局域网段 A 的总线中发出数据帧，A2、A3 和端口 1 都几乎同时收到该数据帧。它们都检查数据帧的目的地址，得知是发给 A2 的，因此 A2 接收该数据帧，A3 抛弃该数据帧；端口 1 则查询站表，找到 A2 对应的端口为端口 1 自身，端口 1 抛弃该数据帧。这就是过滤。如果例子改为向 B2 发出数据帧，则端口 1 查到的目的工作站对应端口为端口 2，就采用转发方式，即通过缓存区向端口 2 发出数据帧；由于端口 2 和局域网段 B 总线相连，B2 立即收到该数据帧。

4. 几种常用的网桥

常用的网桥有这么几类：透明网桥、生成树网桥和源路由选择网桥。

(1)透明网桥

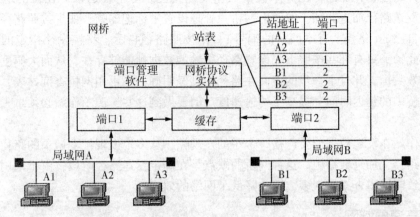

图 3-12 网桥工作原理

透明网桥在设备刚启动工作时，站表为空表。网桥在站表中查不到目的工作站所在的端口，就采用广播方法发送帧，即向帧来源以外的所有其他端口转发帧。这样，整个局域网的所有网段都有该数据帧，只要目的工作站确实存在于该局域网，就一定能够收到。

透明网桥以逆向学习方式逐步填充站表。网桥在发送帧的同时，查看帧的源地址就可知道源工作站在哪个端口，然后将源工作站所在的端口信息记录进站表。这样，通过一段时间，站表逐步填满，网桥工作逐步步入正轨。

计算机表格查询与操作都比较费时，为了避免查表工作消耗太多时间，一般表格都设置得不大。网桥使用的站表也是一种表格，也有长度限制。随着网桥不断进行逆向学习，站表一定会填满并溢出。因此，网桥还要定期地扫描站表，将不发送接收数据时间最长的工作站表项(也就是使用网络可能性最小的站点表项)清除出站表，以避免站表溢出。

透明网桥的优点是整个工作过程可以自动实现，无需人工干预；缺点是：若在网络扩展的过程中，拓扑结构形成回路，就有可能引发数据帧传输的无限循环(这种现象叫广播风暴)，导致网络中大量无效数据帧在网络中作传输，网络效率下降。

(2)生成树网桥

生成树网桥是在透明网桥的基础上做改进形成的，它能够在整个网络所有网桥中自动生成逻辑树结构，避免广播风暴。

生成树结构的生成过程是：①每个网桥首先假设自己是根网桥；②每个网桥广播自己的产品序列号，同时也收到了网络中所有网桥的产品序列号；③每个网桥选择产品序列号最小的网桥作为根网桥；④按照根网桥到每个网桥的最短路径构造生成树。

生成树网桥属于同一个网络的所有网桥，按照树结构形成彼此的数据传输方向，并在传输方向传送数据帧。每个非根网桥将帧传送给根网桥，由根网桥按照树结构传送到与目的工作站相连的网桥，由该网桥将数据转发给与目的工作站所在网段相连的端口。生成树网桥是用逻辑上非环的树结构，打破物理上的环状拓扑结构，从而避免了无效数据的循环重复。

(3)源路由选择网桥

发送方通过事先探路，已经掌握了数据发送路径。对于发送帧，在目的地址设置标记，并将发送路径加进此帧。源路由网桥只处理设置了标记的帧，如果按照路径，此帧确实是发给自己的(路径上有本网桥的编号)，则按照路径指示，将帧发往指定的端口；否则，丢弃此帧。只有那些按照事先设置路径传输的数据帧能够存在，从而大幅度减少了网络中的无效数据，并且下一步的走向在路径中已经明确，不再用网桥查询站表，减少了数据帧在网桥中的延迟时间，提高了传输速度。但要做到这些，源工作站必须事先确定发送路径。

源工作站在发送数据前要广播一个小的发现帧，从多个发现帧上记录的路径中选择一个最佳的路径，加进数据帧。这种网桥的缺点是在确定发送路径阶段，由于采用的是广播方式，导致网络中查找帧太多，因此降低了网络的效率。

3.4.3　高速局域网

随着时代的发展，新技术、新材料、新设备应用于经典局域网，出现了一些新型的高速局域网。常见的高速局域网有：FDDI 网络、快速以太网和千兆位以太网。

1. FDDI 网络

FDDI 网络是在令牌环网的基础上作了改进。在拓扑结构上，仍然采用物理环状。不同于令牌环网的单环结构，FDDI 网络采用双环，一个环做正向数据传输，另一个环反向传输数据，如图 3-13 所示。在传输介质上，采用了速度更快、带宽更大、更加便宜的光纤，从而提高了数据传输速度和可靠性。在介质访问控制方面，采用了多个令牌，使得网络中的多对工作站可同时发送数据。

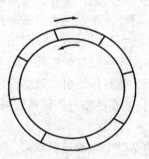

图 3-13　双环数据流向

双环的采用，提高了网络的容错能力。单环的令牌环网在环路出现故障时，会导致全网的瘫痪；而采用了双环结构的 FDDI 网，在线路或节点故障的情况下，有能力自动利用双环构成新环路，从而保证了大部分网络仍然能够工作，如图 3-14 所示。

目前，FDDI 网主要用于连接一些局域网络之间的主干网，不再是传统意义下的局域网络。

2. 快速以太网

快速以太网是在经典以太网基础上作了改进，拓扑结构主要采用星型、树型，以发挥高速中心设备的优势。它使用高速集线器、高速交换机、新型网卡设备将数据传输

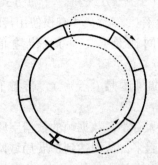

图 3-14　出现故障时的自组织方式

率从 10M 提高到 100M。由于交换机具有多对通信并发的特点，可以使用多路电缆取代一路电缆。多路电缆含有数据专线（点-点方式），这样不仅避免了碰撞的发生，也提高了速度。

　　和经典以太网相比，快速以太网的管理软件、应用软件、数据格式均保持不变，因而在经典以太网到快速以太网的网络升级方面十分便捷。例如，10Base-T 升级到 100Base-T，只需要将 10M 交换机替换为 100M 交换机。

3. 千兆位以太网

　　千兆位以太网又称为吉比特以太网，数据传输率达到 1000M。它也是在经典以太网的基础上作了改进：对中心设备要求数据传输率达到 1000M；增加了光纤通道物理层协议，以实现在以太网中利用光纤；引入了载波扩展、分组猝发等新技术；增加点到点专线连接，降低了冲突发生概率。

本章作业

一、填空题。

1. 数据链路层使用的信道主要有（　　　）和（　　　）两种类型。

2. 点对点信道采用（　　　）的通信方式。

3. PPP 协议发现错误帧，则（　　　），但不会要求源端重传。

4. PPP 协议具备封装帧，透明传输，（　　　）功能。

5. 数据链路层的 PPP 协议是不可靠传输协议，这是因为 PPP 协议（　　　）。

6. PPP 协议为了保证透明传输数据帧，采用的一种零比特填充方法。在发送端，该方法在扫描数据部分时，只要发现有（　　　），则立即填入一个（　　　）。

7. 应用于数据链路层的地址称为（　　　）。

8. 硬件地址实际上是硬件设备的（　　　）。

9. 局域网是指较小区域范围内各种数据通信设备及计算机连接在一起的通信网络。局域网的特点是（　　　）。

10. 局域网的拓扑结构有总线型、环型和（　　　）三种。

11. 总线型局域网在网中广播信息，每个工作站几乎可以同时收到每一条信息。其优点是价格低廉，用户入网灵活，（　　　）。

12. 介质访问控制方式包括(　　)方式和(　　)方式两种。(　　)方式是一种有序的方式：局域网中的站点必须持有(　　)，才有权使用传输介质，发送数据。

13. 10BASE-5 以太网络的网速是(　　)，传输信号形式是(　　)，网络结构是(　　)。

14. 100BASE-T 以太网络的网速是(　　)，传输信号形式是(　　)，网络结构是(　　)。

15. 以太网传输的数据帧有大有小，数据帧的数据字段最大长度不超过(　　)字节。

16. 网桥是将局域网段连接起来，从而达到扩展局域网的目的。网桥检查每一个数据帧的目的地址，以过滤 —(　　)的方式工作。

17. 网桥工作在数据链路层，它过滤转发的数据单元是(　　)。

18. 网桥在发送帧的同时，查看帧的源地址就可知道通过哪个端口可以查找该工作站，网桥将该信息记录进站表。这种方式叫做网桥的(　　)。

19. 在物理层扩展以太网，主要采用的设备是(　　)。

20. 生成树网桥选(　　)的网桥作为根。然后，按根到每个网桥的最短路径构造生成树。

21. FDDI 是一个使用(　　)作为传输媒体的(　　)网。

二、判断题。

1. 链路(link)是一条无源的点到点的物理线路段，中间可以有其他的交换节点。

2. 一条物理链路上，可以由多条逻辑链路共享，因而可以构成多条逻辑链路。

3. 在 PPP 协议中，如果 I 字段是来自网络层的数据包，在封装进数据帧时，需要特殊处理，以保证帧首帧尾标志的唯一性。

4. 在数据链路层看不到 IP 地址。

5. PPP 协议发现错误帧，则丢弃该帧，但不会要求源端重传，重传要求由传输层或应用层提出。

6. 集线器的每个端口都有发送和接收数据的功能。当集线器的某个端口接收到站点发来的有效数据时，就将数据传送到所有其他的各端口，然后由端口再发送给与集线器连接的主机。

7. 交换机是一种常用的局域网扩展设备，通过过滤-转发数据帧方式将多个局域网连接成一个扩展网络。

8. 网桥将收到的每一个数据帧转发到目的主机所在的端口，以保证网络中的每一台主机都能收到发给它的数据。

9. 网桥中设置了站表，记录工作站的对应端口，网桥检查每一个数据帧的目的地址，以过滤-转发的方式工作。

10. 总线型局域网在网中广播信息，每个工作站几乎可以同时收到每一条信息。其优点是价格低廉，用户入网灵活，一个工作站的故障不影响网络的正常运行。

11. 以太网所使用的帧结构中数据字段长度不能超过 1500 字节。

12. 网桥在发送帧的同时，查看帧的源地址就可知道通过哪个端口可以查找该工作站，网桥将该信息记录进站表。这种方式叫做网桥的逆向学习。

13. 局域网的拓扑结构有总线型、环型和星型三种。

14. 数据链路层具备封装帧，透明传输，差错检测的功能。

15. 介质访问控制方式有竞争和令牌两种。

16. 网桥是将局域网段连接起来，从而达到扩展局域网的目的。网桥检查每一个数据帧的目的地址，以过滤-转发的方式工作。

三、名词解释。

MAC　CSMA/CD　协议　令牌　逆向学习　广播风暴　局域网　100BASE-T　10BASE-5

四、问答题。

1. 数据链路层需要解决哪三个基本问题，其内容是什么？

2. 在 CSMA/CD 协议中，两台计算机发生数据传输冲突后，局域网采取什么措施？

3. 在 CSMA/CD 协议中，"冲突"是如何发生的？

4. PPP 协议中的数据帧是否含有帧编号？是否含有检错码？

5. 哪种网桥在什么条件下容易形成广播风暴？

6. 局域网的拓扑结构有哪三种？各有何特点？

7. 简要说明网桥工作原理。

8. 网桥对所连接的局域网的基本要求是什么？

第 4 章 网 络 层

在以 TCP/IP 模型构建的互联网中，网络层实现了众多的功能。网络层实现的功能可以分为以下几类：

①实现异构物理网络的互连；

②完成互联网中从源主机到目的主机的数据传输；

③数据传输的最佳路径选择；

④在路由器上实现的其他功能。

在 TCP/IP 模型中，TCP 和 IP 两个协议由于其巨大的作用而纳入模型的名字之中。但随着网络需求的快速提高，老版本的 IPv4 协议渐渐变得难以胜任。本章最后，简要介绍新版本的 IPv6 协议。

4.1 网络互连

4.1.1 网络互连的概念

1. 什么是网络互连

网络互连是将不同类型的物理网络连接在一起构成一个统一的网络。

网络互连可以解决网络长度的物理限制，将异地的网络连接起来，实现更广泛的资源共享。网络互连手段还可以使我们在建立物理网络时，限制网络中计算机的数量和网络覆盖范围，提高单个网络效率，降低网络管理难度。

2. 网络互连的方法

不同物理网络之间可能存在巨大的差异，实现不同物理网络的互连，不仅要实现物理上的互连互通，还要实现逻辑上的相互认可。实现资源共享的基本要求是：一个网络的数据单元能够在其他网络中自由传输，并且为另一个网络中的计算机所使用，因此，要求不同网络使用的数据单元格式一致。只有格式一致，此网络的数据单元才能在彼网络中被识别、被利用。但不同物理网络存在的巨大差异使得这一要求难以满足，例如，PPP 协议和以太网协议就分别规定了各自的数据帧格式，在数据链路层难以实现格式一致的要求。

其实，两个采用了相同网络模型(例如都采用了 OSI 模型或 TCP/IP 模型)的不同物理网络，就具备了相同的网络模型层次。只要在一个层次选用相同的协议，就具备了相同的数据格式(数据单元的格式是由协议规定的)，两个物理网络在该层次上得到统一，一个网络在该层次向另一个网络传输的数据单元能够被对方所识别、所处理。至于在两个网络内部其他层次以何种协议、何种方式处理数据，已经不影响网络互连了，也就是说，网络在接收了来自另一个网络的数据单元后，可以按照本网络的要求，处理该数据单元。例如，一个以太网在网络层收到来自另一个网络的数据包后，按照本网络的要求，在数据链路层将该数据包作为数据字段封装成以太网数据帧，就可以在本网络中传输、处理、使用该数据包。事实上，采用了 TCP/IP 模型的互联网，就是通过 IP 协议在网络层将所有的物理网络统一起来的。

3. 网络互连的种类

如果两个物理网络在某个层次中的数据形式或格式相同或者能够相互识别，它们就能通过该层实现互连。例如，两个 10BaseT 的以太网，由于它们采用了相同的总线和网卡，那么它们内部表示比特流的电信号形式是完全一致的。一个集线器通过将它们的总线直接相连，实现电信号的互通，也就实现了两个网络在物理层的互连。因为源主机物理层发出的电信号通过集线器连接的两段总线（都是双绞线）传输到目的主机的物理层，由于目的主机物理层能够识别这种电信号，因而能够从中提取出比特数据，经过目的主机各层剥离首部，最终能够将源进程发出的数据交给目的进程。

如果两个以太网，一个以铜线为总线，另一个以光纤为总线，则两个网络在物理层下的信号形式完全不同，不能用集线器将它们的总线直接互连。它们都是以太网，数据帧格式相同，可以用网桥在数据链路层将它们互连。网桥在数据链路层转发数据帧，至于数据帧中的二进制数据是转化成电信号还是光信号，则由两个网络的物理层决定。

如果两个网络的数据帧格式也不相同，网桥也不能完成网络互连。但数据帧格式差别再大，它们都有一个数据字段，只要该字段包含的数据包格式相同，就能够在网络层中将它们互连。互联网对联入的计算机或通信设备的最基本要求就是采用 TCP/IP 协议，这样，连入互联网的所有计算机就在网络层数据格式与处理方式上得到了统一。因此，连入互联网的各种网络，不管彼此之间差异有多大，都能在网络层实现互连。IP 协议是 TCP/IP 协议体系中最重要的两个协议之一，它与地址解析协议、逆向地址解析协议和差错控制报文协议等共同规范网络层的数据交换格式和过程。通过 IP 协议可以将许多计算机网络互连起来。

因此，根据上述描述，网络互连可在各个层次进行，如图 4-1 所示，不同层次有不同的要求。物理层互连：要求两个网络使用的设备兼容，控制、数据信号相同；数据链路层互连：要求两个网络使用的协议和帧格式相同；网络层互连：要求两个网络使用的协议和数据包格式相同；高层互连针对两个完全不同的网络，使用的协议不同。

根据网络互连层次，可以选择不同网络连接设备。物理层互连设备，主要有中继器和集线器。中继器为了对抗信号衰减将一个物理网络中的信号放大以后，转发到另一个物理网络中使其继续传播。在用集线器扩展局域网时，集线器将几个物理网段的总线直接连接起来，这就要求几个物理网段用来表达比特数据的信号格式是一致的，即物理层互连的网段必须采用相同的物理层协议。数据链路层的互连设备是网桥，它是根据需要将数据帧从一个网段转发到另一个网段，这就要求网桥互连的网段具有相同的数据帧结构，也就是在数据链路层采用相同的协议。网络层互连设备称为路由器，它要求互连的物理网络都遵守 IP 协议，以 IP 协议规定的方式进行数据处理和传输。在网络层以上各层间进行的互连一

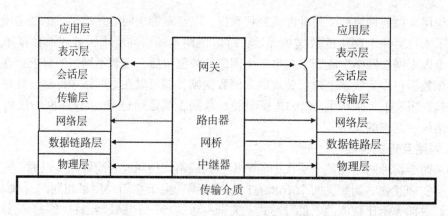

图 4-1　网络互连的不同层次和相关设备

般统称为高层互连，实现高层互连的设备统称为网关或应用网关。网关的主要作用是协议翻译。

需要说明的是在物理层和数据链路层进行的网络互连只能称为局域网扩展。首先，集线器和网桥连接的都是同类型的物理网络；其次，集线器和网桥连接起来的网络只是一个扩大了的局域网，在它们中的各种主机都具有相同的网络号。"网络互连"这个词特指不同类型的物理网络相连，主要由路由器作为连接设备。

互连起来的网络可以看成一个整体，称为虚拟互连网络，如图 4-2 所示，即逻辑上可以彼此异构，物理上设备差距巨大，但从网络层来看好像是一个整体，称为虚拟互连网络，计算机通过这个网连接起来。

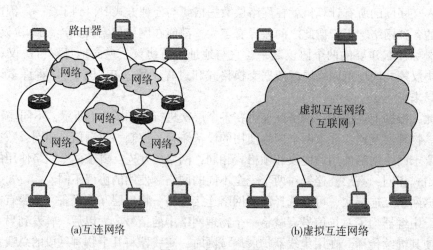

(a)互连网络　　　　　　　　　(b)虚拟互连网络

图 4-2　虚拟互连网络

4.1.2　网络互连工具——路由器

路由器是互联网的标准组件，是实现网络互连的硬件设备。作为不同网络(具有不同的网络号，在逻辑上就属于不同的网络）之间互相连接的枢纽，路由器系统构成了互联网的主体脉络，是通信子网中的交换节点，也可以说，路由器构成了 Internet 的骨架。一个网络可以通过路由器与其他各种类型的大小网络相连，互联网本身就是这样通过逐步互连，发展成为今天覆盖全球的最大计算机网络。路由器的处理速度是网络通信的主要瓶颈之一，它的可靠性则直接影响着网络互连的质量。因此，在园区网、地区网，乃至整个互联网研究领域中，路由器技术始终处于核心地位，其发展历程和方向，成为整个互联网研究的一个缩影。

路由器是如何实现两个网络的互连？如图 4-3 所示，路由器是两个相联网络的共同边界，更是两个相联网络的内部成员。路由器的一个端口连接着一个网络的总线，该端口拥有一个属于该网络的 IP 地址。由于它是网络的内部成员，能够像网络中的其他工作站一样广播和接收数据帧。又由于它也是另一个网络的内部成员，当它发现一个端口收到的数据帧所包含的数据包需要发给另一个网络，就会将数据包封装成另一个网络的数据帧，通过连接端口向该网络以广播的形式转发数据帧。由于一台路由器同时属于多个网络的内部成员，它必须同时运行各个网络所采用的协议。

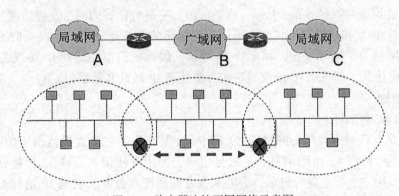

图 4-3　路由器连接不同网络示意图

路由器是连接两个相邻网络的交换节点，反过来，一个网络也是连接两个路由器的链路。如果这个网络足够简单（如图 4-3 所示的总线局域网结构），两个路由器之间没有其他起连接作用的节点，这两个路由器还构成了相邻节点。

如果两个距离遥远的网络相连，可以通过通信链路直接将两个网络边界上的路由器连在一起，如图 4-4 所示，该链路是一个特殊的直联网，与特殊直联网相连的端口不需要 IP 地址。

路由器与网桥十分类似，都有处理器和内存（很多重要节点实际上是一台高档计算机），都用端口与每个网络相连，都根据表信息做出是否转发的决定。

路由器与网桥的区别是：

①路由器工作于网络层，实现网络级互连；网桥工作于链路层，连接不同局域网。

②路由器构成的互连网络可以存在回路；网桥构成的互连网络如果存在回路，有可能形成"广播风暴"，因此必须努力避免网络形成回路，这在实践中又是十分困难的。

③它们在安全策略、实现技术、性能、价格方面均有所不同。

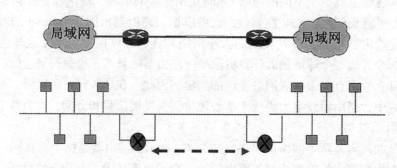

图 4-4　特殊直联网连接到路由器

④由网桥扩展的局域网仍然属于一个局域网，它们具有相同的网络号；由路由器连接的网络往往是不同的物理网络，它们有各自的网络号。

4.1.3　互连网络协议

IP 是互连网络协议（Internet Protocol）的简称，它具有良好的网络互连功能，原因就在于它规范了 IP 地址和数据包格式，为不同物理网络的互连建立了一个统一的平台。也就是说，各个网络为了能够互连，都运行 IP 协议，因而它们都能识别 IP 协议所规定的 IP 地址和数据包格式，都采用 IP 协议规定的方法处理 IP 地址和数据包。

1. IP 地址

（1）什么是 IP 地址

IP 地址是互联网中为每个网络连接（网卡）分配的一个在全世界范围内的唯一标识。IP 地址长度为 32 比特，由网络号、主机号组成，为了方便记忆，将 32 比特分成四个字节，每个字节用一个十进制数表示，十进制数之间用圆点分割，它是 IP 地址的十进制表示，如 172. 16. 122. 204，如图 4-5 所示。

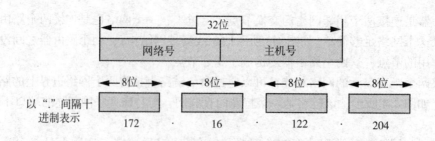

图 4-5　IP 地址的两种形式

（2）IP 地址的分类

按 32 位 IP 地址基本格式的第一个字节的前几位，将 IP 地址分为 A、B、C、D 和 E 五类地址。A、B、C 类地址为单目传送（Unicast）地址，用来分配给计算机使用，既可以作为源地址标识发送数据的源主机，也可以作为目的地址标识接收数据的目的主机；D 类地址为组播(Multicast)地址，用于在一个组内进行广播，即一个 IP 地址标识多台目的主机，只能作为目的地址；E 类地址为保留地址，以备特殊用途，如图 4-6 所示。

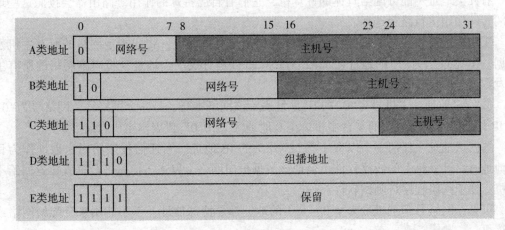

图 4-6 各类 IP 地址的特征

A 类地址网络号除去一个标记比特只剩下 7 位，这意味着在互联网中最多只有 $2^7 =$ 128 个 A 类网络，它们的网络编号分别是 0，1，…，127。A 类地址主机号有 24 位，这意味着每一个 A 类网络拥有 $2^{24} = 16777216$ 个 IP 地址可供分配。由于存在地址的特殊规定，一般网络号和主机号全为 0 或 1 的地址不能用来分配，可分配地址至少比理论值少 2 个。表 4-1 对各类地址做了总结。

表 4-1 　　　　　　　　　　　　　　　　**各类 IP 地址特点**

IP 地址类	格式	目标	最高位	地址范围	网络位/主机位	网络能包含最大主机数
A	N,H,H,H	较大组织	0	1.0.0.1~ 126.255.255.254	7/24	16777214
B	N,N,H,H	中型组织	1,0	128.1.0.1~ 191.254.255.254	14/16	65534
C	N,N,N,H	相对小的组织	1,1,0	192.0.0.1~ 223.255.255.255	21/8	254
D	N/A	多广播组	1,1,1,0	224.0.0.0~ 239.255.255.255	N/A	N/A
E	N/A	高级	1,1,1,1	240.0.0.0~ 255.255.255.254	N/A	N/A

我们也可以根据 IP 地址十进制表示中的第一个十进制数来判断一个 IP 地址属于哪一类。根据表 4-1，A 类地址的第一个十进制数在 1~126 之间，B、C、D、E 类地址的第一

个十进制数分别在 128~191、192~223、224~239、240~255 之间。

（3）特殊的 IP 地址

有几类地址不能分配给具体的计算机，它们有自己特殊的作用。路由器会按照这些地址的特殊作用进行路径选择。

①广播地址：主机地址部分全为"1"的地址是广播地址，将向指定网络的所有主机发数据。IP 地址全为"1"的地址（255.255.255.255）是有线广播地址，将向本网络的所有主机发数据。

②"零"地址：主机号为"0"的 IP 地址表示该网络本身，是一个网络号。网络号为"0"的 IP 地址表示本网络上的某台主机。全 0 地址"0.0.0.0"代表本主机自己。

③回送地址：任何一个以数字"127"开头的 IP 地址。当任何程序用回送地址作为目的地址时，计算机上的协议软件不会把该数据报向网络上发送，而是把数据直接返回给本主机，便于网络程序员测试软件。

可见，网络号和主机号为全 0、全 1 的地址都是特殊地址，都不能用来分配给网络或计算机。

（4）子网和掩码

在一个网络内部，如果主机数量太多，会导致整个网络管理复杂，效率降低，速度下降。可以将一个网络划分成若干小规模的网络，称为子网络（或子网）。子网络效率更高，更好管理。子网掩码用来在主机号空间划分子网，它用主机号的若干个高位作为子网号，作为新编的子网编号。对于一个子网来说，网络号加子网号构成了本子网的网络号。与 IP 地址对应，子网掩码有 32 位数字。通过掩码可以把 IP 地址中的主机号再分为两部分：子网号和主机号。掩码中为 1 的位相对应的部分为子网号，为 0 的位则表示的是主机号（如图 4-7 所示）。网络划分后必须子网掩码对外宣布，外界路由器将把各个子网作为独立网络进行处理。

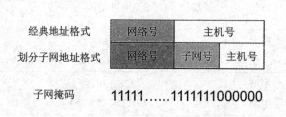

图 4-7 子网掩码指明了一个子网的网络号和主机号

路由器在寻址过程中需要根据情况，使用 IP 地址中的子网络号或主机号。IP 地址和子网掩码相"与"运算，得到该接口所在网络的子网号，而把地址和掩码的反码进行"与"运算，即可得到主机地址。

（5）IP 地址的分配方法

IP 地址作为一种资源由网络管理机构提供给网络建设单位。网络管理机构以一组连续的地址块分配 IP 地址，网络建设单位可以根据自己网络中计算机的最大数量购买一个网络号，从而得到该网络号中所有连续的 IP 地址。网络建设单位还可以通过设计子网掩码的方式，将 IP 地址分配给二级单位。二级网络管理员可以将一个 IP 分配给用户，也可以让所有用户共同使用这些地址，在这种方式下，上网的计算机可以由系统临时分配一个空闲的 IP 地址。

一个用户如果得到一个 IP 地址，需要将该地址绑定在网卡上，一个网卡通常有一个接口连接电缆，它是网络的物理接口。一个 IP 地址表示一个网络连接，是一个网络接口。一台主机可以插入多个网卡，所以可以有多个物理接口；一个网卡可以绑定多个 IP 地址，所以可以有多个网络接口，也就是说一台计算机理论上可以有多个 IP 地址。

一个对外提供信息服务的物理网络不仅有大量的客户机（Client），还应该有多个服务器（Server）（如图 3-10 所示），如 Web 服务器、Ftp 服务器、E-mail 服务器和 DNS 服务器，每个服务器都需要分配一个 IP 地址。服务器的基本含义是指一个管理资源并为用户提供服务的计算机软件，通常分为文件服务器、数据库服务器和各种服务器应用系统软件（如 Web 服务、电子邮件服务）。一台计算机如果能力足够强，可以安装多个服务器。但服务器需要为广大的计算机客户提供服务，负载很重。如果安装服务器的计算机运行能力不足，会导致速度下降，很容易成为影响网络速度的瓶颈，从而影响网络整体性能。此外，运行服务器的计算机的处理速度和系统可靠性都要比普通 PC 要高得多，因为这些计算机在网络中一般是连续不断工作的。普通 PC 死机了大不了重启，数据丢失的损失也仅限于单台电脑。运行服务器的计算机不同，许多重要的数据都保存在计算机上，许多网络服务都在计算机上运行，一旦计算机发生故障，将会丢失大量的数据，造成的损失是难以估计的，而且计算机上的服务器提供的功能如代理上网、安全验证、电子邮件服务等都将失效，从而造成网络的瘫痪。因此，运行服务器的计算机或计算机系统相对于普通 PC 来说，在稳定性、安全性、性能等方面都要求更高，CPU、芯片组、内存、磁盘系统、网络等硬件与普通计算机有所不同，在质量与处理数据性能上更出色。这些计算机一般专门用来运行服务器，久而久之，这些计算机被人们称为服务器。所以，服务器也被看作是网络环境下为客户机提供某种信息服务的专用计算机。服务器是一种高性能计算机，作为网络的节点，存储、处理网络上 80% 的数据、信息，因此也被称为网络的灵魂。

一台能力超强的计算机上可以运行多个服务器，因为每个服务器都需要各自的 IP 地址，这些 IP 地址都要绑定在这台计算机上。只有在这种情况下，一台计算机才需要绑定多个 IP 地址。在多数情况下，一台计算机一般绑定一个 IP 地址。

2. IP 报文格式

IP 协议规定了网络层所传输的数据包格式。如图 4-8 所示，数据包由 IP 报文头和数据两部分组成，其中，数据部分是传输层所交付的要传递的数据。报文头是网络层为传递数据所加的各种控制信息，又称为数据包首部。IP 报文头的前 20 个字节是报文头不可缺少的基本部分，又称为固定首部；固定首部后面可以有若干个任选项。IP 报文头大小是以 4 字节为单位计数，且随着任选项的多少而变化。填充项紧接在任选项后面，填充若干个比特位，以保证 IP 报文头的长度是 4 字节的整数倍。

IP 报文头中，各字段的意义如下：

①版本（Version）为 4 比特，只有两种取值：0100 表示 IPv4，0110 表示 IPv6，表明所采用 IP 协议的版本号。

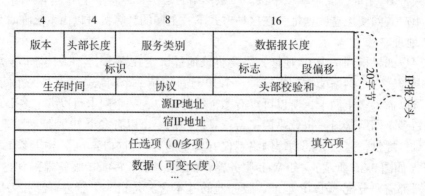

图 4-8　数据包格式

②头部长度(Header Length)是指本 IP 报文头的长度。IP 报文头的长度除了固定首部的 20 个字节外，主要取决于有多少任选项。IP 报文头的长度以 4 字节为单位计算，如果没有任何任选项，则报文头长度只有固定首部的 20 个字节，记为 5；该字段只有四个比特，可以表达的最多数为 15，因此 IP 报文头的最大长度为 15×4 = 60 字节，以二进制表示，该字段的取值范围为 0101 ~ 1111。

③服务类型(Type of Service)确定分组的处理方式。这个字段包含两个部分：Precedence 和 TOS。TOS 目前不太使用。而 Precedence 则用于 QoS 应用。QoS(Quality of Service，服务质量)是指一个网络能够利用各种基础技术，为指定的网络通信提供更好的服务能力，是网络的一种安全机制，是用来解决网络延迟和阻塞等问题的一种技术。在正常情况下，如果网络只用于特定的无时间限制的应用系统，并不需要 QoS，比如 Web 应用或 E-mail 设置等。但是对关键应用和多媒体应用就十分必要。当网络过载或拥塞时，QoS 能确保重要业务量不受延迟或丢弃，同时保证网络的高效运行。

④数据报长度(Total Length)是指整个数据包(包括 IP 报文头和数据部分)的总的字节数。该字段为 16 比特，这说明 TCP/IP 模型中的数据包最大不超过 2^{16} 字节也就是 64K 字节。我们已经知道，报文分组(数据包)是传输层在将数据交给网络层以前对报文进行分割，以便网络中的数据传输单元不超过一个上限而得到的。从这个字段，可以知道这个上限不超过 64K 字节，但并不是说这个上限就一定是 64K 字节。事实上，每个物理网络都有一个重要的参数 MTU(最大传输单元)规定了该网络中传输单元上限，超过该上限的数据单元会被重新划分包装或丢弃。如果数据包大小超过一个网络 MTU，但又需要经过该网络传输，就需要在进入该网络时，将数据包再进行一次分割，以满足该网络要求。对于一个报文，如果分割得过小，数据包数量过多，碎片化率提高，网络中传输单元数量增加，丢失的概率增加，报文重组工作量增大，网络的效率降低。但如果分割得过大，重新分割的可能性会显著提高，反而会增加新的工作量。因此，每个物理网络在设置参数 MTU 时，需考虑多方面因素。我们已经知道，以太网数据帧的数据字段长度不超过 1500 字节，该数据字段就是网络层提交的数据包，因此通过以太网传输的数据包不能超过 1500 字节。考虑到以太网的流行性，1500 成为一个常见的 MTU 参数值。

⑤标识(Identifier)、标志(Flags)、段偏移(Frag Offset)：三个字段联合使用，对大的上层数据包进行分段(fragment)操作，对分组进行分片，以便允许网上不同最大传输单元(MTU)时能进行传送。

如果一个大的数据包需要通过具有较小 MTU 参数值的网络进行传输，就必然要将这个大的数据包分段成为若干个小的数据包；这些分段数据包通过了这个网络后，又必须重新组合，还原成原有的形式，因此需要为分段数据包的还原做准备。标识字段长度为 16 比特，用于存放被分段原数据包的编号，由同一个数据包分割而成的分段数据包，都在这个字段保存原数据包编号；在分段数据包需要合成还原原数据包时，这个字段是唯一线索。数据包的分段在进入这个网络的路由器上进行，数据包的还原在离开这个网络的路由器上进行。

标志字段长度为 3 比特，该字段第一位不使用，第二位是 DF 位，DF 位设为 1 时表明不允许路由器对该数据包分段。如果一个数据包无法在不分段的情况下进行转发，路由器会丢弃该数据包并返回一个错误信息。第三位是 MF 位，当路由器对一个数据包分段，路由器会在最后一个分段数据包的包头中将 MF 位设为 0；其他分段数据包的 MF 位将标记为 1。

段偏移字段长度为 13 比特，该字段标记了每一个分段数据包在原数据包中的位置，该位置是用距离原数据包第一个字节的偏移量信息表示的。例如，一个大数据包以 800 字节为单位进行分段，则分段数据距离源数据包首字节的偏移量依次是 0，800，1600，…，那么分段数据包在各自的段偏移字段标记 0，100，200，…。为什么不直接标记 0，800，1600，…，而标记缩小了 8 倍的 0，100，200，…？这是因为段偏移字段长度只有 13 比特，比标识字段长度 16 比特少了 3 位，为了能够正确标识分段数据包数据在整个数据包数据中的正确位置，必须缩小 8 倍。这也说明，分段数据的大小必须是 8 的整数倍。由于分段数据包在网络上的传送不一定能按顺序到达，这个字段保证了目标路由器在接收到分段数据包之后能够还原被分段数据包。如果某个分段数据包在传送时丢失，则属于同一个原数据包的一系列分段数据包都会被要求重传。

⑥生存时间(TTL)字段长度为 8 比特，规定数据包在网上传送的最大跳步数，防止数据包无休止地要求网络搜寻不存在的目的地址。当数据包进行传送时，先会对该字段赋予某个特定的值。当数据包经过沿途每一个路由器时，路由器会将数据包的 TTL 值减少 1。如果 TTL 减少为 0，则该数据包会被丢弃。这个字段可以防止由于故障而导致数据包在网络中不停被转发。

⑦协议(Protocol)字段标明了发送分组的上层协议号(TCP=6，UDP=17)。

⑧头部校验和(Header Checksum)字段存放着本 IP 报文头的校验码。网络层和数据链路层一样，其发送和接收两端采用同样的校验函数对数据各自计算一个校验码，通过对比来发现数据是否在传输后发生变化。网络层只对 IP 报文头进行检验。

⑨源 IP 地址和宿 IP 地址(Source and Destination Addresses)：这两个地段都是 32 比特，记录了这个数据包的源主机和目标主机的 IP 地址。

⑩任选项(Options)：这是一个可变长的字段。该字段由起源设备根据需要编写。可选项目包含许多内容，涉及网络测试、调试、保密及其他。下面举几个例子：

　　a. 松散源路由(Loose source routing)：路由信息表给出一连串路由器接口的 IP 地址。数据包必须沿着这些 IP 地址传送，但是允许在相继的两个 IP 地址之间经过多个路由器。

　　b. 严格源路由(Strict source routing)：路由信息表给出一连串路由器接口的 IP 地址。数据包必须沿着这些 IP 地址传送，如果下一跳不在 IP 地址表中则表示发生错误。

　　c. 路由记录(Record route)：当探路数据包离开每个路由器的时候记录路由器的出站接口的 IP 地址，整个路径依次记录的 IP 地址形成路由信息表。

　　d. 时间戳(Timestamps)：当数据包离开每个路由器的时候记录时间。

3. 数据包在不同网络中的必要处理

　　一个数据包从起点到终点的传递，要经过多个不同的网络；数据包在经过的每个网络中，都要满足这个网络的协议规定；连接不同网络的路由器负责将数据包按照将要经过网络的协议要求进行处理，以便该数据包能在该网络中传递；经过处理的数据包离开该网络时，路由器要将经过处理的数据包还原成本来面目。一个简单而明显的例子是数据包大小的变化。

　　根据 IP 协议，数据包大小上限不得超过 64K，但 IP 协议还是相当宽泛的，有很多选项。不同的网络即便都采用了 IP 协议，还是可以根据自己的情况，做出各自不同的规定，独立地确定自己网络数据包的大小，并按此要求封装、传递、处理数据包；可能这个网络规定数据包大小上限为 64K，那个网络数据包大小上限为 4K；在 64K 数据包的网络中能够直接传递 4K 的数据包；而 4K 数据包的网络不能传递 64K 的数据包，必须由路由器将大数据包划分成小数据包。

　　划分的方法是：将数据包的数据部分划分成若干个分段，每个分段组成新数据包的数据部分；原数据包的首部复制若干份，作为新数据包的首部；新的数据包首部和新的数据包数据部分组成新的数据包；在每个新数据包首部中做必要的记录，以便能够将这些新生成的数据包还原成原数据包。

　　例题　一个数据包长度为 6000 字节(固定首部长度)。现在经过一个网络传送，但此网络能够传送的数据包最大数据长度为 1500 字节。试问应当如何划分该数据包？新数据包的数据字段长度、段偏移字段和 MF 标志应为何数值？

　　解　数据包总长度为 6000 字节，固定首部 20 字节，因此数据包数据部分长度为 6000-20＝5980 字节。

　　传输网络最大数据包长度为 1500 字节，其数据部分最大长度为 1500-20＝1480 字节。因此划分的每个数据段长度上限为 1480 字节。

　　一种划分方法是将数据包数据部分 5980 字节划分成：1480，1480，1480，1480，60 字节共 5 个分段。则分段首部的段偏移字段依次是：0，185(即 1480/8)，370，555，740。分段数据包首部的 MF 标志依次是：1，1，1，1，0。

　　完毕。

4.1.4　数据包传输过程

1. 网络层提供的服务

　　在通信子网中，网络层是最高层。在资源子网中，网络层的上层是传输层，网络层为传输层提供从源主机到目的主机的数据包传输服务。一般意义上，计算机网络的网络层可以提供两种服务供传输层选择。这两种服务是面向连接的虚电路服务和无连接的 IP 数据报服务。面向连接与无连接服务是数据通信的两种不同的传输数据技术。每种都各有优点和缺点。

面向连接服务和电话系统的工作模式相似，面向连接服务的主要特点如下：

①数据传输过程必须经过连接建立、连接维护与释放连接三个阶段。

②在数据传输过程中，各个交换节点按照数据包首部中记录的路由信息表向下一个交换节点传输该数据包。

③传输连接类似的一个通信管道，发送者在一端放入数据，接收者在另一端取出数据，传输的数据包顺序不变，因此传输的可靠性好。

无连接服务与邮政系统服务的信件投递过程相似，无连接服务的主要特点是：

①每个数据包都携带源节点与目的节点地址，各个数据包由沿途的交换节点一步一步地向目的地址传输，直到到达目的主机。即使是来自一个报文的若干个数据包，它们彼此的传输过程都是相互独立的。

②传输过程不需要经过连接建立、连接维护与释放连接三个复杂、费时的阶段，过程相对简单。

③目的主机接收的数据包可能出现乱序、重复与丢失现象。

无连接服务是不可靠的，但是由于省去了很多协议处理过程，因此它的通信协议相对简单，通信效率比较高。

1）虚电路服务

面向连接服务作为一种数据传输技术可以用在系统的各个层次，虚电路服务是特指在网络层使用的面向连接服务，过程是源主机先发送一个通信连接请求（虚呼叫）数据包，寻找并逐一记录所通过的一系列路由器，构成一条通往目的主机的最优路径；目的主机返回同一通信数据包，包中含有记录了整个路径的路由信息表，然后在源主机与目的主机之间建立一条连接通路，也就是虚电路；在这条通路上，所有后续数据包按照路由信息表在各个路由器之间进行传输；通信完毕后释放虚电路。

虚电路服务采用的是分组交换方式，和电话系统采用的电路交换方式有本质的不同。电话系统由一系列程控交换机通过自动转接，在两个通话电话之间建立了一条实际的物理电路，在通话期间线路独占，利用率不高。虚电路是逻辑电路，一条物理线路可以建立多条逻辑电路，同时为多对通信服务。

虚电路服务适合大数据量的传输，一批发送的多个数据包，都携带了同一个路由信息表，中间节点不需要进行复杂的路径选择优化计算，只需要按照路由信息表标记的传输方向传递数据，降低了延迟时间。由于只有一个通道，目的主机接收数据包的顺序与源主机的发送顺序一致。这些数据包是一个队列中的数据包，彼此之间有关联、有次序、不独立。如果有一个数据包发生错误，包括该包在内的所有后续数据包要重新发送。因此，虚电路服务必须检查传输过程是否发生错误，如果网络传输出现了错误，虚电路服务必须负责解决这些错误，以保证最终传输完毕的所有数据包以及数据包之间的先后顺序都没有错误。因此，虚电路服务是可靠的数据传输服务。

2) IP 数据报服务

IP 数据报服务特指网络层使用的无连接服务。交换节点根据数据包首部中记录的目的 IP 地址，运用路径选择算法决定每个路段的传输路径。数据报服务适合小数据量的通信。

这里需要说明的是，IP 数据报(又常被简称为"数据报")就是数据包，因为在网络层传输的独立数据单元就是数据包。如果确实要强调两者的差异，数据包常用于描述网络层大量数据单元流动的场合，是网络层数据流中的一个个独立单元；而在讨论具体的一个数据包格式时，更多地使用 IP 数据报或数据报，例如，图 4-8 中描述数据包格式时，有一个字段"数据报长度"就是规定的数据包的长度。在计算机网络发展的历史中，不少概念都没有得到统一，出现了不少混用的情况，在本书中也不加区分地混用。

在 IP 数据报服务模式下，每个数据包作为一个独立的传输单元，所走的路径可能彼此不同，可能出现后发的数据包先到达目的地，即目的主机接收数据包的顺序与源主机的发送顺序不一致，这种错误叫错序。正是由于每个数据包彼此无关联，IP 数据报服务也无法解决网络传输可能带来的丢失、重复等错误，是不可靠传输。

在互联网中，网络层向传输层提供的基本服务是 IP 数据报服务，也就是 IP 数据报采用 20 字节的固定首部时能够提供的服务。互联网的网络层也是可以提供虚电路服务的，这需要在 IP 数据报首部中增加"松散源路由"、"严格源路由"、"路由记录"等任选项，属于特殊处理。一般地，认为网络层向传输层提供的常规服务是 IP 数据报服务。

2. 数据包传输过程

从图 1-11 可知，相邻节点网络层之间并没有直接通道，必须通过下面的数据链路层、物理层、通信介质完成相邻节点网络层之间的数据包传输。实际传输过程如图 4-9 所示。

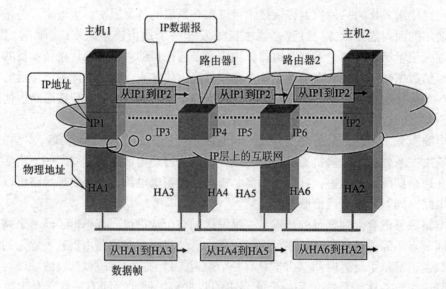

图 4-9　数据包传输过程

传输过程如下：

①主机 1 是源主机，主机 2 是目的主机，主机 1 发往主机 2 的数据包中记录了主机 1 和主机 2 的逻辑地址，分别是 IP1、IP2。主机 1 和路由器 1 在一个网络中，路由器 1 是主

机 1 的源节点，路由器 1 与该网络连接的端口逻辑地址为 IP3。主机 1 网络层根据 IP3 地址，运用地址解析协议计算出与 IP3 对应的物理地址 HA3，然后将数据包和 HA3 交给主机 1 数据链路层。

②主机 1 数据链路层按照本网络数据链路层协议规定的格式，将数据包封装进数据帧的数据字段，将本机物理地址 HA1 和路由器 1 端口物理地址 HA3 分别封装入数据帧的源地址和目的地址字段(数据帧中记录的是物理地址，数据包中记录的是逻辑地址)，然后由主机 1 物理层以广播方式发出该数据帧。

③路由器 1 作为该网络中的内部成员，收到该数据帧；通过目的地址 HA3，得知该数据帧是发给自己的，于是从数据帧中提取出数据包，交给路由器 1 网络层。

④如果是虚电路服务，路由器 1 网络层通过查询数据包中的路由信息表得到下一个相邻节点端口的 IP 地址；如果是 IP 数据报服务，路由器 1 网络层根据数据包目的主机地址 IP2，运用路由算法确定一个最佳的相邻节点的端口 IP 地址。总之，两种服务用各自的方法确定了下一个相邻节点和端口 IP 地址。

⑤路由器 1 和这个相邻节点存在于同一网络中。路由器 1 网络层根据这个相邻节点端口 IP 地址解算出对应的物理地址，然后按照本网络数据链路层协议要求封装帧，并通过在本网络中的广播方式将数据帧传输给这个相邻节点。

⑥这个相邻节点采用与路由器 1 相同的方式，在自己的相邻节点中选择一个最接近目的主机的节点，向该节点传输数据。如此重复，直到数据包到的目的节点(图 4-9 中用路由器 2 表示)。

⑦目的节点知道自己所连接的所有网络，通过目的 IP 地址 IP2，确定目的主机所在端口。通过 IP2、运用地址解析协议计算主机 2 网卡物理地址 HA2，根据该端口数据帧格式要求，重新封装数据帧，通过该端口以广播方式向主机 2 传输数据帧，完成数据包的传输。

图 4-10 以直观的方式，再现了数据包在各个层次的传输过程。

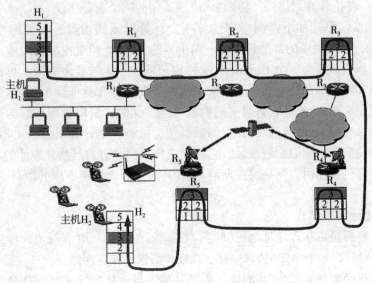

图 4-10　分组在互联网中的传送

4.1.5 地址解析协议/反向地址解析协议

1. 逻辑地址与物理地址

IP 地址是逻辑地址,是网络层地址。路由器仅根据 IP 地址的网络号进行路由选择。数据帧中的源地址和目的地址都是物理地址,是数据链路层地址。它们之间的关系如图 4-11 所示。

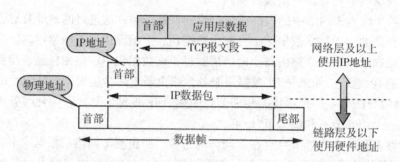

图 4-11　逻辑地址与物理地址

真正通信仍需依据物理地址,因为目的站点只有根据目的物理地址才能确定数据帧是发给自己的,也只有确定了数据帧是发给自己的,它才会接收数据帧,进而从数据帧中提取出 IP 数据包交给网络层,否则就将数据帧扔掉了。因此,只有使用物理地址才能将数据传输到设备上。

2. 地址解析协议

从数据包的传输过程可以看到,需要根据 IP 地址求解物理地址。地址解析就是由 IP 地址转换(映射)为物理地址的过程。完成这一转换的协议称为地址解析协议(ARP 协议)。ARP 协议是工作在网络层、协助 IP 协议工作的一个重要协议。

ARP 协议工作原理如下:网络中的每一台计算机或路由器,在其网络层中有一个 ARP 表,该表记录本网中的部分计算机、路由器的 IP 地址和对应的物理地址。ARP 协议正是通过查询该表获得与一个 IP 地址对应的物理地址。表的长度有限,可能无法记录所有相关计算机和路由器的信息。若表中缺少所要查询的计算机或路由器的物理地址记录,就无法直接根据它的 IP 地址获得对应的物理地址。此时,索取物理地址的计算机或路由器向网络广播带有该 IP 地址的 ARP 查询数据包,被查询的计算机或路由器根据 IP 地址可以知道该主机向自己索取物理地址,它向该主机返回带有自己物理地址的 ARP 数据包。

每一台计算机或路由器网络层定期清理 ARP 表,删除长期不用的项目,确保 ARP 表不太庞大。

3. 反向地址解析协议

反向地址解析是由物理地址解析(映射)IP 地址的过程,对应的协议称为反向地址解析协议(RARP 协议)。和 ARP 协议一样,RARP 协议工作在网络层。

上网的主机必须拥有一个 IP 地址,否则其他主机无法向该主机发送数据,无法完成信息交流。很多连网的计算机没有自己固定的 IP 地址,但它们的物理地址作为网卡的产品序列号是唯一的、固定不变的。它们在连网登录时，向管理该网络的服务器申请 IP 地址；服务器寻找一个空闲的 IP 地址分配给该主机，直到该计算机退出登录，才收回该 IP 地址，以供其他登录计算机使用。由于主机的 IP 地址是临时配备的，因而服务器无法事先记录该主机的 IP 地址和物理地址。RARP 协议正是在服务器需要知道主机 IP 地址时，向其提供信息。

RARP 协议工作原理如下：无固定 IP 地址的计算机，向服务器发出一个 RARP 请求数据包，并在此数据包中给出自身的物理地址。RARP 服务器存放一个事先制作的物理地址到 IP 地址的 RARP 映射表，当收到 RARP 请求分组后，RARP 服务器就从这个映射表选出一个没有使用的 IP 地址，写入 RARP 响应分组，发回给该计算机。该计算机就临时拥有了这个 IP 地址，并用它与外界联系，当该计算机不再上网时，RARP 服务器收回该 IP 地址。

4.2　路　　由

4.2.1　路由的概念及分类

1. 概念

路由是由英文单词 routing 翻译而来的，意思是路由选择，选择途径，按指定路线发送，为××规定路线。路由器的主要功能就是路由。路由器作为网络的一个交换节点，通过端口连接网络或者通过物理链路连接着一些相邻节点(也是路由器)。为了便于说明，这里要明确几个概念。目的主机是网络中接收数据包的主机。目的网络是目的主机所在的网络。互联网中的网络都与某个路由器的一个端口相连，连接目的网络的路由器称为目的路由器(也就是目的节点)。路由器的工作就是对于每一个接收到的数据包，根据数据包的目的 IP 地址，确定目的主机在网络中的位置，选择一个端口发出数据包。这个端口要么连接着一个目的网络，要么是连接一个距离目的路由器最近的相邻节点，总之，是通向目的主机的最佳路径。路由是指路由器从一个端口上收到数据包，根据数据包的目的地址进行定向(路径选择)并转发到另一个端口的过程。

2. 直接路由与间接路由

直接路由就是目的节点通过与目的网络相连的端口，以广播方式发送数据帧，从而将数据包发送给目的主机的过程。值得注意的是，数据帧的封装以及数据帧的发送都要满足目的网络运行的数据链路层协议要求。一个路由器通过多个端口连接多个网络，必须能够运行这些网络的所有低层协议。

间接路由是路由器根据数据包中的目的 IP 地址指定的目的网络，选择一个距离目的路由器最近的相邻路由器，通过与之相连的端口，将数据包封装在数据帧中发往该相邻路由器。

3. 路由分类

路由器是根据本身拥有的一张路由表进行路径选择的，路由表记录了要去一个网络所应该选择的端口号。路由器根据数据包目的 IP 地址，可以计算出目的主机所在的网络，由查询路由表可知，应该选择哪一个端口。将数据包发往该端口，路由器就完成了数据包的转发工作。路由器如何根据路由表选择路径，在下一小节叙述。

路由表分为静态路由表和动态路由表。静态路由表是由人为事先规定通信路径，它是根据常识做出的。例如，从武汉出发，分别要去北京、上海、广州，根据常识应该分别先去郑州、南京、长沙；将这些常识性的信息记录在表中，就形成了一张路由表。静态路由表的特点是一旦形成就固定不变，无法应付突发事件。例如，从武汉出发要去北京，如果郑州交通中断或者因为拥堵通行速度极慢，就不如绕道南京。静态路由表由于固定不变，无法做出这样的选择，因而根据静态路由表做出的路径选择可能不是当前最佳。

动态路由表可以根据网络的现状动态改变选项，以保证做出的路径选择为当前最佳。要做到这一点，所有的路由器都需要定期监测、掌握周边网络现状，定期彼此交换局部网络现状信息，并根据其他路由器提供的网络信息，运用路由算法改写动态路由表。由此可见，采用动态路由表，路由器工作量要大得多，但有利于网络的快速、高效和通信量的均衡。

根据路由器采用路由表的类型，可以将路由分成静态路由和动态路由。静态路由根据静态路由表进行路径选择；动态路由根据动态路由表进行路径选择。

互联网覆盖全球，互联网上网络数量多得难以精确统计，一张路由表不可能记录所有的网络。当一个路由器无法通过查表确定一个数据包该送往哪里时，就把数据包送往一个默认的端口。这种处理方式叫做默认路由。

4.2.2　路由器的工作方法

如果一个路由器通过若干个端口连接若干个网络，则每个端口从所在的网络中得到一个 IP 地址，同时每个端口有自己的物理地址，如图 4-12 中路由器 R4 所示。

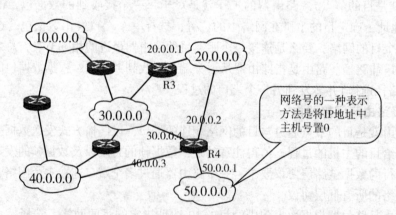

图 4-12　每个路由器端口从所属网络中获得一个 IP 地址

前面已经介绍，一个网络一旦划定子网以后，子网从选择路径的角度来看，就是一个独立的网络。该网络需要对外公布子网掩码，以公示本网络的划分方法。路由器是根据目的主机网络号+子网号进行路径选择，路由器从数据包中取出目的 IP 地址后，以下式计算网络号：

网络号＝目的 IP 地址∩子网掩码

路由表记录了网络号、对应的子网掩码以及发送数据的端口号。表 4-2 是路由器 R4 的路由表。

表 4-2　　　　　　　　　　　路由器 **R4** 的一种可能的路由表

目的主机所在网络	子网掩码	下一跳地址
10.0.0.0	255.0.0.0	20.0.0.1
20.0.0.0	255.0.0.0	直接路由，端口 1
30.0.0.0	255.0.0.0	直接路由，端口 2
40.0.0.0	255.0.0.0	直接路由，端口 3
50.0.0.0	255.0.0.0	直接路由，端口 4

表中第一列为数据包要到达的网络，第二列是这些网络对应的子网掩码。如果目的网络都没有划分子网，就要给出默认掩码。第三列说明了路由器需要做出的操作。例如，表的第一行说明，如果数据要去 10 号网络，下一步要去的地方是 20.0.0.1，这是路由器 R3 一个端口的 IP 地址，就是要将数据送往 R3。R4 需要根据该 IP 地址求出对应的物理地址，然后以 20 号网络的格式要求封装数据帧，通过与 20 号网络相连的端口将数据帧送出。第二行说明，如果数据要去 20 号网络，以 20 号网络的格式要求封装数据帧，通过端口 1 将数据帧送出。以下以一个例题来说明路由器的工作过程。

例题　设某路由器建立了如下路由表：

目的网络	子网掩码	下一跳
128.96.39.0	255.255.255.128	接口 M0
128.96.39.128	255.255.255.128	接口 M1
128.96.40.0	255.255.255.128	R2
192.4.153.0	255.255.255.128	R3
默认		R4

现共收到 5 个分组，其目的地址分别是：

（1）128.96.39.10

（2）128.96.40.12

（3）128.96.40.151

（4）192.4.153.17

（5）192.4.153.90

试分别计算其下一跳。

分析 路由器采用试探的方法，寻找一个 IP 地址到底属于哪一个网络。具体流程是将收到的 IP 地址依次与各行的子网掩码相与，如果相与结果与第一列的目的网络号相等，则说明该 IP 地址属于该网络，即目的主机在这个网络中。然后，按照第三列的操作要求送出数据包。如果表中没有找到匹配网络（如目的主机在本自治系统以外），路由器需要把数据包发往一个默认路由器，由它去处理。

解 将收到的一个目的地址与路由表各项子网掩码依次相与，得到目的网络号（包括子网号）；计算结果与第一列匹配则根据第三列确定下一跳；如果没有相同的目的网络号，选择默认的下一跳 R4。

下面是各个 IP 地址的匹配结果：

① 128. 96. 39. 10 ∩ 255. 255. 255. 128 = 128. 96. 39. 0 为表中第一项，下一跳选接口 M0

② 128. 96. 40. 12 ∩ 255. 255. 255. 128 = 128. 96. 40. 0 为表中第三项，下一跳选 R2

③ 128. 96. 40. 151 ∩ 255. 255. 255. 128 = 128. 96. 40. 128 没有相同项，下一跳选 R4

④ 192. 4. 153. 17 ∩ 255. 255. 255. 192 = 192. 4. 153. 0 为表中第四项，下一跳选 R3

⑤ 192. 4. 153. 90 ∩ 255. 255. 255. 192 = 192. 4. 153. 64 没有相同项，下一跳选 R4

4.2.3 网关协议

从图 1-13 和图 1-14 可知，互联网是分级结构，对于任意两个相邻的层级来说，上级网络是下级网络的核心主干网，负责为下级网络提供连接服务，每一个下级网络都是一个自治系统（AS）。同一级的多个 AS 通过上一级的 AS 进行互联互通，它们彼此之间不应该有直接联系。

一个 AS 就是同一管理机构下的网络，有权自主决定在本系统内应采用何种路由协议，AS 内部的路由器必须运行同样的协议，彼此保持互联互通。比较大的 AS，还可将网络再进行一次划分，构成一个主干网和若干个区域网。一个部门管辖的两个网络，如果要通过其他的主干网才能互连起来，那么这两个网络是两个 AS。最小的 AS 可以是一台路由器直接将一个局域网连入上一级主干网。

一个 AS 内部的路由器称为"内部网关"，相应的协议称为内部网关协议（IGP），使用最多的是 RIP 和 OSPF 协议。连接到上一级 AS 的路由器称为"外部网关"，相应的协议称为外部网关协议（EGP），目前常用的是边界网关协议（BGP）。充当外部网关的路由器不仅要运行内部网关协议，还要运行上级主干网运用的路由协议。

一个 AS 中，所有路由器中的路由表只要能够涵盖 AS 内部的所有网络即可完成 AS 内的数据传输，因此路由表一般不会太大。如果要将数据传输到 AS 以外的网络中，需要通过外部网关将数据传输到上一级主干网上。核心主干网也是一个更高层次上的 AS，两个自治系统之间的路由信息交换必须遵循 EGP。EGP 的作用是在 AS 之间交换网络"可达性"信息，外部协议发布内部网络"可达性"信息的条件：① 有路径通道存在；② AS 允许。EGP 涉及政治、经济、安全问题，是否最优已经不重要了，一般通过人工配置的静态路由表实现。

1. 内部网关协议

常用的内部网关协议有 RIP、IGRP 和 OSPF 协议。RIP 和 IGRP 协议使用 V-D 路由算法，OSPF 协议使用 L-S 路由算法。

（1）RIP 协议

RIP 协议是 20 世纪 70 年代由施乐公司的帕洛阿尔托研究中心（PARC）设计的。它规定的工作方式是：

- 每隔 30 秒，向相邻路由器广播路由表。
- 路由度量为跳步数。最大跳步数为 15。
- 引入更新定时器，无效定时器，保持定时器，刷新定时器。
  - 更新定时器：控制路由更新周期，30 秒，规定了路由表的更新周期。
  - 无效定时器：180 秒，该时间内路由器不发出更新信息，其他路由器判定它为失效，进入"保持"。
  - 保持定时器：180 秒，路由器的"保持"状态时间。
  - 刷新定时器："保持"时间过后，将对该路由器表项刷新，240 秒后仍无法获取来自该路由器的报文，则删除该表项。

目前，RIP 协议已升级为 RIPv2 协议。

（2）IGRP 协议

Internet 网关路由协议，由 Cisco 公司 20 世纪 90 年代初期开发。它是为了纠正 RIP 的某些缺陷而设计的，因而工作方式与 RIP 无大的差别。但它本身也不完美，在路径环检测方面存在问题，不能支持长子网掩码 VLSM。

基于 IGRP 作进一步改进的是增强型 IGRP（EIGRP）协议，可基于带宽、延迟、负载、可靠性等因素综合考虑。

（3）OSPF 协议

开放最短路径优先（OSPF）协议，在 20 世纪 90 年代开始广泛使用。其特点是路由器维持一个网络拓扑数据库，来决定最短路径；定期更新数据库；具有收敛快，支持路径距离精确度量、多重度量，支持冗余路径等特点。

2. 差错控制报文协议

ICMP 是差错控制报文协议，工作于网络层，也是 TCP/IP 模型中的网络层协议之一。它能检查并报告网络上存在的一些基本差错，并在一定程度上指出错误原因。

路由器需要定期检查周边网络状况，也需要定期与其他路由器交换网络状况信息。ICMP 用于规定网络检查项目，以及信息表达格式。可以让一个路由器向其他路由器或主机发送差错或控制报文，提供网络中发生的最新情况。ICMP 报文格式见表 4-3。ICMP 报文传输是将报文装入 IP 报文数据区，利用 IP 数据包进行传输。

表 4-3　　　　　　　　　　　　　　　　ICMP 报文格式

0	7	8	15	16	31
类型		代码		校验和	
数据区（长度可变部分）					

从表 4-4 所示的差错类别可以看到 ICMP 部分功能。

表 4-4   **ICMP 检测的差错类别**

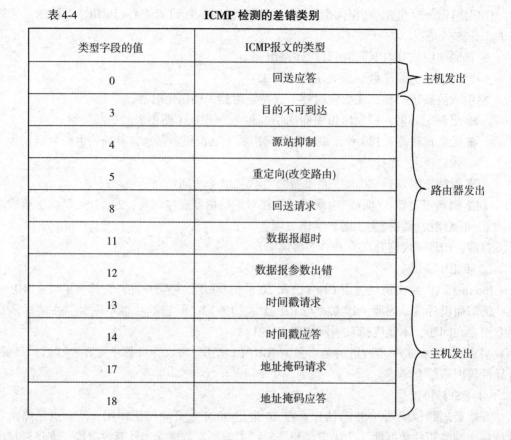

类型字段的值	ICMP报文的类型	
0	回送应答	主机发出
3	目的不可到达	
4	源站抑制	
5	重定向(改变路由)	
8	回送请求	路由器发出
11	数据报超时	
12	数据报参数出错	
13	时间戳请求	
14	时间戳应答	
17	地址掩码请求	主机发出
18	地址掩码应答	

4.2.4 路由算法

路由器的基本功能是路径选择,目的当然是选择最佳路径。最佳度量参数有:路径最短、可靠性最高、延迟最小、路径带宽最大、负载最小和价格最便宜等。可以使用任何一个标准,但必须实现将其指标用数据表示。

路由器信息交换的方式由路由算法确定。路由算法的类型可以分为静态和动态两类。

静态路由算法:预先建立起来的路由映射表。除非人为修改,否则映射表的内容不发生变化。

动态路由算法:通过分析接收到的路由更新信息,对路由表作出相应的修改。

1. 典型静态路由算法

(1)洪泛法

路由器从某个端口收到一个不是发给它的数据包(也就是本路由器不是目的路由器)时,就向除原端口外的所有其他端口转发该分组。这是一种广播方式,网络中原来的一个数据包经过该路由器广播以后,倍增为 n 个,加之其他的路由器会继续广播,倍增的数据量相当可观。优点是简单,且保证目的主机能够收到,缺点是冗余数据太多,必须想办法消除。

（2）固定路由法

路由器保存一张路由表，表中的每一项都记录着对应某个目的路由器以及下一步应选择的邻接路由器。当一个数据包到达时，依据该分组所携带的地址信息，从路由表中找到对应的目的路由器及所选择的邻接路由器将此分组发送出去。

（3）分散通信量法

路由器内设置一个路由表，该路由表中给出几个可供采用的输出端口，并且对每个端口赋予一个概率。当一个数据包到达该路由器时，路由器即产生一个从 0.00 到 0.99 的随机数，然后选择概率最接近随机数的输出端口。

（4）随机走动法

路由器随机地选择一个端口作为转发的路由。对于路由器或链路可能发生的故障，随机走动法非常有效，它使得路由算法具有较好的稳健性。

2. 典型动态路由算法

采用动态路由的网络中的路由器之间通过周期性的路由信息交换，更新各自的路由表。其典型动态路由算法有向量距离算法和链路状态算法。

（1）向量距离算法（V-D 路由算法）

向量距离算法有如下几个要点：

①该算法要求路由器之间周期性地交换信息。

②交换信息中包括一张向量表，记录了所有其他路由器到达本路由器的"距离"。

③"距离"的度量是"跳步数"或延迟。规定相邻路由器之间的"跳步数"为 1；延迟取决于选取最佳的原则，可以用延迟时间、传输通信费、带宽的倒数等数据化参数，参数越小越优。"距离"表示的是一种传送代价。

④每个路由器维护一张表，表中记录了到达目的节点的各种路由选择以及相应的距离，给出了到达每个目的节点的已知最佳距离 $D(i, j)$ 和最佳线路 k。每个路由器都是通过与邻接路由器交换信息来周期性更新该表。

⑤节点 i：路由器自身；节点 j：目的节点；节点 k：节点 i 的相邻节点。

⑥$D(i, j) = \min(d(i, k) + D(k, j))$。$D(i, j)$：本节点到达目的节点的最短距离；$D(k, j)$：本节点的邻节点 k 到达目的节点的最短距离；$d(i, k)$ 本节点与邻节点 k 的节点距离；$D(k, j)$ 和 $d(i, k)$ 通过与邻接路由器交换信息得到。从本节点出发，有几个邻节点就有几个通往目的节点的路径选择，本节点到目的节点的最短路径就是这几种选择中距离最小的那个。

⑦节点 i 通过交换信息得知节点 k 出故障，$d(i, k) = \infty$，通过重新计算 $D'(i, j)$，找到新的最佳线路 s，改变表中记录为 $D'(i, j)$，s。

⑧节点 k 的相邻节点出故障导致 $D(k, j)$ 改变，重新计算 $D'(i, j)$，有两种可能结果：找到新的最佳线路 s，改变表中记录为 $D'(i, j)$，s；k 仍为最佳线路，改变表中记录为 $D'(i, j)$，k。

下面以一个例子来说明 V-D 路由算法。图 4-13 所示为一个 AS 网络的拓扑结构，可以看到其中有 12 个路由器，分别用 A~L 表示。

例子以延迟时间为距离，每个路由器通过发送"回响"报文，来测得自己与相邻路由

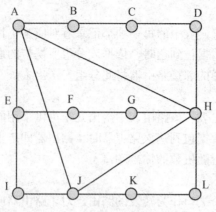

图 4-13 一个 AS 网络的拓扑结构

器的距离。回响报文是网络节点之间的一种特殊数据包，用来以时间延迟为参数测量彼此的距离。收到回响报文的任何节点都要以最高的优先级，向发出回响报文的节点发出回应报文；发出回响报文的节点只要计算从发出回响报文的那一刻到接收到回应报文那一刻的时间间隔，就可以知道两者之间的数据传递延迟时间(若以跳步为距离，规定相邻路由器的跳步为 1)。

例子以路由器 J 为本路由器，说明如何根据 V-D 路由算法更新路由表。路由器 J 有 4 个相邻节点，分别是 A、I、H、K。本路由器 J 只能从 A, I, H, K 获得路由信息，即得到 4 个路由信息表，如图 4-14 所示。图 4-14 还列出了路由器 J 要更新、填写的本节点路由表。

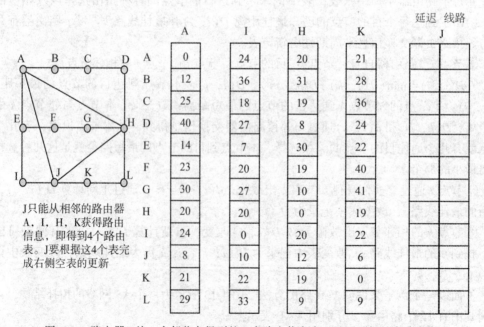

图 4-14 路由器 J 从 4 个邻节点得到的 4 个路由信息表以及要更新的本路由表

　　每个路由信息表都指明各自路由器作为源路由器到其他目的路由器的最短距离。如图 4-15 所示，图中上部横列的 A、I、H、K、J 表示各个源节点，图中左部纵列的 A～L 表示各个目的节点，4 个表中的数据表示源节点到目的节点的最短距离。以 A 表为例，A 到 A 的最短距离为 0，A 到 B 的最短距离为 12，依此类推。

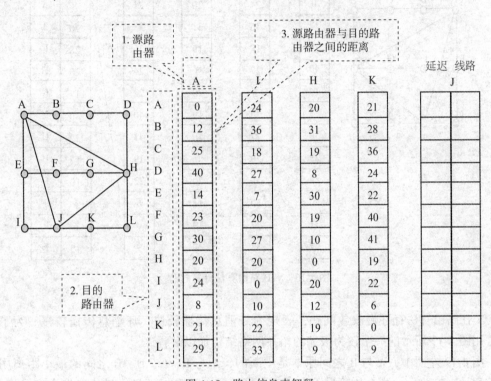

图 4-15　路由信息表解释

　　右侧空表是 J 需要形成的自己的路由信息表，第一列需要填充 J 到各个路由器的最短距离。我们看第一项 J 到 A 的最短距离如何计算。

　　J 到 A 的距离 = J 到邻节点的距离 + 该邻节点到 A 的距离

　　J 有 4 个邻节点，因而有 4 种选择，最短距离是 4 种选择中最小的那个。再来看每种选择如何计算。A 发来的表已经告诉 J：J 到邻节点 A 的距离为 8，邻节点 A 到 A 的距离为 0，因此 J 通过邻节点 A 到目的节点 A 的距离为 8+0=8。同样，J 通过邻节点 I、H、K 到目的节点 A 的距离分别为 10+24=34、12+20=32、6+21=27。4 个距离中，最小距离为 8，其对应的邻节点为 A，将 8 和 A 分别填入空表的第一行，完成第一行的更新。

　　图 4-16 显示了更新过程，就是源路由器和目的路由器分别对应的两个方框中的四列数据分别相加，然后取一个最小的填入空表第一列，产生最小距离的那个邻节点填入空表第二列。所有行都更新完毕后，J 路由器得到自己的路由信息表，其中第一列将作为相邻路由器之间的交换路由信息，在下一个更新周期分别发往相邻节点 A、I、H、K。因为 J 路由器已经知道 A～L 每个路由器连接的网络号，也知道相邻节点 A、I、H、K 所在的端口号，根据这张路由信息表，J 路由器能够生成形如表 4-16 所示的路由表，为接收到的数

据包提供路径选择。

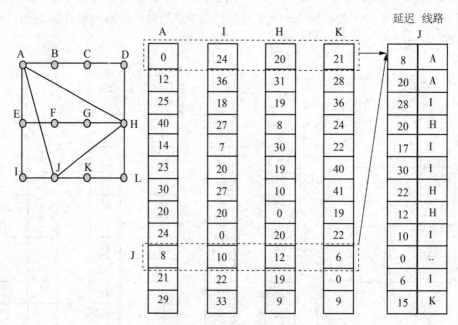

图 4-16   V-D 路由算法计算过程

V-D 路由算法存在慢收敛问题，表现为好消息传播较快，坏消息传播较慢。为了说明，用图 4-17 所示的一个较为极端的拓扑网络结构加以解释。

图 4-17 左图中，A 与 B 之间原本是中断的，A 与 B、C、D、E 之间的最小距离用跳步数表示，均为∞，现在故障排除，是一个好消息。这个好消息经过 4 个信息交换周期，就在网络中得到完全体现。右图相反，原本 A、B 相连的状态被破坏，是一个坏消息。这个坏消息需要经过大约 16 个信息交换周期在网络各处完全体现（习惯上，如果两个路由器的最小距离跳步数超过 16，就认为彼此不可达，用距离无穷大表示）。

V-D 路由算法的慢收敛问题是由于每个路由器真正掌握的只有相邻的网络局部区域状况，更远的网络区域状况需要依靠其他路由器提供信息，结果出现了以讹传讹的错误状况。如图 4-17 右图中的路由器 B，它在第一个交换周期就已经知道通过邻居 A 到不了目的地 A，但它的另一个邻居 C 却告诉它，C 到 A 的距离为 2。按照算法，B 就得出了通过 C 能够到达 A，并且距离为 3 的结论。

（2）链路状态算法（L-S 算法）

向量距离算法的缺陷在于每个路由器不知道全网的状态，链路状态算法解决了这个问题。

链路状态算法的基本思想是：通过节点之间的路由信息交换（每个路由器到相邻路由器的距离。这种信息是确切无疑的，是由路由器自己测出来的），每个节点可获得关于全网的拓扑信息，得知网中所有的节点、各节点间的链路连接和各条链路的代价（时延、费用等，用权值表示），将这些拓扑信息抽象成一张带权无向图，利用最短通路路由选择算

A	B	C	D	E		A	B	C	D	E
	∞	∞	∞	∞			1	2	3	4
	1	∞	∞	∞		3	2	3	4
	1	2	∞	∞		3	4	3	4
	1	2	3	∞		5	4	5	4
	1	2	3	4		5	6	7	6
						∞	∞	∞∞	∞

图 4-17　V-D 路由算法慢收敛示意图

法(Dijkstra 算法，迪杰斯特拉算法)计算出到达各个目的节点的最短通路。

链路状态算法具体步骤如下：

①发现相邻路由器。

通过向邻居发问候(hello)报文，从应答报文可知道相邻路由器是否存在或是否正常工作。

②测量距离。

通过向相邻路由器发回响(echo)报文，计算延迟时间。

③构造链路状态报文。

各路由器根据相邻路由器的延迟，构造自己的链路状态报文。图 4-18 显示了一个网络的拓扑结构图，并标示了各路由器之间的时间延迟距离。图中的每个路由器，都可以很容易地发现自己有哪些相邻路由器，并测出它们与自己的时间延迟距离。用这些信息构建自己的链路状态报文。图 4-19 显示了所有路由器的链路状态报文。

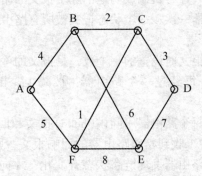

图 4-18　一个网络的拓扑结构图

④广播链路状态报文。

每个路由器利用洪泛法向外界广播，确保本网中任何其他路由器都能收到。同样，每个路由器都能收到其他路由器发来的链路状态报文。如图 4-18 所示网络中的每一个路由器，都能收到图 4-19 所示的 6 个链路状态报文。

A		B		C		D		E		F	
序号		序号		序号		序号		序号		序号	
年龄		年龄		年龄		年龄		年龄		年龄	
B	4	A	4	B	2	C	3	B	6	A	5
F	5	C	2	D	3	E	7	D	7	C	1
		E	6	F	1	F	8	F	8	E	8

图 4-19 对应的链路状态报文

⑤计算新路由。

每个路由器都可以获得其他路由器发出的链路状态报文，每个路由器都可以据此构造出图 4-18 所示的带权无向网络拓扑图。根据该图，利用最短通路路由选择算法（Dijkstra）算出所有目的路由器最短路径，建立新的路由表（具体过程见附录 1）。

链路状态算法的主要问题是采用洪泛法发布链路状态报文。按照洪泛法的算法，每经过一个路由器广播，原来的一个报文会倍增为几个报文，并且会不断重复循环传播，导致网络中产生大量重复报文，进而降低了整个网络的速度。必须想办法消除重复报文，为此链路状态算法在链路状态报文设置了序号和年龄两个字段。

序号是路由器以递增方式为自己发出的每一个状态报文设置的编号。每个路由器收到一个路由器（例如 A）发出的新的链路状态报文，会将新报文序号与已有的 A 报文序号进行比较，如果新到的报文序号小于或等于保留的报文序号，说明是重复报文，丢弃；否则，收报文，然后向外广播。序号机制成功地消除了报文的循环重复传播，使得每一种报文只会在整个网络各处被传播一次，一个状态报文被所有路由器收到以后，还在传递的这种报文会很快消失。

年龄是原始路由器发出报文时设置的一个数，是报文的生存时间，每过一秒减 1；它也可以是最大允许跳步数，每经过一个路由器，被减 1；当它为 0 时，所有路由器丢弃它。

链路状态算法还规定，每个路由器用问候（hello）报文和回响（echo）报文定期（10 秒）访问相邻路由器。若 40 秒钟未收到相邻路由器的回响报文，则认为该路由器不可达，就要修改链路状态报文。任何路由器发现链路状态有变化，才向外广播新的链路状态报文，从而触发一轮覆盖全网的路由表更新。

3. 拥塞控制

拥塞是指网络中的某一个或几个交换节点，由于需要转发的数据包太多，大幅超出交换节点处理能力，导致排队时延增加的现象，直接效果就是局部网络速度下降严重。如果拥塞现象继续加剧，会触发交换节点拥塞解决机制。交换节点解决拥塞的方法是抛弃本节点中的所有数据包,这会导致这些数据包的前期传输工作全部浪费,引起大量的重复传输工作,因为发出这些数据包的源主机还会重新发出这些数据包。拥塞控制是为了避免触发拥塞解决机制而采取的措施。

从前面两类典型路由算法介绍可以看到,动态路由算法自动具备拥塞控制功能。动态路由算法能够自动选择那些数据转发能力强,当前负载较轻的路线和交换节点,避免选择那些已经出现拥塞的交换节点,从而避免加剧拥塞现象,自动平衡全网络通信负载量。由于动态路由算法具有这些优点,使用动态路由算法成为建立网络的首选。

4.3 无分类编址 CIDR

以网络号为单位分配 IP 地址方式存在如下两个问题:

①IP 地址资源不足与浪费。

一方面,随着网络技术的普及与推广,使用网络的用户越来越多,对 IP 地址的需求越来越大,而 IP 地址总数是确定的,总共只有 2^{32} 个;另一方面,一个网络号下 IP 地址浪费多。例如,一个单位为自己的 100 台计算机组建一个局域网而申请了一个 C 类网络号,共 254 个 IP 地址,多出来的 100 多个地址无法为其他单位所有,造成了浪费。

②主干网上路由表项目数太多。

主干网路由表需要记录下层所有网络的网络号,以便进行正确路由选择。表格查询与管理(表项的插入、删除、修改),对计算机来说,都是比较费时的操作。路由表项目数太多必然降低整个网络的速度。

为此,IETF(Internet Engineering Task Force,互联网工程任务组,是全球互联网最具权威的技术标准化组织,成立于 1985 年底)于 1993 年研究出了 CIDR(Classless InterDomain Routing,无类别域间路由选择)技术来解决这些问题。

CIDR 以连续的 IP 地址块为单元进行地址分配和路由选择。其实,以网络号为单位的地址也是连续的地址块,但它是固定大小的地址块。CIDR 技术打破了 A、B、C 三类之间的壁垒,采用可大可小、灵活可变的地址块,避免了上述两个问题。例如,用户可以根据自己的需要申请大小合适的地址块组建网络,避免了地址的浪费。又如,一个单位需要组建一个包含 400 台计算机的网络,原本需要组建两个 C 类网,在路由表中占据两项。利用 CIDR 技术,只需要一个合适的 CIDR 地址块,组建一个统一的物理网,并且在路由表中只占据一个表项。

4.3.1 CIDR 原理

CIDR 将 32 位 IP 地址分成网络前缀和主机号两部分,用斜线记法表明前缀长度。如下所示:

128.14.35.7/20

这个例子中,网络前缀为前 20 位,用地址掩码表示。网络前缀都相同的连续的 IP 地址组成一个 CIDR 地址块。

地址块是 CIDR 地址分配单元,为了应用一个地址块中的 IP 地址,需要明确地址块的最小、最大，计算整个地址块所拥有的 IP 地址数。一个地址块的最小、最大地址分别对应主机号部分全 0、全 1 地址。例如，在上面所示的地址块中，最小地址为 128.14.32.0，最大地址为 128.14.47.255。但主机号部分全 0、全 1 地址一般不用。一个地址块中地址数必须为 2 的 N 次方，N 可大可小，它是根据需要而确定的。

一个组织可以把地址块再次分解成若干个小地址块，但要保证每个地址子块大小仍然是 2 的 N 次方。例如，要将地址块 206.0.64.0/20 分成 4 块，由于子块数量为 4，采用平均分的方式依然可以保证地址块是 2 的 N 次方，这需要拿出主机号的最高 2 位加入到网络前缀中。

平均分　206.0.64.0/20 → 202.0.01000000.0/20　2^{12} = 4096 个地址

平均划分结果：

202.0.01000000.0/22 → 202.0.64.0/22　2^{10} = 1024 个地址

202.0.01000100.0/22 → 202.0.68.0/22　2^{10} = 1024 个地址

202.0.01001000.0/22 → 202.0.72.0/22　2^{10} = 1024 个地址

202.0.01001100.0/22 → 202.0.76.0/22　2^{10} = 1024 个地址

为了满足各个下属单位对地址块大小的要求，很多情况下无法平均分解，这时可以采用依次分的方式。依次分就是一次拿出待划分地址块中主机号的一个最高位进行分解，一次可以分出 2 个地址块。

依次分　206.0.64.0/20 → 202.0.01000000.0/20　　拿出主机号的最高位

分配　202.0.01000000.0/21 → 202.0.64.0/21　　2^{11} = 2048 个地址

剩下　202.0.01001000.0/21 → 202.0.72.0/21

再分配 202.0.01001000.0/22 → 202.0.72.0/22　　2^{10} = 1024 个地址

剩下　202.0.01001100.0/22 → 202.0.76.0/22

剩余地址块对半分配

202.0.01001100.00000000/23 → 202.0.76.0/23　　2^9 = 512 个地址

202.0.01001110.00000000/23 → 202.0.78.0/23　　2^9 = 512 个地址

4.3.2　CIDR 下的路由

如果路由器支持 CIDR，路由器根据路由表中的地址块决定下一跳。路由表由网络前缀和下一跳两项组成。

在子网技术下，一个 IP 地址只能求出一个确定的子网号，但在 CIDR 技术下，一个 IP 地址可以匹配长短不一的多个网络前缀。例如：202.0.71.1（202.0.01000111.00000001）可以匹配多个（202.0.01000111.0/25，202.0.01000100.0/22）网络前缀，如果这两个网络前缀都存在于路由表中，由哪个表项决定下一跳？

尽管有多个地址块与一个 IP 地址匹配，但它们最终指向的是同一台计算机。任何一跳都可以。这些地址块相互之间是包含关系，短前缀地址块包含长前缀地址块。长前缀地址块主机数量更少，跳到这种地址空间，后续跳步更少，定位更快。最长前缀匹配最佳，因此在路由表中找最长前缀匹配表项决定下一跳。但是，如果查表方式采用由第一项开始、逐项查询的方式，不找到最后一项，不能确定匹配的前缀最长，并且这种查询方式很费时，会导致网络速度的下降。

其实，支持 CIDR 的路由器路由表是将路由表表项的所有唯一前缀按二叉树形式组织起来的，查询时沿二叉树寻找到树叶，可以很快确定最长前缀。

4.4　运用于路由器上的几种技术

4.4.1　链路加密

链路加密是由路由器提供加密的服务。在网络应用日益广泛的今天，网络安全问题突出。网络用户应该加强自身的保密意识，但用户无法应对数据传输过程中的安全问题，因为用户无法制止网上窃听行为，甚至不能发觉是否存在窃听行为，如图 4-20 所示。

图 4-20　链路上的窃听，不影响正常通信

采用加密技术能够为用户保证信息安全。加密技术是在数据传输之前，将数据的明文表示变成密文表示。明文就是大家都能看懂、理解、识别的数据；密文就是明文经过加密处理后得到的数据，这种数据表面上看是一堆紊乱、无规律的数据，只有经过解密还原成明文，才能看到数据携带的信息。经过加密处理，在网络上传输的是密文。当密文数据传输到目的地后，接收用户采用与加密算法相对应的解密算法，将密文变成明文，就完成了数据的传输。窃听者能够在数据传输的过程中截获数据，但截获的只是密文，由于窃听者没有接收用户所拥有的解密手段，因而不能从加密数据中获得信息。

数据加密模型如图 4-21 所示。在发送端，明文 X 通过加密算法和加密密钥 K1 处理变成密文 Y；在接收端，密文 Y 通过解密算法和解密密钥 K2 处理变成明文 X。在进行解密运算时，如果不使用与加密算法对应的解密算法以及事先约定好的解密密钥 K2，就无法解出明文 X。截获者正是因为不知道解密算法，没有解密密钥 K2，而无法得到明文 X，进而无法获取其中的信息。

图 4-21　数据加密模型

链路加密是在网络中的相邻节点之间进行的，如图 4-22 所示。一个节点在向它的一个相邻节点转发数据包之前，用双方约定好的加密方法对数据包的数据部分进行加密，然后发往相邻节点。数据在传输介质上处于加密状态。节点对接收到的数据包采用与上一个节点配套的方法进行解密；在向下一个节点传输前，又采用与下一个节点配套的方法对数据包进行加密。

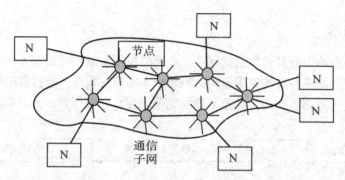

图 4-22　每一对相邻节点之间的传输都要经过加密、传输、解密的过程

在到达目的地之前，一个数据包要经过许多通信链路的传输，因而被用不同的密钥加密、解密多次。为什么需要多次反复的加密、解密操作？因为密钥是保证信息不泄露的关键，一套密钥只能有两个知情者，绝不能让第三方知道。在这种情况下，为了保证网络上的任何一个最终节点能够从密文中解出明文，只能采用这种在相邻节点之间用不同密钥反复加密、解密的方法。

链路加密的优点是加密、解密工作由网络中的路由器自动完成，无须用户操作。缺点是加大了延迟，整个网络效率降低。

4.4.2　专用网

专用网是使用本地 IP 地址建立的网络。本地地址是仅在机构内部使用的 IP 地址，可以由本机构自行分配，而不需要向因特网的管理机构申请，又称为专用地址(private address)、私用地址、私有地址。与之对应，全球地址是因特网的管理机构管理并颁发给用户的地址，可以在因特网中标识一台主机，也是在因特网中唯一的 IP 地址，必须向因特网的管理机构申请，全球地址又称为公用地址、公有地址、公共地址。

本地 IP 地址也是 IP 地址，不过是 IP 地址空间中被指定、有特殊作用的 IP 地址。RFC 1918(Address Allocation for Private Internets，私有网络地址分配技术文档)指明以下 IP 地址作为专用地址：

10.0.0.0 到 10.255.255.255(1 个 A 类网)；

172.16.0.0 到 172.31.255.255(16 个 B 类网)；

192.168.0.0 到 192.168.255.255(256 个 C 类网)。

这些地址只能用于一个机构的内部通信，而不能用于和因特网上的主机通信。

专用地址只能用作本地地址而不能用作全球地址。在因特网中的所有路由器对目的地址是专用地址的数据包一律不进行转发。在一个专用网中，除了地址是本地地址外，一切在互联网上能够使用的技术、协议都照样能用。

专用地址的使用极大地缓解了 IP 地址资源不足的问题，因为每个机构都可以不受限制地使用专用地址建立自己的专用网。在安装自己的路由器时，需要将路由器 IP 地址设置为 192.168.1.1(或 192.168.0.1)，可以理解为你的计算机就在一个专用 C 类网中，路由器与该网连接的端口被分配了该网络的 1 号地址。因为互联网路由器的封堵，使用专用地址的计算机只能在专用网内实现互联互通，专用网又称为内网。与之对应，互联网又称为外网、公共网。因为专用地址只能用在一个封闭的网络内，不会出现在作为公共网络的互联网上，所以专用地址网络号可以多次重复使用，不会出现因为某一个专用网络号被一个机构使用后，另一个机构就不能用的情况。专用地址是可重用地址。

4.4.3 地址转换技术

网络地址转换(NAT, Network Address Translation)是指将一个 IP 地址换成另一个 IP 地址，常用于将本地地址转换为公用地址。

随着接入互联网的计算机数量的不断猛增，IP 地址资源也就愈加显得捉襟见肘，IP 地址根本无法满足网络用户的需求。有了 NAT 技术，所有专用网内使用本地地址的主机在和外界通信时可以在 NAT 路由器上将其本地地址转换成公用 IP 地址，这样就可以用少量的公用 IP 地址将大量的计算机与因特网连接。

网络地址转换 NAT 方法于 1994 年提出，它需要在专用网连接到因特网的路由器上安装 NAT 软件。装有 NAT 软件的路由器叫做 NAT 路由器，它至少有一个有效的外部全球地址 IP_G。

网络地址转换的过程如图 4-23 所示，数据包中前面的地址为源 IP 地址，后面的地址为目的 IP 地址。

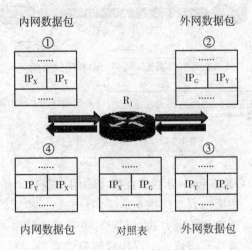

图 4-23 网络地址转换过程

内部主机 X 用本地地址 IP_X 与因特网上主机 Y 通信，形成内网数据包①，数据包中的源 IP 地址为 IP_X，目的 IP 地址为 IP_Y，所发送的数据包必须经过 NAT 路由器 R1。NAT 路由器将数据包①的源地址 IP_X 转换成一个空闲的全球地址 IP_G，目的地址 IP_Y 保持不变，形成外网数据包②，并在对照表中记录 IP_X 与 IP_G 的对应关系，然后将经过转换的请求数据包发送到因特网。外网数据包②中的源、目的 IP 地址均为公共地址，会被因特网上的交换节点传输到因特网上主机 Y。主机 Y 按照数据包②请求内容（也就是主机 X 请求内容）发出响应数据包③。响应数据包③的目的 IP 地址就是主机 Y 所收到的请求数据包中的源地址 IP_G，它也是路由器 R1 的 IP 地址。路由器 R1 收到响应数据包③，知道数据包中的源地址是 IP_Y 而目的地址是 IP_G。经查询对照表，路由器 R1 将数据包③目的地址 IP_G 转换为 IP_X，形成内网数据包④，并转发给内部网。内网中的路由器根据数据包④目的地址 IP_X 最终将数据发送到内部主机 X。

4.4.4　隧道技术

隧道技术（Tunneling）是一种通过使用互联网络的基础设施在网络之间传递数据的方式。如图 4-24 所示，两个安装隧道协议的路由器 R1 和 R2 构成了隧道的源端和目的端，不管被传输数据是什么类型的数据，R1 都将该数据单元作为一个整体写入数据包的数据字段，即重新封装成一个因特网数据包，然后通过因特网发送给 R2。作为隧道的源端和目的端，在封装的数据包中，R1 的 IP 地址作为源 IP 地址，R2 的 IP 地址作为目的 IP 地址。

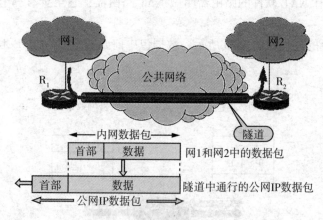

图 4-24　隧道路由器工作过程

将用户数据封装进 IP 数据包，而不是直接传输用户数据，是隧道技术的核心。这就好比将汽车开到列车上，然后由列车将汽车运送到目的地，然后放下汽车，由汽车独自前行。隧道技术使用的是点到点的传输方式，起点和终点就是隧道的两端。构成隧道起点的路由器，完成用户数据的封装，组建一个以构成隧道终点路由器为传输目的地的数据包。在隧道中传输的不同数据包，实际上是在一个网络中传输，这意味着不同数据包走的线路可能完全不一样，但是从外界看来，所有数据包的起点、终点完全一样，宛如通过一个固定隧道完成数据传输。

隧道技术能够将两个同类型的，但物理分开的网络，通过公用网络连接起来。构成隧道两端的路由器必须执行相同的隧道传输协议。

1. 虚拟专用网

隧道技术可以用在很多方面，但应用较广泛的还是构建虚拟专用网（VPN，Virtual Private Network）。虚拟专用网是指运用隧道技术把同属一个机构、位于不同地区的多个专用网相连起来的。之所以说是虚拟的，是因为各个专用网在物理上是分开的、独立的，但在逻辑上、功能上又是一个统一的专用网。

如图 4-25 所示，隧道将两个专用网"部门 A"和"部门 B"连接成一个虚拟专用网。它们同属一个机构，是同类型网络，数据包格式相同，传输协议相同，如果它们物理上互连，数据包能够自由通行。但是它们物理上分开了，成为两个独立的网络。如果按照一般技术将它们通过互联网连接起来，首先两个网络都需要 NAT 路由器将内部数据包转换为可以在公共网上传输的公共数据包；其次还需要一批公共 IP 地址提供给 NAT 路由器；第三，两个内网使用的协议应与公共网差异很小，因为 NAT 路由器除了改变内网数据包的地址外，并没有做其他修改。使用隧道技术后，这些要求都不再需要，只需要能够运行隧道技术协议的路由器。

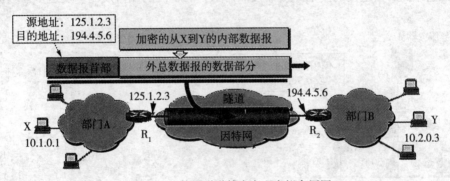

图 4-25　使用隧道技术实现虚拟专用网

假设"部门 A"网中主机 X 需要向"部门 B"网中主机 Y 发出数据包。主机 X 只需要按照内网协议要求封装一个源 IP 地址为 10.1.0.1、目的 IP 地址为 10.2.0.3 的数据包，并发出；路由器 R1 作为隧道的一个端点，将该数据包作为数据字段原封不动地封装在一个源地址为 125.1.2.3、目的 IP 地址为 194.4.5.6 的数据包，并发给公共网络；路由器 R2 收到这个数据包后，通过查询源地址就可以知道该数据包来自隧道的另一端，它只需要从数据包中剥离出数据字段，向它连接的"部门 B"网发出；内网相关路由器将这个数据包发给主机 Y。

从这个过程可以看到，内网即使采用与公共网差异巨大的协议来组建，不同物理内网之间的数据传输也不会受到影响，这给机构按照自己的需求建立内部网带来了极大的灵活性。为了提高安全度，隧道路由器还应该对内网数据包进行加密。

由同一个机构多个部门的内部网络所构成的虚拟专用网又称为内联网（intranet）；一

个机构和某些外部机构共同建立的虚拟专用网又称为外联网(extranet)。

2. 用隧道技术实现远程接入 VPN

有的公司可能没有分布在不同场所的部门,但有很多流动员工在外地工作。公司需要和他们保持联系。远程接入 VPN(remote access VPN)可满足这种需求。

远程接入 VPN 实际上是利用公共网建立隧道,把一台计算机和专用网连接起来。在外地工作的员工拨号接入因特网,而驻留在员工计算机中的 VPN 软件可以在员工的计算机和公司的主机之间建立 VPN 隧道,因而外地员工与公司通信的内容是保密的,员工们感到好像就是使用公司内部的本地网络。

4.4.5 IP 多播

IP 多播是一个源点发送,多个终点接收的互联网上的一对多通信。它的要求是:同时发送相同信息(如现场直播)。源点发送只需发送一次,由路由器按要求复制、分发。多播可以大幅度减少网络中的数据量。

如图 4-26 所示,左图为不使用 IP 多播时服务器发送数据的情况。每一台主机独自与服务器联系,服务器需要分别向每一台主机发出单播数据包。右图中,索取相同信息的多台主机以及为它们服务的多播路由器组成了一个多播组,服务器只需要向多播组发出一个多播数据包,然后由组内的多播路由器按照需求,向不同的端口复制、发送多播数据包。

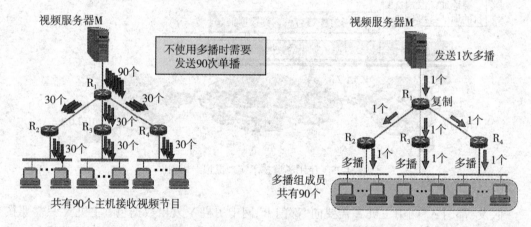

图 4-26　使用 IP 多播可以减少网络中的数据量

局域网具有硬件多播功能,不需要复制分组。在互联网上实现 IP 多播,需要能够运行多播协议的路由器——多播路由器,还需要使用多播 IP 地址。

D 类地址就是多播地址,共有 2^{28} 个 D 类地址,可以表示 2^{28} 个多播组,但不是所有 D 类地址都可用于多播。只有 224.0.1.0 至 238.255.255.255 可用于全球多播;239.0.0.0 至 239.255.255.255 只能用于组织内部多播。

多播地址只能用于目的地址,不能用于源地址。加入同一个多播组的主机拥有相同的多播地址。任何主机(不一定属于该多播组)都可以向一个多播组发送信息,向该组进行 IP 多播。

IP 多播需要两种协议：网际组管理协议 IGMP 和多播路由选择协议。IGMP 主要功能是使路由器知道多播组成员的信息；多播路由选择协议负责两个方面：一方面是每个多播路由器必须和其他多播路由器建立协调关系协同工作；另一方面，把多播数据包以最小代价传送给所有的组成员。

IGMP 的工作可分为以下两个阶段：

第一阶段：当某个主机加入新的多播组时，该主机应向多播组的多播地址发送 IGMP 报文，声明自己要成为该组的成员。本地的多播路由器收到 IGMP 报文后，将组成员关系转发给因特网上的其他多播路由器。

第二阶段：因为组成员关系是动态的，因此本地多播路由器要周期性地探询本地局域网上的主机，以便知道这些主机是否还是组的成员。只要对某个组内有一个主机响应了探寻，多播路由器就认为这个组是活跃的。但一个组在经过几次的探询后仍然没有一个主机响应，则不再将该组的成员关系转发给其他的多播路由器。

多播路由选择协议工作方式如下：

多播路由选择首先要将源主机和参与多播组的多播路由器组合在一起，建立以源主机为根节点的多播转发树，并以该树为传输路径，在多播转发树上的路由器不会收到重复的多播数据报。网络上的多播路由器是否加入一个多播组，取决于它所服务的网络中是否有主机申请加入这个多播组。不同的多播组对应于不同的多播转发树；同一个多播组，对不同的源点也会有不同的多播转发树。

路由器收到多播数据包时，先检查该数据包是否在多播转发树中从源点经最短路径传送来的。若是，就向所有其他方向转发刚才收到的多播数据报，否则就丢弃而不转发。如果存在几条同样长度的最短路径，只能选择一条最短路径，选择的准则就是看这几条最短路径中的相邻路由器谁的 IP 地址最小。

4.5　IPv6 网际互连协议

1. IPv6 的提出

IP 协议(IPv4)是在 20 世纪 70 年代末设计的，使用长度为 32 位的 IP 地址。用户急剧增加，导致 IP 地址日趋短缺，严重阻碍了互联网的发展与普及。移动电话、家电上网等需要大量的 IP 地址。为了从根本上解决 IP 地址空间匮乏的问题，开始了 IPv6 的标准化工作，地址长度升级为 128 位。IPv6 与 IPv4 不兼容，但与其他 Internet 协议兼容，如 TCP、UDP、OSPF、BGP、DNS 等，但实际上还是需要开发另外一套协议栈。我国的互联网系统于 2006 年年初开始使用 IPv6 协议。

2. IPv6 的目标

IPv6 的设计，主要着眼于以下目标：

①即使在不能有效分配地址空间的情况下，也能支持数十亿的主机；

②减少路由表的大小；

③简化协议，使得路由器能够更快地处理数据包；

④增强安全性，提供比 IPv4 更好的安全性；

⑤更多的关注服务类型，特别是实时数据；

⑥支持多播；

⑦支持移动功能；

⑧协议具有很好的可扩展性；

⑨在一段时间内，允许 IPv4 与 IPv6 共存，所以，两者还要在一定程度上兼容。

3. IPv6 数据包格式

IPv6 数据包格式如图 4-27 所示。

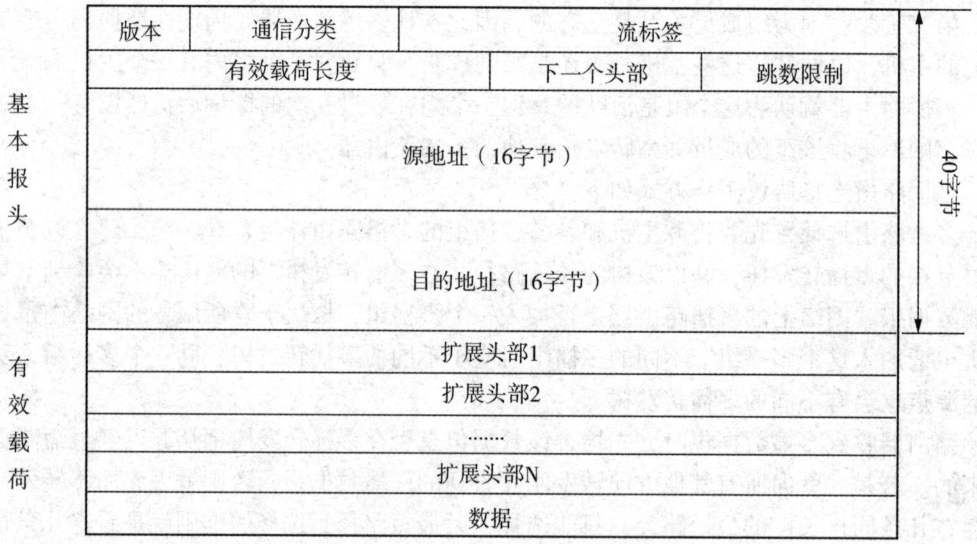

图 4-27　IPv6 数据包首部格式

各个字段作用如下：

（1）版本（Version）

版本字段用来表示 IP 数据报使用的是 IPv6 协议封装，占 4 位，对应值为 6（0110）。

（2）通信分类（Traffic Class）

通信分类字段用来标识对应 IPv6 的通信流类别或者说是优先级别，占 8 位，值为 0 ~ 7 表示发生拥塞时源端可以降速，值为 8 ~ 15 表示发送速率固定的实时负载，值越小优先级越低。

（3）流标签（Flow Label）

流标签字段是 IPv6 数据报中新增的一个字段，占 20 位，可用来标记报文的数据流类型，以便在网络层区分不同的报文。流标签字段有源节点分配，通过流标签、源地址、目的地址三个元素就可以唯一标识一条通信流，而不用像 IPv4 那样需要使用 5 个元素（源地址、目的地址、源端口、目的端口和传输层协议号）。

（4）有效载荷长度（PayLoad Length）

有效载荷长度字段是以字节为单位的标识 IPv6 数据包首部中有效载荷部分（包括所有扩展报头部分）的总长度，也就是除了 IPv6 的基本报头以外的其他部分的总长度，占

20 位。

（5）下一个头部（Next Header）

下一个头部字段用来标识当前报头（或者扩展报头）的下一个扩展头部类型，占 8 位。每种扩展报头都有表明其类型的数值。当没有扩展报头或者为最后一个扩展报头时，该字段的值表示上层使用的协议（UDP、TCP 或 ICMP）。

（6）跳数限制（Hop Limit）

跳数限制字段，指定了数据包可以有效转发的次数，占 8 位。数据包每经过一个路由器结点，跳数值就减 1，当此字段值减到 0 时，则直接丢弃该数据包。

（7）源地址（Source IP Address）

源 IP 地址字段标识了发送该 IPv6 数据包源节点的 IPv6 地址，占 128 位。

（8）目的 IP 地址（Destination IP Address）

目的 IP 地址字段标识了 IPv6 数据包的接收节点的 IPv6 地址，占 128 位。

（9）IPv6 扩展报头

在各字段介绍中我们讲到了，IPv6 报文中可以携带可选的 IPv6 扩展报头。IPv6 扩展报头是跟在 IPv6 基本报头后面的可选报头，类似于 IPv4 首部中的可选项，用于扩展传输功能。由于在 IPv4 的报头中包含了几乎所有的可选项，因此每个中间路由器都必须检查这些选项是否存在。在 IPv6 中，这些相关选项被统一移到了扩展报头中，这样，中间路由器不必处理每一个可能出现的选项，从而提高了节点处理数据包的速度，也提高了其转发的性能。

IPv6 扩展报头附加在 IPv6 报头目的 IP 地址字段后面，可以没有，也可以多个扩展报头。

4. IPv6 的主要变化

IPv6 与 IPv4 的主要不同点在以下几个方面：

①没有首部长度字段。IPv6 固定头部字段为 40 个字节。在 40 个字节的首部之后可以跟任意种类和数目的扩张首部，不过这都和路由没什么关系，路由器也不关心，这样路由器读取处理的时候就方便多了。

②数据包宽度由 IPv4 的 32 位变成了 IPv6 的 64 位。首部是 64 位对齐，加快在 64 位体系结构上的处理。

③IPv6 首部没有用于数据分段的字段。因为 IPv6 另有一个独立的扩展报头用于该目的。做出如此设计决策因为分片属于异常情况，而异常情况不应该减慢正常处理。

④IPv6 没有自身的校验和字段。因为上层协议（TCP、UDP 和 ICMPv6）数据单元都有各自的校验和字段，其校验和包括上层协议首部、上层协议数据。转发 IPv6 分组的路由器不必在修改跳限字段之后重新计算首部校验和，从而加快路由的转发。

⑤IPv6 路由器不对所转发的分组执行分段，如果不经分段无法转发某个分组，路由器就丢弃该分组，同时向其源头发送一个 ICMPv6 错误，也就是说 IPv6 分段只发生在数据包的源头主机上。

对比 IPv4 数据报头部格式可以看出，IPv6 去除了 IPv4 报头中的头部长度、标识、标志、段偏移、校验和、选项、填充这么多字段，却只增加了流标签这一个字段，因此，

IPv6 报头处理和 IPv4 报头处理相比，有大大简化，从而提高了处理效率。另外，IPv6 为了更好地支持各种选项处理，提出了扩展报头的概念，新增选项时不必修改现有的结构就能做到，理论上可以无限扩展，体现了优越的灵活性。

和 IPv4 相比，IPv6 不仅仅是地址位变宽了，可用 IP 变多了，而且 IPv6 采用了优化很多措施，使得 IPv6 传输更快了。优化最关键就是要找到瓶颈，找到短板。由于数据量很大，路由处理速度就是这个短板。IPv6 对头部设计上采取了简化措施，把一些不必要的东西，或者可以放到上层的东西从头部拿掉，让路由的"职责单一"，从而整体上提高了网络的运行速度。

5. IPv6 地址表示

IPv6 地址有 16 字节，地址表示成用冒号(:)隔开的 8 组，每组 4 个 16 进制位，例如：

8000：0000：0000：0000：0123：4567：89AB：CDEF

由于有很多"0"，可采用下列优化表示方法：①打头的"0"可以省略，0123 可以写成 123；②一组或多组 16 进制"0"可以被一对冒号替代，但是一对冒号只能出现一次。上面的地址经过优化可以表示成：8000：：123：4567：89AB：CDEF。IPv4 地址目前仍然在使用，需要写成一对冒号和用"."分隔的十进制数，例如：：：192.31.20.46

本章作业

一、填空题。

1. 一般说来，网络层中的服务模式有虚电路模式和数据报模式。因特网中的网络层服务模式是(　　　)。

2. 网络层面向连接的服务又叫(　　　)。

3. 不同类型网络能够连接是使相连的物理网络某个层次(　　　)，以实现不同物理网络之间对彼此的数据互相识别。

4. 因特网网络层的传输机制会造成(　　　)、丢失、重复等错误。

5. Internet 上主机的唯一标识是(　　　)。

6. 因特网网络层传递的数据单元是数据包或称为(　　　)，(　　　)；每个数据包都带有完整的源、目的 IP 地址。

7. 在网络传输可能出现的各种错误中，数据链路层校验码只检查(　　　)错误，网络层校验码只检查(　　　)错误。

8. 因特网传输的数据包有大有小，但最大的数据包长度不超过(　　　)字节。

9. IP 地址分为 A、B、C、D、E 五类地址，其中 A、B、C 类地址为单目传送地址，而 D 类地址为组播地址，E 类地址为(　　　)。

10. 一个 IP 地址与自己的子网掩码相与得到的是该 IP 地址的(　　　)。

11. A 类 IP 地址的网络号长度为(　　　)比特，主机号长度为(　　　)比特。

12. 多播地址是(　　　)类 IP 地址，只能用于目的地址，不能用于源地址。

13. 任何一个以数字 127 开头的 IP 地址都是(　　　)。

14. IP 地址放在(　　　)的首部，硬件地址放在(　　　)的首部。

15. IP 数据报首部的固定部分长度为( )字节。

16. 通过 IP 地址得到主机号的方式是( )。

17. 根据 IP 协议，数据包大小上限不得超过( )字节。

18. 根据子网掩码求取一个 IP 地址的主机号的方法是( )。

19. 地址块 130.14.35.7/20 的最小 IP 地址用 10 进制数表示是( )，最大 IP 地址用 10 进制数表示是( )，该地址块的地址数量是( )个。

20. 路由是指路由器从一个接口上收到数据包，根据数据包的目的地址( )的过程。

21. 静态路由表是固定不变的，由人为事先规定的两主机通信路径。和动态路由相比，其缺点是选择的路径可能( )。

22. V-D 动态路由算法的慢收敛问题是指( )。

23. 工作于网络层的地址解析协议 ARP 的作用是( )。

24. 地址解析是指由 IP 地址获取( )。

25. 路由器的两大工作：将报文( )；与其他路由器( )。

26. 路由器不知道目的地的数据单元将被送到( )端口。

27. 1100：000A：0000：0000：0001：0E00：0000：0050 是( )地址，可以最大限度地简化为( )。

二、判断题。

1. 数据链路层使用的中间设备叫作网桥，网络层使用的中间设备叫做路由器。

2. 在 IP 地址中，所有分配到网络号的网络，不管是覆盖范围很大的 A 类网络还是覆盖范围只在一栋楼里的局域网络，都是平等的。

3. 对于任何一个以数字 127 开头的 IP 地址，计算机上的协议软件不会把该数据报向网络上发送，而是把数据直接返回给本主机。

4. 在一个专用网中，除了地址特殊外，一切在互联网上能够使用的技术、协议都照样能用。

5. 直接路由使用主机号查询物理地址，间接路由使用网络号，因此路由表中只要保存网络号。

6. 地址解析是完成 IP 地址和 MAC 地址的相互映射。

7. 在同一个链路加密网络中，所有的节点都采用相同的加密方法和统一的密钥对所传输的数据包进行加密，以保证数据在传输过程中不会泄密。

8. 数据报中的源 IP 地址和目的 IP 地址在整个传输过程中是不变的，数据帧中的源 MAC 地址和目的 MAC 地址随着中间节点的变化而变化。

9. 一个部门管辖的两个网络，如果要通过其他的主干网才能互连起来，那么这两个网络还是两个 AS。

10. 路由可以分为直接路由、间接路由、动态路由、静态路由和默认路由五种。

11. AS 内部的路由器称为内部网关，连接到其他 AS 的路由器称为外部网关。

12. 无分类编址技术采用地址块对物理网络进行 IP 地址分配。地址块中地址数为 2

的 N 次方，N 可大可小，可根据需要确定地址块的大小。

13. 因特网网络层传输会造成错序、丢失、重复错误。这些错误的改正都由传输层完成。

14. 专用地址只能用作本地地址而不能用作全球地址。在因特网中的所有路由器对目的地址是专用地址的数据报一律不进行转发。

15. 172. 17. 110. 12 是一个专用地址，公共互联网中的所有路由器对以这个地址为目的地址的数据包一律不进行转发。

16. NAT 能够实现将外网 IP 转换为内网 IP。

17. 多播地址只能用于目的地址，不能用于源地址。

18. 加入同一个多播组的主机拥有相同的多播地址。

19. 新一代的 IPv6 中，IP 地址由 32 位变成 128 位，地址空间增加 4 倍。

20. 一般说来，网络层中的服务模式有虚电路模式和数据报模式。因特网中的网络层服务模式是数据报模式。

21. 不同类型网络能够连接是使相连的物理网络某个层次数据格式相同，以实现不同物理网络之间对彼此的数据互相识别。

22. IP 地址分为 A、B、C、D、E 五类地址，其中 A、B、C 类地址为单目传送地址，而 D 类地址为组播地址，E 类地址为保留地址。

23. 路由是指路由器从一个接口上收到数据包，根据数据包的目的地址进行路径选择，并根据选择结果转发到另一个接口的过程。

24. V-D 动态路由算法的慢收敛问题是指好消息传播快，坏消息传播慢。

25. 根据子网掩码求取一个 IP 地址的主机号的方法是用 IP 地址与子网掩码的反相与。

26. 地址块 130. 14. 35. 7/20 的最小 IP 地址用 10 进制数表示是 130. 14. 32. 0，最大 IP 地址用 10 进制数表示是 130. 14. 47. 255，该地址块的地址数量是 212 个。

27. IPv6 地址长度为 128 位。

三、名词解释。

虚电路　IP　IP 地址　单目传送地址　返回地址　专用地址　公共地址　子网　子网掩码　地址解析　RARP　直接路由　默认路由　静态路由　动态路由　NAT　VPN　IGMP

四、问答题。

1. 网络互连要解决的问题是什么？

2. 什么是网络互连？为什么要进行网络互连？不同类型的网络如何能够连接？

3. 什么是虚电路方式？什么是数据报方式？比较两者的优缺点。

4. 为什么要进行网络互连？网络互连要解决的主要问题是什么？

5. 简要说明局域网扩展和网络互连的区别。

6. 如果一个来自外网的，需要在本网络中传输的数据包大于本网络数据包的上限，就需要对该数据包进行分片。简述数据包的划分方法。

7. 解释 V-D 路由算法的慢收敛问题。

8. 什么是直接路由? 什么是间接路由?

9. 专用网需要应用具有网络地址转移(NAT)技术的路由器与外部因特网相连。说明 NAT 路由器在收发数据两方面如何进行地址转换。

10. IP 地址分为哪几类? 各如何表示? IP 地址的主要特点是什么?

五、计算题。

1. 某单位分配到一个 B 类 IP 地址, 其 net-id 为 129.250.0.0。该单位有 4000 台机器, 不均匀分布在 16 个不同地点。试设计子网掩码, 给每一个地点分配一个子网号码, 并算出每个地点可以分给主机的最大、最小主机号码。

2. 一个大公司有一个总部和三个下属部门。公司分配到的网络前缀是 192.77.33/24。公司的网络布局如题图 1 所示。总部共有 5 个局域网, 其中 LAN1 ~ LAN4 都连接在路由器 R1 上, R1 再通过 LAN5 与路由器 R5 相连, R3 和远地的三个部门的局域网 LAN6 ~ LAN8 通过广域网相连。每一个局域网旁边的数字是局域网上的主机数。试给每个局域网分配一个合适的网络前缀。

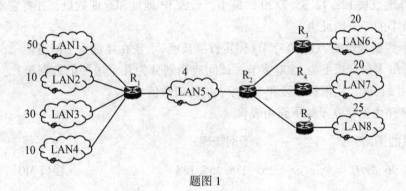

题图 1

3. 已知 IP 地址是 141.14.72.24, 子网掩码是 255.255.192.0, 试求网络地址。

4. 假定网络中的路由器 B 的路由表有如下的项目(题表 1), 现在 B 收到从 C 发来的路由信息(题表 2)

题表 1

目的网络	距离	下一跳路由器
N1	7	A
N2	2	C
N6	8	F
N8	4	E
N9	4	F

题表 2

目的网络	距离
N2	4
N3	8
N6	4
N8	3
N9	3

试求出路由器 B 更新后的路由表。

5. 某计算机网络的路由器连接关系如题图 2 所示，图中的数字为两个路由器之间的时间延迟，试以时间延迟为距离为每个路由器构造链路状态报文。

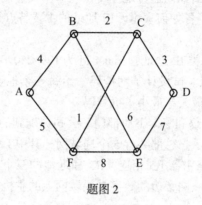

题图 2

6. 计算地址块 128.14.35.7/20 的最小、最大 IP 地址和地址数量，并将它划分成地址数量差别最小的 5 个地址块。

7. 一个数据报长度为 6000 字节（固定首部长度）。现在经过一个网络传送，但此网络能够传送的最大数据长度为 1500 字节。试问应当划分为几个短些的数据报片？各数据报片的数据字段长度、片偏移字段和 MF 标志应为何数值？

8. 设某路由器建立了如下路由表：

目的网络	子网掩码	下一跳
128.96.39.0	255.255.255.128	接口 M0
128.96.39.128	255.255.255.128	接口 M1
128.96.40.0	255.255.255.128	R2
192.4.153.0	255.255.255.192	R3
默认		R4

现共收到 5 个分组，其目的地址分别是：

(1) 128.96.39.10

(2) 128.96.40.12

(3) 128.96.40.151

(4) 192.4.153.17

(5) 192.4.153.90

试分别计算其下一跳。

9. 有两个 CIDR 地址块 208.128/11 和 208.130.28/22。是否有哪一个地址块包含了另一个地址块？如果有，请指出，并说明理由。

10. 如题图 3 所示，左边是某个网络的拓扑图，路由器 J 有 4 个邻居，分别是 A、I、H、K。在某个更新周期，路由器 J 收到分别来自 4 个邻居发来的路由表，如图中间部分所示。试运用距离向量算法，为路由器 J 更新建立如图右边部分所示的路由表。

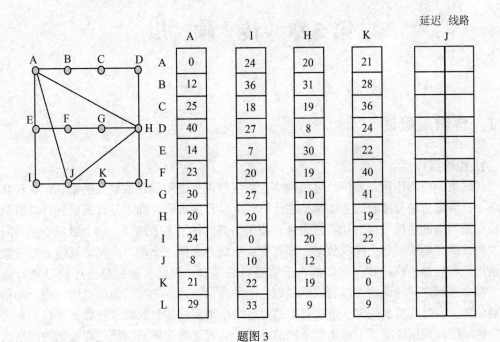

| | A | I | H | K | 延迟 | 线路 |
					J	
A	0	24	20	21		
B	12	36	31	28		
C	25	18	19	36		
D	40	27	8	24		
E	14	7	30	22		
F	23	20	19	40		
G	30	27	10	41		
H	20	20	0	19		
I	24	0	20	22		
J	8	10	12	6		
K	21	22	19	0		
L	29	33	9	9		

题图 3

第5章 传 输 层

5.1 传输层概述

1. 传输层作用

传输层的根本作用是利用计算机网络为应用层进程之间提供数据传输服务。在计算机网络中，数据传输与接收的主体都是在计算机上运行的进程，而不是计算机，计算机只是进程使用网络的硬件平台。计算机为进程使用网络准备了多个端口，一个进程不论是向网络发出数据还是从网络中接收数据，都首先要申请并占据一个端口。网络通信必然有数据发送进程和数据接收进程，它们都占据着各自的端口。因此，进程是通过端口进行通信的，两个进程之间的通信可以看成是端口之间的通信，进程之间的通信也因此称为端到端的通信。一台计算机上的多个进程可以通过各自申请到的端口同时进行数据通信。

传输层向高层屏蔽了下面通信子网的细节，它建立的逻辑通信使进程看见的网络就是端口，需要利用网络发数据就向端口传输数据，需要利用网络接收数据就是从端口读取数据。这极大地简化了上层应用程序的编程工作。

2. 传输层服务

传输层为应用层提供的端到端通信服务有两种类型：面向连接的 TCP 服务和无连接的 UDP 数据报服务。它们都是利用网络层提供的 IP 数据报服务完成的，即 TCP 和 UDP 服务都是通过 IP 数据报服务完成的。

网络层 IP 数据报已经能够将源主机发出的分组交给目的主机，为什么还需要设置传输层？首先，IP 数据报服务只能完成主机之间的数据传输，而网络服务需要进行应用进程之间的通信，所以 IP 数据报服务还缺"临门一脚"；其次，IP 数据报服务采用 IP 地址作为数据传输的终点，IP 地址只能标识一台主机，却无法标识主机上同时运行的多个进程，因此，IP 数据报服务从机制上无法延伸自己的服务；最后，IP 数据报服务是不可靠服务，只进行数据传输，不管数据是否存在错误，因而不能提供用户进程满意的数据传输服务。

传输层服务利用 IP 数据报服务进行数据传输，就必须做 IP 数据报服务所没有做到、用户又需要的工作。因为通信的进程必须事先获得一个端口号，因此确定了端口就找到了进程，所以，传输层服务采用"主机 IP 地址+端口号"作为传输层通信地址。传输层接收端在向接收进程提交数据前，需要对接收到的数据进行检查，以保证提交的数据都是正确无误的。UDP 服务通过数据校验，能够确保自己交出的数据单元没有错误；作为可靠服务的 TCP 在纠正错误方面比不可靠 UDP 服务做的更多，TCP 服务不仅检查接收数据单元是否有错，还要保证多个相关的数据单元没有多余，没有缺少，且排列顺序不错。在出现错误时，TCP 服务负责纠正所有的错误，保证接收进程能够收到正确无误的数据。

5.2 TCP/IP 体系中的传输层

5.2.1 传输层中的两个协议

传输层的数据传输协议包括传输控制协议(Transmission Control Ptotocol，TCP)和用户数据报协议(User Datagram Protocol，UDP)，它们分别用 TCP 和 UDP 两种协议来规范。

TCP 是面向连接的，传输单元是 TCP 报文段。在网络中，面向连接的传输服务都是可靠服务，因此 TCP 服务是可靠服务。TCP 是一对一的通信服务，即有一个发送进程和一个接收进程的通信。TCP 利用网络，在发送进程和接收进程之间建立了一条全双工的管道，全双工意味着两个进程都可以通过该管道同时向对方发送数据和应答信息。

网络层有虚电路服务，虚电路是在网络中划出一条路径，所有的数据单元都是沿着这条路径传输。由于传输路径是一样的，并且不同单元的发送时间不同，一组相关的数据单元的接收顺序与发送端完全一致，也就是没有出现顺序错误。就传输过程而言，TCP 管道做不到这一点。TCP 服务工作在传输层，TCP 看不到网络层的路由器，无法指挥路由器；TCP 服务的传输任务是利用 IP 数据报服务完成的，而 IP 数据报服务是一种无连接传输服务，选取的是当时最优的路径，因而根本不保证一个传输队列中的所有数据单元是否沿着同一条线路完成从起点到终点的全程传输。事实上，不可靠的 IP 数据报服务还会给 TCP 传输带来数据单元丢失、重复、错序、比特错等所有网络传输过程可能出现的错误，TCP 必须在接收端将所有的错误都消除后，才会将数据交给接收进程。从接收进程的角度看，接收数据与发送数据完全一致，宛如通过一个可靠的管道传来，从这个意义上来说，TCP 传输提供的是一条全双工管道。

UDP 是无连接服务，事先不连接，事后不确认。传输单元是 UDP 报文(又称为用户数据报)。UDP 接收端收到一个数据单元经检查无误后，立即交给接收进程。它能保证交出的每个数据单元没有比特错误，但如果一次传输的是由多个数据单元组成的一个传输队列，UDP 不保证数据单元丢失、重复、错序等错误，如果这些错误不能容忍，只能由接收进程自己来消除。因而，UDP 传输是不可靠的。UDP 服务追求"尽最大努力交付"，其优点是传输速度快。那些为了纠正错误而必须采取的、复杂费时的、影响传输速度的工作，UDP 一律不做。UDP 的简单、快速工作特点，为其赢得不少应用领域。

5.2.2 传输层地址

传输层地址是由 IP 地址加端口号组合而成的，IP 地址可以确定主机在网络中的位置，端口号可以确定进程在主机中的位置，因而这种组合就确定了因特网中的唯一一个进程。传输层地址又称为插口，套接字。它的表示方法如下所示：

插口 = (163. 43. 23. 13，15000)

端口是计算机的一种专门负责输入输出工作的资源，由操作系统管理，端口是操作系统分配给进程的数据流通道。端口用 16 比特标识，因而端口号范围为 0~65535，其中 0~1023 为专用端口，分配给网络上的专用服务进程。对于一般用户进程，操作系统从 1024~65535 范围内，找一个空闲的端口分配。

在互联网上有很多提供专用服务的进程，为了用户能够准确地找到它们，这些专用服务进程必须放在固定计算机的固定端口上，并且要对外公布，不得随意变动。每一个提供专用服务的进程都有一个固定不变的专用端口，所有需要索取专门服务的进程，只要找到这些计算机端口，与之建立联系，就能享受所需的服务。但专用端口并不像普通端口那样成为服务数据流的通道。如果专用端口用来提供具体的服务，势必造成端口被长期占用，从而阻碍了其他进程的服务索取。实际上，服务进程与用户进程建立联系后，向操作系统申请一个普通端口，然后通过普通端口对用户进程提供服务。

5.3 UDP 协议

UDP 属于无连接的传输协议，它的数据传输功能是利用网络层提供的 IP 数据报服务完成的。它本身所做的工作是在 IP 的数据报服务之上增加了端口功能。

UDP 服务具有如下特点：

①UDP 使用尽最大努力交付。它追求高速传输，不保证可靠交付，不需要维持连接状态，不对数据做任何处理。

②UDP 是面向报文的。应用进程以报文为单位向 UDP 服务窗口提供数据，对应用进程交下来的数据，UDP 添加首部后形成 UDP 用户数据报直接交给网络层。UDP 对应用进程报文不组合、不拆分，应用进程报文大小必须由应用进程交付数据前自行处理，因此，应用进程在封装应用进程报文前必须考虑网络对数据传输单元大小的限制因素。

③UDP 不考虑拥塞控制问题，只以自己的速度发送数据。

④用户数据报 UDP 只有两个字段：首部字段和数据字段。其中首部只有 8 个字节，冗余数据量在各种传输服务中是最小的，其首部如图 5-1 所示。

首部字段包含源端口字段、目的端口字段、UDP 数据报长度字段、检验和字段。伪首部并不是 UDP 数据报真正的首部，只是在计算检验和时，临时和 UDP 数据报连接在一起，得到一个过渡的 UDP 数据报来计算的。伪首部既不向下传送，也不向上递交。检验和字段对数据部分进行检验，这一点不同于 IP 数据报的检验和字段。

①接收端通过检验和来检查传输数据是否有错误，如果发现错误，则舍弃整个 UDP 数据报。

②UDP 服务能够实现一对一、一对多等多种服务形式。

UDP 具有如下优点：

①发送前不建立连接，减少了开销和发送前的时延；

②不使用拥塞控制，也不保证可靠交付，因此主机不需要维持许多参数和状态表；

③首部只有 8 个字节，附加信息少；

④没有拥塞控制，不会因为拥塞降低数据发送速率，适用于视频会议等实际应用。

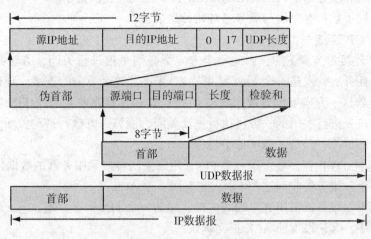

图 5-1　UDP 数据报首部

5.4　TCP 协议

5.4.1　TCP 服务特点

TCP 服务具有如下特点：

①TCP 服务是面向连接的，有建立 TCP 连接、传输数据、拆除 TCP 连接三步。

②TCP 服务是一对一的，每一条 TCP 连接只能有两个端点，即是端点对端点连接。

③TCP 服务是可靠的，数据传输无差错、无错序、不丢失、不重复。

④TCP 服务提供全双工通信，通信双方能够同时进行数据发送与接收。

⑤TCP 服务是面向字节流的，即 TCP 服务把应用报文看成无结构的字节流，将字节流划分成大小有上限的报文段，并以报文段为单位传输。

5.4.2　TCP 连接建立与拆除

TCP 管道是全双工的，是双向的，实际上是互为起、终的两组通信。因此，TCP 连接的建立与拆除，是两组通信的建立与拆除。

1.　建立 TCP 连接

TCP 连接的建立，经历了三次握手过程：

第一次握手：建立连接时，客户端发送 SYN 包(同步标志)到服务器，并进入 SYN_SEND 状态，等待服务器确认；

第二次握手：服务器收到 SYN 包，必须回复一个 ACK(确认标志)以确认客户的SYN，同时自己也发送一个 SYN 包，两者合一，即 SYN+ACK 包，此时服务器进入 SYN_RECV 状态；

第三次握手：客户端收到服务器的 SYN+ACK 包，向服务器发送确认包 ACK，此包发送完毕，客户端和服务器进入 ESTABLISHED 状态，完成三次握手。

完成三次握手后，客户端与服务器开始传送数据。

2. 拆除 TCP 连接

由于 TCP 连接是全双工的，因此每个方向都必须单独进行关闭，方法是当一方完成它的数据发送任务后就发送一个 FIN(结束标志)来终止这个方向的连接。理论上，收到一个 FIN 只意味着这一方向上没有数据流动，一个 TCP 连接在收到一个 FIN 后仍能发送数据。实践中，首先进行关闭的一方将执行主动关闭，而另一方执行被动关闭。

TCP 连接的拆除，经历了四次挥手过程。

第一次挥手：TCP 客户端发送一个 FIN，用来关闭客户到服务器的数据传送。

第二次挥手：服务器收到这个 FIN，它发回一个 ACK。

第三次挥手：服务器关闭客户端的连接，发送一个 FIN 给客户端。

第四次挥手：客户段发回 ACK 报文确认。

5.4.3　数据传输可靠性实现方法

TCP 是基于不可靠、无连接 IP 数据报服务之上的传输控制协议，同时 TCP 为上层应用进程提供可靠的、端到端的、面向连接的服务，两者之间存在着显著的差异。TCP 面向连接的服务要求，在发送端排列成队列的数据单元依次发送出去，在接收端数据单元不仅本身是正确的，还要以其在队列中的先后次序交给接收进程。无连接 IP 数据报服务作为一种不可靠的数据传输服务，对排列成队列的多个数据单元传输的结果必然出现丢失、错序、重复、比特错等错误。在接收端，TCP 必须自行解决这些问题：对丢失的数据单元，要求源端补发；对于错序的，依据数据单元序号重新排队；对重复的数据单元，只保留一个，剔除多余的；对于发生比特错的数据单元，执行丢弃，并要求源端重发。

TCP 服务以"确认"和"超时重传"机制保证传输的可靠性；以"流量控制"机制来避免接收端由于溢出而造成的数据单元丢失；以"拥塞控制"机制来减少网络出现拥塞而触发拥塞解决机制带来的数据传输损失。确认、超时重传、流量控制、拥塞控制好像属于不同的机制，其实它们在一种机制下分别发挥作用。

我们从流量控制开始，来讨论它们是如何在一种机制下发挥作用的。

两个终端设备进行网络通信时，必须在其内存中设置一定容量的缓冲区，以解决双方设备在数据处理速度上的差异带来的传输速率不一致的矛盾，即发送方设置一个发送缓冲区，接收方设置一个接收缓冲区。

如果不进行专门的流量控制，当接收方向上层传输数据的速率低于发送方发送数据的速率时，接收方数据缓冲区存放的数据就会逐渐堆积起来，最后造成接收方数据缓冲区溢出，从而导致数据的丢失。为了避免这种损失，设置了流量控制机制。

流量控制作为一种技术经历了以下几个阶段的发展：

1. 简单流量控制的停–等协议

如图 5-2 所示，A、B 构成了通信的双方，空心箭头表示发送方向接收方发送一个数据单元，实心箭头表示接收方向发送方发送一个确认消息。在该协议下，发送方每发送一个数据单元，就暂停。接收方收到数据单元后，检查数据单元。如果没有错误，将接收到的数据传送给上层应用，并发送一个确认消息给发送方，表示已经接收到发送方发来的数据，并且缓冲区已经清空，可以接收下一个数据单元。如果数据单元有错误，就丢弃该单元，不向发送方发出任何消息。发送方只有接收到确认消息后，才会发送下一个数据单元，以保证数据不会溢出。收到数据，检查并告知发送方，这就是确认机制。

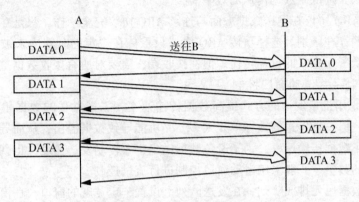

图 5-2　停等协议流量控制示意图

发送方发出一个数据单元后，就处于等待状态，不收到确认消息，绝不发送下一个数据单元；接收方只有在接收到的数据单元没有错误的情况下，才会发出确认消息，在其他情况下，处于等待状态。

如果出现以下三种情况之一：

①接收端对数据单元检查的结果是有错误的；

②数据单元在传输过程中被丢失(传输过程的每一个交换节点，数据链路层都会对包含数据单元的数据帧进行检查，如果数据帧有错，将被丢失)；

③确认消息在传输过程中被丢失(因为网络的传输单元是数据包，确认消息会以数据包的形式进行传输，和数据单元一样，确认消息出错，也会中途被丢弃)。

将导致双方都处在等待状态，出现"死锁"，导致整个系统停顿。打破死锁僵局，需要有一方率先动作。

停等协议采用称为"超时重传"的重传机制来防止死锁出现。

超时重传：发送方每发送一个数据单元就开始计时，在规定的时间内没有收到对该数据单元的确认消息就认为该数据单元已经丢失，就将该数据单元再发送一次。

超时重传机制又会带来数据单元重复的新问题，即多次收到同样的数据单元。采取的对策是为每一个数据单元编号，接收方检查编号，丢弃具有相同编号的重复数据单元。

2. 连续 ARQ 协议

停等协议每发送一个数据单元，停下来等待确认，数据传输总体速率太低。连续 ARQ 协议可以一次发出多个数据单元，采用批量发送、批量确认的方式，将数据传输的总体速率提高。

接收方发送确认消息时，需要根据数据单元编号说明是对哪一个数据单元的确认，即对每一数据单元都发送确认。

如果某一数据单元没有被确认，需要重传，连续 ARQ 协议的做法是重新传输后续的
所有数据单元，以保证接收方数据单元的排列次序不出现错序。

3. 选择重传 ARQ 协议

连续 ARQ 协议，从出错单元开始重传，会导致已经正确传输的数据单元的重复多次
传输，这种做法又降低了数据传送的效率。

选择重传 ARQ 协议在发送数据方面与连续 ARQ 协议完全一样，只是在对待出错数据
单元的处理方面存在区别。选择重传 ARQ 协议只重传在规定的时间内未被确认的数据单
元，这样就降低了无意义的重复传输。但在接收端，需要对所有接收数据重新排队。

4. 流量控制——滑动窗口控制

ARQ 协议采用批量发送的方式提高数据传输速率，一批发送的数据单元越多，数据
传输速率越高。但一批发送的数据单元太多，又可能导致数据溢出，从而导致无效数据传
输，反而降低了数据传输速率。为了避免数据溢出，要控制发送速度，也就是控制一批发
送的数据单元的数量。一般采用滑动窗口控制进行流量控制。

在发送端数据单元排成队列，在发送队列上设置一定宽度的窗口，在窗口内的数据单
元可以发送，在窗口外的数据单元不能发送。经过接收端确认的，队列前端的数据单元可
以通过向后移动窗口的方式移出窗口，这样，队列后又有新的数据单元移入窗口，成为可
以发送的数据单元。可以在队列上移动的窗口称为滑动窗口。

窗口宽度越大，可以同批次发送的数据单元越多，发送速度越快。通过调整滑动窗口
的宽度就能调整、控制发送端的数据发送速度，由此而实现了流量控制和拥塞控制功能。

5.4.4 TCP 数据传输过程

TCP 从上面的应用进程接收的是大小不一的报文，TCP 利用下层的 IP 数据报服务将
数据发送出去。TCP 必须将报文进行分割，形成多个大小一致，且不超过一定上限的数
据段，确保网络层封装的数据包大小不超过某个上限。TCP 将分割的数据段封装进报文
段的数据字段，加上 TCP 首部，形成报文段，然后向网络层递交。

TCP 报文段的格式包括首部和数据，如图 5-3 所示，首部是该数据单元传输必要的控
制信息，数据部分就是分割的数据段。首部的前 20 个字节是固定的，后面有 4N 字节是
可选项。

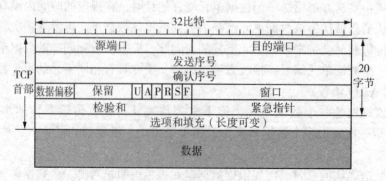

图 5-3 TCP 报文段格式

1. TCP 编号

TCP 将所要传送的整个报文看作一个个字节组成的字节流, 对每一个字节编号; 同时, 将整个报文划分成若干个大小相同的数据段。数据段的大小是源端与目的端事先协商的结果。每个数据段在传输前加上报文段首部, 形成一个完整的 TCP 传输报文段队列, 如图 5-4 所示, 交由下层的网络层传输。

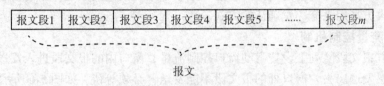

图 5-4　报文被划分成报文段数据

TCP 以报文段为单位进行传送, 报文段中的第一个数据字节的序号放在 TCP 首部的"发送序号"字段中。首字节序号不一定是 1, 可以是双方协商一致的任何一个正整数。接收方每接收一个字节, 就在接收计数器中将发送序号加 1, 接收完一个数据字段字节数为 n 报文段, 计数器发送序号数据增加的值正好等于 n, 如图 5-5 所示。

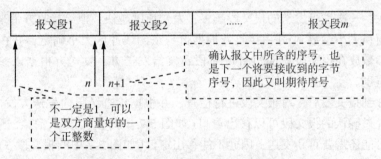

图 5-5　报文段传输过程中的序号处理方法

2. TCP 确认机制

接收方对接收到的报文段要立即进行检验。经过检查确认无误后, 向发送方发回确认消息。确认消息也是一个报文段, 其中在"确认序号"字段中的值为: 发送序号+1, 它正好是下一个报文段的首字节序号 $n+1$。

接收方若收到有差错的报文段, 则丢弃之, 不发送任何回应, 这是因为发送方有一个超时重传机制。如果发送方在规定的时间内没有收到确认, 就将未被确认的报文段重新发送一次, 这可能导致重复报文段的出现。接收方若收到重复的报文段(从报文段的发送序号就可以看出), 也将其丢弃, 但要针对该重复报文段发回确认信息。

如果接收的多个报文段出现错序且各个报文段本身无差错, 则由 TCP 的实现者自行确定: 可将该报文丢弃(对应于连续 ARQ 协议)或存于接收缓冲区内, 待所缺序号的报文段收齐后再一起上交给应用层(对应于选择重传 ARQ 协议)。

接收方发回的"确认序号"正好是下一个报文段数据字段首字节序号, 既是对前面报文段的确认,又是对下一个报文段的期待,又叫期待序号;发送方接到确认信息后,按照期待序号发送报文段。

接收方不必为每一个报文段发确认信息。

3. TCP 超时重传机制

发送方在设定的时间内没有收到对一个报文段的确认,便要将该报文段重发一次。这样可以避免系统死锁,产生的问题是可能导致某个报文段重复出现。如前所述,对于重复报文段,接收方采用丢弃、发确认的方式。

4. TCP 流量控制机制

在发送方报文段队列上设置滑动窗口控制流量,窗口内的报文段进入发送进程,由源端交给网络层发送出去,窗口外的报文段不能发送,必须等待,如图 5-6 所示。

图 5-6　只有窗口内的报文段可以发送

窗口越大,一次性可发送的报文段越多,发送速度越快,但给接收方带来的压力也越大,因此,窗口大小参数 rwnd 由接收方根据自身空闲缓冲区大小确定,并在发送确认报文时将窗口参数放在报文段首部"窗口"字段,发给发送方,发送方根据该参数,调整滑动窗口实际宽度。

接收方收到报文段后,对报文段进行检查,并根据检查结果向发送方发出确认消息。在发送端,经过确认的报文段可以移出窗口(如图 5-7 中的报文段 1、2),还没有收到确认的报文段可能还需要重新发送,因此不能移出窗口(如图 5-7 中的报文段 3)。这是因为窗口只能向右边单方向移动,一旦报文段从窗口左边被移出窗口,就再也没有机会进入窗口了,因而也没有机会重新发出了。前面的报文段被移出,后面的报文段立即被移入窗口,变成可发送报文段,如图 5-7 中的报文段 4、5。

图 5-7　收到确认消息后窗口移动情况

只有窗口内最左边的报文段被确认,才能移动窗口,将其移出窗口,如图 5-8 中的报文段 3。如果最左边的报文段未被确认,即使后面的报文段已经正确无误地送到接收方,也不能移动窗口,如图 5-9 中的报文段 3 未被确认,即使报文段 4、5 已被确认,也不能移动窗口,以保证报文段 3 有机会重发。

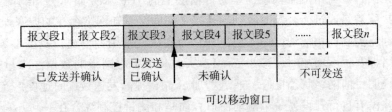

图 5-8 滑动窗口移动条件:左边的报文段被确认

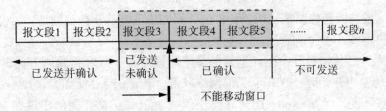

图 5-9 最左边的报文段未被确认,窗口不能移动

接收端不必为每一个报文段发出确认消息,例如图 5-6 中窗口内的报文段 1、2、3 都被接收并且检查无误,接收方只需要针对报文段 3 发出确认。某一个报文段的确认,意味着该报文段之前的所有报文段都已经正确无误地收到了。报文段的确认,更准确地说是对下一个报文段的期待,在图 5-5 中可以看到,对报文段 1 的确认消息中,确认序号是报文段 2 的首字节编号,因此应该说是对报文段 2 的期待。图 5-10 中,报文段 3、5 已正确无误地传到接收方,但报文段 4 没有被收到。接收方针对报文段 5 发出的是报文段 3 的确认消息,因为这是对报文段 4 的期待。紧接着,在报文段 4 收到以后,接收方将发出对报文段 5 的确认,也就是对报文段 6 的期待,因为报文段 5 已经收到了,接收方对报文段 5 不再期待了。

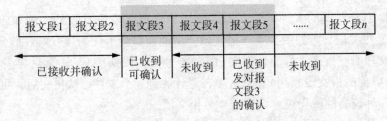

图 5-10 确认消息是对下一个报文段的期待

5. TCP 拥塞控制机制

TCP 服务是可靠服务,它要尽力避免拥塞带来的损失。当拥塞有发生的迹象时,它通过减少对网络的数据注入量来避免拥塞的发生。一个网络上所有的 TCP 服务都降低向网络发送数据的速度,必然为可能发生拥塞的路由器避免增添新的负载压力,为路由器及时处理排队队列中的数据包赢得时间。

　　传输层无法直接与路由器联系，作为传输层上的 TCP 服务如何感知网络是否可能发生拥塞？TCP 服务是通过能否及时收到确认报文来间接感知网络存在的拥塞程度。

　　TCP 的拥塞控制使用滑动窗口实现，TCP 的发送端采用拥塞窗口宽度参数 cwnd 进行控制；当网络拥塞程度增加时，减小 cwnd，从而减小了对网络的数据注入量；当拥塞程度降低时，说明目前网络状态良好，通过增加 cwnd，提高发送数据时速度。实际上，TCP 的拥塞控制并没有自行开设另一个滑动窗口，而是和流量控制综合在一起，它们共用一个滑动窗口。窗口的宽度由两种机制共同决定如下：

$$发送窗口实际宽度 = \min(rwnd, cwnd)$$

　　TCP 的流量与拥塞控制是使用 4 种机制共同完成的。这 4 种机制是：①慢开始；②拥塞避免；③快重传；④快恢复。

　　慢开始是 TCP 传输过程中循环重复的多个阶段之一，TCP 传输刚开始时就是这个阶段。在 TCP 传输刚开始时，TCP 不了解网络状况。为了避免自己的盲目加入加大网络可能存在的拥塞程度，设置 cwnd = 1，即只发送一个报文段，防止网络出现拥塞；如果很快收到接收端的确认报文后，将 cwnd 参数加倍，即设置 cwnd = 2 * cwnd，以倍增的方式扩大窗口宽度。这是一种几何级数级别的增长方式，窗口宽度增长很快。

　　拥塞避免也是 TCP 传输的一个阶段。当 cwnd 增长到一定程度，再采用倍增方式很危险，很容易导致网络拥塞的发生。TCP 协议设置了一个称为"慢开始门限"的阈值，cwnd 参数超过慢开始门限时，TCP 由慢开始阶段进入拥塞避免阶段。在该阶段，窗口宽度的增加方式变为 cwnd = cwnd+1，即改为一种线性增长方式。

　　线性增长还是增长，只是增长速度慢了。当网络状态较好时，所有的 TCP 服务都在提高速度，这必然导致网络数据注入量接近网络容量极限，导致网络的传输速度开始下降。如果在若干个往返时延内没有收到确认报文，TCP 判断网络发生拥塞，由拥塞避免阶段进入慢开始阶段。这时设置 cwnd = 1。

　　可见，TCP 传输过程就是在慢开始阶段和拥塞避免阶段之间不断重复，直到本次数据传输服务结束。

　　快重传是 TCP 传输的一种机制。如果中间某个报文段没有收到，例如收到了 1，2，3，5，6，7 号报文段，唯独缺少 4 号报文段，滑动窗口会卡住。接收端在收到后面的（如 5，6，7）报文段时，发送 3 号确认报文（即对 4 号报文段期待），正常后再发 7 号确认报文（表示 7 号以前的报文段收到）；发送端在累计收到 3 个 3 号确认报文后，可以断定有分组丢失，以一种较高的优先级立即发送 4 号报文段。

　　快恢复也是 TCP 传输的一种机制。在慢开始的初始阶段，cwnd = 1。尽管是采用增长速度很快的倍增增长方式，由于基数较低，发送窗口的宽度在初始的几个周期内一直都很小，导致此时 TCP 传输速度很慢。在满足一些条件的前提下，TCP 传输可以临时加大传输窗口发出数据，然后恢复窗口应有宽度。例如，在 cwnd = 1 阶段，发送端收到 3 个确认报文时，立即临时设置 cwnd = 3，这样就可以发出 3 个报文段。因为 3 个确认报文说明 3 个报文段已经离开网络，再加发 3 个报文段不会加剧拥塞，这有利于快重传。收到新的确认报文后，恢复慢开始阶段，即恢复 cwnd = 1。

本章作业

一、填空题。

1. 从信息和信息处理的角度而言，运输层向它上面的应用层提供通信服务，其提供（　　）之间的逻辑通信。

2. 传输层为应用层提供的端到端的服务有两种类型：（　　）和（　　）。

3. 传输层提供（　　）服务和（　　）服务，网络层只能提供（　　）服务。

4. 传输层对报文数据进行差错检验，网络层只对（　　）进行差错检验。

5. 在网络传输可能出现的各种错误中，数据链路层校验码只检查（　　）错误，网络层校验码只检查（　　）错误。

6. 数据帧中的地址是（　　）地址，报文分组中的地址是（　　）地址，报文中的地址是（　　）地址。

7. 计算机网络中通信进程都是通过操作系统分配的端口进行通信，因而进程之间的通信又称为（　　）。

8. 端口用 16 比特标识，端口号有 0~65535，其中（　　）为专用端口，不分配给一般用户进程。

9. UDP 是面向报文的，是指进程报文的大小由（　　）负责考虑。

10. UDP 是面向报文的，意思是对于应用层交下来的报文（　　）。

11. UDP 尽最大努力交付，意思是对于应用层交下来的报文（　　）。

12. UDP 使用尽最大努力交付，意味着 UDP 服务（　　），不需要为各种连续发送协议在队列发送数据队列上设置滑动窗口，在滑动窗口内的数据单元（　　）。

13. TCP 连接可靠性的实现依靠确认、超时重传、流量控制和（　　）四种机制。

14. 超时重传机制是指发送方在设定的时间内没有收到对一个报文段的确认，便（　　）。

15. TCP 首部的确认序号又叫（　　）序号。

二、判断题。

1. 网络的用户不是指人，而是指进程，是进程在利用网络发送和接收数据。

2. 无连接服务不能保证报文到达的先后顺序，原因是不同的报文可能经不同的路径到达目的地，所以先发送的报文不一定先到。

3. 网络中的端口号分为系统专用端口和非专用端口，其中系统专用端口专门指定给网络系统进程和公共服务进程使用，普通用户的网络应用程序只能使用非专用端口。

4. 传输层的系统专用端口是为那些公共服务进程准备的，公共服务进程使用这些端口为客户端进程提供服务。

5. 数据链路层、网络层、传输层的 TCP 服务和 UDP 服务都会对各自的数据传输单元进行全面的检查，一旦发现数据单元出错，都会将整个数据单元丢弃。

6. 端到端的通信是利用网络层提供的 IP 数据报服务完成的，即 TCP 和 UDP 服务都是通过 IP 数据报服务完成的。

7. 传输层对报文数据进行差错检验，网络层只对报文头进行差错检验。

8. TCP 和 UDP 是运输层的重要协议，其中 TCP 是面向连接的，UDP 是无连接的。

9. UDP 服务是一个不可靠的传输服务。不可靠是说 UDP 服务可能存在比特错、丢失、重复、错序等问题。

10. 传输层 UDP 和 TCP 均支持一对一、一对多、多对一和多对多的交互通信。

11. UDP 的伪首部长度为 12 字节，首部长度为 8 字节，UDP 将应用层数据加上这 20 个字节，然后交给网络层传输。

12. TCP 传输的确认机制要求接收端对接收到的报文段进行检查，如果没有错误就向发送端发出确认信息。

13. TCP 传输是面向字节流的，UDP 传输是面向报文的。

14. TCP 服务中的滑动窗口宽度由接收端根据自身的接收能力确定。

15. 传输层直接监测网络，如果网络发生拥塞或有发生拥塞的趋势，就调用拥塞控制机制，减缓向网络注入数据，从而减缓或避免拥塞的发生。

16. TCP 服务数据传输单元进行全面的检查，而 UDP 服务只对数据传输单元的首部进行检查。一旦发现数据单元出错，都会将整个数据单元丢弃。

17. TCP 传输过程中的实际滑动窗口宽度是由接收端根据缓冲区大小决定的。

18. TCP 协议要考虑拥塞控制问题，UDP 协议不用考虑拥塞控制问题。

19. 接收方若收到重复的报文段，则丢弃之，与收到有差错的报文段处理手法完全一样。

20. 传输层对报文数据进行差错检验，网络层只对报文头进行差错检验。

21. 端口用 16 比特标识，端口号为 0~65535，其中 0~1023 为专用端口，不分配给一般用户进程。

22. UDP 是面向报文的，是指进程报文的大小由进程负责考虑。

23. 各种连续发送协议在队列发送数据队列上设置滑动窗口，在滑动窗口内的数据单元可以发送。

24. 超时重传机制是指发送方在设定的时间内没有收到对一个报文段的确认，便要将该报文段重发一次。

25. TCP 连接可靠性的实现依靠确认、超时重传、流量控制和拥塞控制 4 种机制。

三、名词解释。

专用端口　UDP　TCP　ARQ　伪首部　拥塞控制

四、问答题。

1. 网络层 IP 数据报能够将源主机发出的分组交给目的主机，为什么还要设置传输层？

2. 简述 UDP 的特点。

3. TCP 最主要的特点是什么？

4. 简述 TCP 传输过程。TCP 传输中确认报文的丢失并不一定导致重传，请解释原因。

5. 在 TCP/IP 协议中，由哪些部分负责数据的可靠传输？

6. 试说明运输层在协议栈中的地位和作用，运输层的通信和网络层的通信有什么重要的区别？

7. 简述 UDP 服务的优点。

8. TCP 可靠传输主要采用哪几种措施来实现？它们的主要内容是什么？

9. TCP 传输中确认报文的丢失并不一定导致重传，请解释原因。

10. 端口号有几位？哪些端口号是系统专用的？

五、计算题。

主机 A 向主机 B 连续发送了两个 TCP 报文段，其序号分别是 70 和 100。

①试求第一个报文段携带了多少字节的数据？

②主机 B 收到第一个报文段后发回的确认中，确认号应当是多少？

③如果 B 收到第二个报文段后发回的确认中的确认号是 180，试问 A 发送的第二个报文段中的数据有多少字节？

④如果 A 发送的第一个报文段丢失了，但第二个报文段到达了 B。B 在第二个报文段到达后向 A 发送确认，试问这个确认号应为多少？

第6章 应 用 层

应用层位于网络模型体系结构中的最上层，因此，应用层的任务不是为上层提供服务，而是为最终用户提供服务。应用层中的各个协议都是为了解决某一类应用问题。问题的解决一般需要接入网络的不同主机上的多个进程之间的通信和协作来完成。

6.1 域名系统(DNS)

IP 地址是互联网上主机的唯一标识，因此，在网络应用中，IP 地址对于我们在茫茫网络上寻找特定的服务器很重要，尤其是常用的热门网站，它们的 IP 地址更是我们常用的。但 IP 地址由纯数据组成，难记。域名是 IP 地址的字符串表示，用来代替主机的唯一标识。因为是字符串，有意义，更容易记住。对于使用网络的人而言，在浏览器中使用 IP 地址和使用域名都能够进行信息浏览，显然人们更愿意使用域名。

一个域名只是一个 IP 地址的代名词，网络中真正用来定位、确定路径的是 IP 地址，在实际使用中，域名必须被转化为 IP 地址。域名系统的功能就是域名解析，也就是根据域名找到其对应的 IP 地址。域名系统(Domain Name System，DNS)根据用户输入的域名，自动解析出对应的 IP 地址，交给访问该计算机的进程。

一个字符串成为一个域名需要两个条件：一个是必须通过网络管理机构的注册；另一个是不能在互联网上与另一个域名重复。只有首先通过注册，才能为整个互联网所承认，并记录进 DNS 数据库，DNS 才能根据记录找出对应的 IP 地址。如果域名存在重复现象，就意味着一个域名对应一个以上的 IP 地址，DNS 无法确定该给出哪一个 IP 地址。所以，一个 IP 地址可以有多个域名，但一个域名只能对应一个 IP 地址，它们两者是一对多的关系。

6.1.1 域名结构

域名不过是 IP 地址的代名词，理论上，任何一个在互联网上独一无二的字符串都能作为域名，只要它不与互联网上使用的另一个域名相同。一台计算机可以随意命名，但不能与已经使用的名字重复。一个域名在网络上必须是唯一的，只有这样，才能根据域名解析出唯一的 IP 地址。为了保证域名的唯一性，域名的命名就不能随意了，必须满足互联网域名命名的规范要求。互联网采用层次结构的命名树，以避免在整个互联网范围内出现多个 IP 地址的域名相同。利用层次结构，网络管理员能够为自己管理的所有计算机系统进行命名，同时为拥有这些系统的机构进行标识，并且防止互联网上出现重复的名字。

DNS名字空间的基础是域，域可以表示区域、领域等实际或抽象的域。域也可以相当于目录，它既可以包含子域(相当于子目录)，也可以包含主机(相当于文件)，从而形成了一个称为DNS树的结构，如图6-1所示。

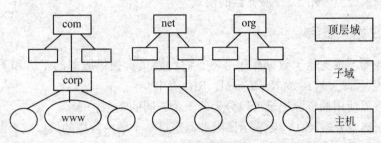

图6-1 域名的树结构

DNS名字如图6-2所示，域与域之间用小圆点分开，从右到左，域从大到小排列着。每个域都是右边域名所表示域的子域，最右边是顶级域，最左边是最小域(也就是主机)的名字。利用域名结构，每台计算机都可以用一个独一无二的DNS名字进行标识。例如，针对图6-2域名，我们可以这样理解：.cn表示中国互联网；.com.cn表示中国商务互联网，它是中国互联网的一个子域；.sina.com.cn表示新浪互联网，它是中国商务网的一个子域；www.sina.com.cn是新浪网的Web服务器，它是新浪网中的一台主机。这样，通过域名，就将这台主机唯一地标识了。

图6-2 域名结构

国家或地区顶级域名，采用ISO3166的规定，如cn表示中国，uk表示英国，hk表示香港等。国际顶级域名，使用int，国际性组织可在int下注册。通用顶级域名，根据[RFC1591]规定，有以下几类：

① com(全球商务机构)；

② edu(北美的教育机构)；(美国专用)

③ gov(美国的政府机构)；(美国专用)

④ mil(美国的军事机构)；(美国专用)

⑤ net(全球网络服务机构)；

⑥ org(全球非营利性机构)。

特定域由特定网络管理机构管理，该域内域系统的设置、域名的命名注册方式等，都由该域网络管理员自己决定。域的设置，使域网络管理员的工作变得简单，例如用户域名注册，只要用户按照所在的域申报域名，且在本域中不与已注册域名重复，就能保证注册的域名在整个互联网上唯一。将特定域的管理任务委托给遍布整个互联网的网络管理员，形成一个遍布整个网络的各个系统上的分布式数据库。DNS 是互联网上一个联机分布式的数据库查询系统，采用客户/服务器的模式。

6.1.2　DNS 相关概念

DNS 服务器基本上属于数据库服务器，它们将负责提供服务的主机和子域的信息存放在数据库的资源记录(Resource Record，RR)表中。

DNS 服务器使用的资源记录可以分为若干个不同的类型：

①起始权威服务器(SOA)：表示该服务器是对某个域内数据的最权威来源。

②名字服务器(NS)：用于标识作为该区域的权威机构运行的 DNS 服务器。

③地址(A)：用于提供名字到地址的转换，以便为特定的 DNS 名字提供一个 IP 地址。本类型的记录负责执行 DNS 的主要功能，将域名转换成 IP 地址。

④Pointer 指针(PTR)：用于提供 IP 地址到域名的转换。它的功能与 A 记录相反，只用于逆向查看。

⑤规范名(CNAME)：用于建立一个别名，指向 A 记录标识的主机的规范名，CNAME 记录用于提供一个对系统进行标识的替代名。

⑥邮件交换机(MX)：用于标识一个系统，以便将发送给域中的电子邮件转发至各个收件人、邮件网关或另一个邮件服务器。

客户端应用程序在连接服务器前，首先要将 DNS 查询请求发送给 DNS 服务器，该服务器应答一个包含对应于该名字主机 IP 地址的消息。

DNS 为客户查询 IP 地址的方式有以下两种：

(1)递归查询

通俗地讲，递归查询方式是：我替你查，查询结果告诉你。具体步骤是：

①用自身数据库中的信息进行应答。

②若自身数据库中没有该 IP 地址，则请求其他 DNS 服务器。它收到了需要的信息或者出错消息后，再把信息转发给查询方。

递归查询是管理本域的 DNS 服务器为本域中所有的客户提供的域名解析方式，是 DNS 服务器针对客户提供的服务。

(2)迭代查询

通俗地讲，迭代查询方式是：我给你指条路，你自己去查。具体步骤是：

①用其自身数据库中的信息进行应答。

②若自身数据库中没有该 IP 地址，则引导客户转向另一个 DNS 服务器进行查询。

迭代查询是 DNS 服务器为其子域 DNS 服务器提供的域名解析服务方式，是 DNS 服务器针对另一个 DNS 服务器提供的服务。

6.1.3　DNS 名字查询过程

域名解析全过程可以划分成以下步骤：

①用户在浏览器中输入一个 DNS 名字。

②浏览器通过 API 调用生成一个客户机系统上的转换器,转换器建立一个包含服务器名的 DNS 递归查询消息。

③客户机将递归查询消息用 UDP 数据报提供给它所在域的 DNS 服务器。

④客户机的 DNS 服务器查看自身的资源记录,若自身是权威信息源,生成一个应答消息,发回给客户机。如果不是权威服务器,就生成一个迭代查询,并提交给根名字服务器。根名字服务器就是某些顶层域的权威机构,一般分散在世界各地。

⑤根名字服务器查看资源记录,确定顶层域服务器,将一个应答发送给客户机的 DNS 服务器,引导其向顶层域服务器请求。

⑥客户机的 DNS 服务器生成一个新的迭代查询,送给顶层域服务器。顶层域服务器查看名字中的第二层域,给客户机的服务器发回应答,其中包含有第二层域的权威服务器的地址。

⑦客户机的服务器生成另一个迭代查询,发送给第二层域的服务器。如果还包含其他域的名字,那么第二层域服务器将查询请求转交给第三层域服务器,第二层域服务器也可以将客户机的服务器的查询转交给另一个区域的权威服务器。该过程将一直持续下去,直到客户机的服务器收到需要查询的主机区域的权威服务器为止。

⑧主机区域的权威服务器接收到来自客户机的服务器查询后,查看它的资源记录,以确定请求的服务器的 IP 地址,并且在应答消息中将该 IP 地址发回给客户机的服务器。

⑨客户机的服务器接收到来自权威服务器的应答后,会将该 IP 地址返回给客户端。

若名字中的域之一并不存在,说明这是一个不符合规范的错误域名。出错消息将被发回给客户机,同时名字转换过程宣告失败。

6.1.4 逆向名字转换

逆向名字转换又叫做逆向域名解析。域名系统的目的是将 DNS 名字转换成对应的 IP 地址,但有些情况下必须将 IP 地址转换成 DNS 名字,例如网络系统自动记录的运行日志中,将 IP 地址转换成 DNS 名字,有利于日志可读性。

逆向名字转换的难度在于:一个 IP 地址可能有多个域名与之对应;IP 地址与域名系统树型结构没有任何关系。如果没有结构条件,只能采用遍历整个域名服务器组所有记录的方法,效率低。为了避免这种情况,DNS 建立一个结构,使域名解析机制用于逆向解析。

IP 地址具有形如 aaa.bbb.ccc.ddd 的天然结构,逆向解析将其表示为 ddd.ccc.bbb.aaa 形式,加特殊后缀:in-addr.arpa,按 ddd.ccc.bbb.aaa. in-addr.arpa 进行解析。后缀 in-addr.arpa 表示逆向解析,要根据从事逆向解析的域服务器 in-addr.arpa 或 arpa 进行。

一个逆向解析域服务器负责一定范围内的 IP 地址逆向解析。在互联网根服务器上专门提供一个数据库,记录若干个 arpa 能够逆向解析的顶层域服务器及其负责的 IP 地址范围,引导查询指向正确的 in-addr.arpa 域服务器。顶层域服务器的 DNS 树包含一个特殊的分支,它将圆点分隔的十进制 IP 地址用做域名,如图 6-3 所示。通过 IP 地址 4 个域的十进制数据,找到正确的树叶,查找其中记录的域名。

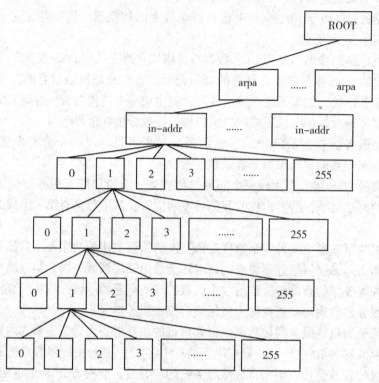

图 6-3 逆向域名解析查询过程

并非每个 IP 地址都有域名，并非任何 IP 地址都能得到逆向名字转换结果。事实上，只有向外界提供信息服务的服务器才需要域名。

6.2 文件传输协议 FTP

文件是计算机及网络系统中信息存储、传输、处理的主要独立单元。大多数计算机网络支持网络文件访问功能。网络文件访问有两种形式：联机存取（文件访问）和全文拷贝（文件传输）。这两种方式与我们利用图书馆查询所需信息的两种方式十分类似。文件访问：不获取文件的拷贝，只打开文件进行读写操作。它相当于我们在阅览室阅读，有大量的书籍可供我们同时查询，但仅限于阅览室开放时间段。文件传输：远地文件拷入本系统。类似于我们从图书馆借书，可以长期拥有，但书的数量有限。

我们在网络上常用的上传、下载操作都与 FTP 有关。

FTP 具有如下特点：

①应用 TCP 连接服务。一次应用两个连接服务，分别进行控制连接和数据连接，使用两个端口号。

②FTP 是交互式操作，基于客户/服务器模型。

③客户机连接到服务器时，使用一个控制连接，保持打开状态，供客户机和服务器交

换命令和应答消息。

④经过身份认证的客户机能够再创建一个数据连接，与 FTP 服务器建立管道，并与服务器之间进行文件的传送。

FTP 工作原理可以用以下几点进行描述：

①服务器提供固定端口 21 给客户端。当客户机请求进行文件传输时，服务器将在端口 20 上建立第二个连接，服务器使用该端口传输文件，然后在文件传输后立即终止该连接。

②客户端与服务器之间建立双重连接。

③控制连接传输控制信息，数据连接传输文件。

④客户进程通过控制连接向服务器发控制命令(请求)，服务器与客户端建立数据连接，进行数据传输，传输结束撤消数据连接。

⑤FTP 使用 TCP 协议作为传输服务控制协议，并使用 ASCII 码文本作为命令和应答消息，这些 ASCII 字符串是以明文形式在控制连接上传输的。

6.3 远程登录协议 Telnet

远程登录是用户通过网络登录远程计算机系统，和当地的用户一样，可以自由访问系统中权限规定的所有资源。它是一种联机存取信息查询方式，类似于我们进入阅览室以后，有权翻阅所有的图书。

远程登录方式是十分必要的。客户/服务器模式虽然可以提供各种类型的远程资源服务，但服务器必须为每种服务创建一个服务器进程。服务器进程一般功能单一，一种进程只能提供专门服务。因为用户的需求是多样的，计算机系统需要创建各种进程来满足要求。但是难以为每种资源服务需求都创建服务器进程，不仅难以面面俱到，而且众多的进程必将导致管理工作的复杂和系统效率的降低。

操作系统管理本地所有资源，本身就能够为本地合法用户提供各种服务。远程登录的实质就是远程用户在本地用户中寻找一个应用代理，由该用户在本地系统中索取服务，并将服务结果告诉远程用户。由于代理是本地用户，因而可以获得操作系统提供的全面服务。能够充当代理的本地用户只有远程登录服务器，向外提供远程登录服务的网络系统都要设置一些具有远程登录服务器功能的本地用户。

远程登录使远程用户利用当地操作系统，而不是功能单一的服务进程享受资源服务。远程登录使计算机系统不必创建众多服务器进程，只需为远程登录用户创建一个连接远程登录服务器的进程，远程用户通过该连接索取服务要求，远程登录服务器通过该连接返回服务响应。

远程登录工作原理：

①用户端 Telnet 客户进程与远端计算机系统登录服务器建立 TCP 连接。

②客户程序将用户命令传递到登录服务器，同时接收从登录服务器回传的字符数据。

③登录服务器将用户命令交给操作系统处理。

④登录服务器接收操作系统的返回数据，并交给远程终端。

Telnet 是一种典型的基于 TCP/IP 协议的客户/服务器应用，它使用户能够远程登录并使用计算机资源。对用户来说，远程登录与在本地计算机中登录没有明显区别，唯一的不同之处在于响应时的微小延迟，尤其是在远程计算机距离很远或网络通信繁忙时这种延迟比较明显。PC 机或其他计算机在本地运行 Telnet 程序，在用户和网络间传输数据。

6.4 电子邮件

电子邮件也是一个文件。就信息传输而言，电子邮件是文件传输的一个特例，但直接采用文件传输协议建立电子邮件，系统会大大降低效率，也不能满足电子邮件的特殊要求。电子邮件协议与文件传输协议的区别是电子邮件是后台工作，文件(信件)传送给指定的用户，被缓存在他的账户中，邮件递送时可以进行其他任务。文件传输是前台工作，双方必须建立连接，发送数据和接收数据同步进行。因此，电子邮件系统必须单独开发。

6.4.1 电子邮件系统体系结构

以 TCP/IP 电子邮件系统为例，TCP/IP 电子邮件系统结构如图 6-4 所示。

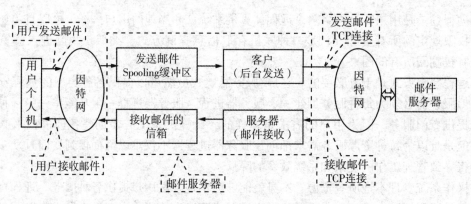

图 6-4　TCP/IP 电子邮件系统结构图

TCP/IP 电子邮件系统包括用户个人机和邮件服务器，用户个人机和邮件服务器通过互联网相连，本地邮件服务器和外地邮件服务器也是通过互联网相连。邮件服务器包括：发送邮件缓冲区、后台发送、邮件接收和用户信箱 4 个部分。

TCP/IP 电子邮件系统的邮件发送过程是：用户个人机→发送邮件缓冲区→后台发送→对方邮件接收→对方用户信箱→对方用户个人机。其中，后台发送→对方邮件接收过程采用 TCP 连接的"端到端"传输，可靠性有保障。

TCP/IP 电子邮件地址的格式：local-name@ domain-name。其中，domain-name 是邮件服务器域名，全球唯一；local-name 是邮箱正式名，在邮件服务器内唯一。用户还可以为自己的邮箱命名别名，多个别名对应一个正式名，发信者只需记住一个别名。一个别名也可以通过邮件列表对应多个正式名，实现群发。

6.4.2 电子邮件协议

1. SMTP 协议

TCP/IP 协议族中的标准邮件协议是简单邮件传输协议(Simple Mail Transfer Protocol,SMTP)。SMTP 是一个应用层协议。使用 SMTP，客户机将待发邮件发送给服务器。SMTP消息是由 TCP 协议传递的，使用服务器上的 25 号端口。SMTP 消息的传递采用 ASCII 文本命令。它规定了 E-mail 客户机与服务器或两个 E-mail 服务器之间的邮件通信规程。

发送端 SMTP 启动与接收端 SMTP 之间的通信时，首先建立一个 TCP 连接。建立 TCP连接后，发送端 SMTP 开始将命令发送给接收端 SMTP。接收端 SMTP 为它接收到的每个命令返回一个应答消息和一个数字代码。在双方的交往中，各种 SMTP 事务被启动，用来完成邮件传递的任务。

2. POP3 协议

POP3 协议是邮局协议第 3 版(Post Office Protocol-Version 3，POP3)，是为本身不能与SMTP 服务器之间进行事务处理的客户计算机提供邮箱服务的服务程序。

使用 POP3 协议，服务器会将客户机请求的 E-mail 邮件数据发送给客户机。POP3 服务器可与 Internet 保持持续连接，总是能够为离线用户提供接收邮件的服务。POP3 服务器接收到邮件后，将这些邮件保存在一个电子邮箱中，直到用户连接到服务器并且请求访问这些邮件为止。

POP3 也使用 TCP 协议提供信息传输服务(使用 110 号端口)，并且使用文本命令和应答信息与客户机进行通信。

3. Internet 邮件访问协议 IMAP

IMAP 的功能与 POP3 类似，同样使用文本命令和应答，但是 IMAP 服务器提供的功能比 POP3 更加强大。

IMAP 能够将 E-mail 邮件永久地存放在服务器上，并且提供了更加广泛的可供选择的命令，使客户能够更好地访问和操作邮件。IMAP 对网络和系统资源的要求也比 POP3 更高，它需要大量的磁盘空间来存储邮件。IMAP 要求服务器具备更强大的处理能力，以便执行更多命令。IMAP 需要占用更多的网络带宽。

4. MIME 协议

MIME 协议是多用途因特网邮件扩展(Multipurpose Internet Mail Extension)。MIME 协议是建立在 SMTP 协议之上的应用层协议，是应对计算机信息多媒体化的产物，它的作用是将多媒体形式的信息与 SMTP 能够传输的 ASCII 码形式的信息进行相互转化。

(1)MIME 协议必要性

计算机已进入多媒体时代，大量的电子邮件包含了多媒体信息；目前电子邮件系统采用的 SMTP 协议只能传送 ASCII 文本电子邮件，不能传送可执行文件或其他二进制对象，且每一行不超过 1000 个字符；为了让电子邮件能够传输多媒体信息电子邮件，就要在覆盖全球的因特网上开发、升级或替换 SMTP 协议，这不是一件容易的事；MIME 协议是建立在 SMTP 协议之上，在发送端首先将原本不能传输的多媒体信息转换成可传送文本形式，经过 SMTP 传输后，在终端再将文本形式的信息还原为可执行文件或其他二进制对象等多媒体信息。

编码是将信息由一种形式转化为另一种形式的有效方法。MIME 允许双方选择方便的编码方法，甚至允许发送方将邮件分成几个部分，每个部分使用不同的编码方法。发送方在邮件首部说明信息遵循的格式、数据编码的类型等信息，供接收方还原信息时使用。

（2）MIME 编码方法

MIME 编码方法常用的有 Base64 编码和 quoted-printable 编码。

1）Base64 编码

Base64 编码的方法如下：依次将二进制邮件的每 24 比特分成一组，一组中的 24 比特又分成 4 个小组，每一小组 6 比特，用一个 ASCII 码符号表示一个小组，这样一组 24 比特用 4 个 ASCII 码符号表示。将小组的 6 比特二进制数换算成十进制数，数值范围为 0 到 63。Base64 编码方法用 64 个 ASCII 码符号来表示这 64 种 6 比特二进制比特组合，编码规则为：

小组十进制数值：0，1，2，…，63

对应的 ASCII 码：A，…，Z，a，…，z，0，…，9，+，/

例题 下面是一串将要通过邮件传输的二进制代码，请用 base64 编码将其转化为字符串。

01001001 00110011 01111101

解 ①分成 6 比特一组：

010010 010011 001101 111101

②计算每组的十进制数值：

18 19 13 61

③按照 A ~ Z 对应 0 ~ 25，a ~ z 对应 26 ~ 51，0 ~ 9 对应 52 ~ 61，+ ~ / 对应 62 ~ 63 的 base64 编码方法写出每一组的字符，得到字符串：STN9。

解毕。

例题 一个二进制文件共 6500 字节长。若使用 Base64 编码，并且每发完 80 字节就插入一个回车符 CR 和一个换行符 LF，试计算一共发送了多少个字节？

分析 ①Base64 编码每 6 个比特用一个 ASCII 码符号（8 比特）表示，所以 6500 字节用 Base64 编码共有 $6500 \times 8/6 = 8666$ 余 4，最后 4 比特补 2 个 0 凑成一个符号，共 8667 个符号；

②分成 80 个符号一行，共分为 $8667/80 = 107$ 余 46，共 108 行；

③每行末尾插入回车符、换行符，2 个字节。

所以，需要发送的总字节数：

$$8667 + 108 \times 2 = 8883$$

解 ①6500 字节使用 Base64 编码，字节数为：$6500 * 8/6 = 8666 \cdots\cdots 4$，共 8667 字节；

②每 80 字节为一行：

$$8667/80 = 107 \cdots\cdots 46 \qquad 共 108 行$$

③每一行插入一个回车符 CR 和一个换行符 LF。CR、LF 各一个字节共有：

即需要插入 108 个回车符 CR 和换行符 LF，共 108×2=216 个字节

共有　8667+216=8883　字节

解毕。

2）quoted-printable 编码方法

quoted-printable 编码方法如下：对于所有可打印的 ASCII 码，除了特殊符号等号"="外，都不改变。等号"="和不可打印的 ASCII 码以及非 ASCII 码的编码方法是：先将每个字节的二进制编码用两个 16 进制数字表示，然后在前面再加上一个等号"="。

例如，对于字符串："系统"=system，两个汉字（系统）和一个等号（=）需要编码，其他都是不用改变的可打印 ASCII 码。汉字"系"和"统"的二进制编码分别为：11001111 10110101 和 11001101 10110011，其 16 进制数字表示为 CFB5CDB3。用 quoted-printable 编码表示为=CF=B5=CD=B3。等号"="的二进制编码为 00111101，其 16 进制数字表示为 3D。用 quoted-printable 编码表示为=3D。所以，字符串""系统"=system"的 quoted-printable 编码表示为："=CF=B5=CD=B3"=3Dsystem。

6.5　WWW 与 HTTP

WWW（World Wide Web）是建立在应用层上的一种网络应用。因特网上的所有采用 HTTP 协议的服务器共同构成 WWW 网（万维网），WWW 网是一种基于因特网的分布式信息查询系统，提供交叉、交互式信息查询方式，通过超级链接找到存放在其他服务器上的信息。

超文本传送协议（HyperText Transfer Protocol，HTTP）是 WWW 的基础协议，可以传递简单文本、声音、图像或任何可从 Internet 上得到的信息。HTTP 是一种面向事务的客户/服务器协议，其典型应用是在 Web 浏览器和 Web 服务器之间传递信息，这就要在浏览器和服务器之间为每个事务创建一个新的 TCP 连接。建立 TCP 连接后，浏览器与服务器之间便可以进行 HTTP 消息的交换。

早期的计算机只有纯文本组成的信息，早期的计算机信息处理方法都是针对纯文本的，早期的计算机网络传输的信息都是纯文本的。随着处理能力的提高，计算机逐步能够处理语音、图像、动画、视频等形式的信息，出现了多媒体计算机技术。多媒体（Multimedia）是多种媒体的综合，一般包括文本、声音和图像等多种媒体形式。在计算机系统中，多媒体指组合两种或两种以上媒体的一种人机交互式信息交流和传播媒体，使用的媒体包括文字、图片、照片、声音、动画和影片，以及程序所提供的互动功能。

多媒体是超媒体（Hypermedia）系统中的一个子集，而超媒体系统是使用超链接（Hyperlink）构成的全球信息系统，全球信息系统是因特网上使用 TCP/IP 协议和 UDP/IP 协议的应用系统。二维的多媒体网页使用 HTML、XML 等语言编写，三维的多媒体网页使用 VRML 等语言编写。许多多媒体作品使用光盘发行，以后将更多地使用网络发行。

"超媒体"是超级媒体的缩写。超媒体是一种采用非线性网状结构对块状多媒体信息（包括文本、图像、视频等）进行组织和管理的技术。超媒体在本质上和超文本是一样的，只不过超文本技术在诞生的初期管理的对象是纯文本，所以叫做超文本。随着多媒体技术

的兴起和发展，超文本技术的管理对象从纯文本扩展到多媒体，为强调管理对象的变化，就产生了超媒体这个词。

超级链接简单来讲，就是指按内容链接；直观地看，就是在一个文档内部或不同文档之间，按照事先设置的连接关系跳来跳去。早期的文档，信息的组织方式是从前到后的一种线性关系。在一个线性文档中寻找感兴趣的内容，需要从前到后一步步进行扫描。超级链接技术可以在文档内部建立一种非线性的组织方式，例如一个文档如果建立了目录导航，就可以在目录上点击感兴趣的章节，直接跳到文档的章节所在部分。超级链接技术还可以在网页之间建立这种联系，使我们能够从一个网页跳到另一个网页。这种技术的方便性，我们已经在上网浏览时有了充分感受。

超级链接作为一种页面元素在本质上属于一个网页的一部分，它是一种允许我们同其他网页或站点之间进行连接的元素。各个网页链接在一起后，才能真正构成一个网站。所谓的超链接是指从一个网页指向一个目标的连接关系，这个目标可以是另一个网页，也可以是相同网页上的不同位置，还可以是一个图片，一个电子邮件地址，一个文件，甚至是一个应用程序。而在一个网页中用来超链接的对象，可以是一段文本或者是一个图片。当浏览者单击已经链接的文字或图片后，链接目标将显示在浏览器上，并且根据目标的类型来打开或运行。

WWW 的工作方式是采用客户/服务器模式（C/S），客户端程序是浏览器，另一端是 WWW 服务器。由于客户端程序始终是各种类型的浏览器，又称为浏览器/服务器模式（B/S，Brower/Server）。

WWW 网中有众多的 WWW 服务器，服务器有众多的页面，通过统一资源定位器（Uniform Resource Locator，URL）确定信息位置。统一资源定位符是对可以从互联网上得到的资源的位置和访问方法的一种简洁的表示，是互联网上标准资源的地址。互联网上的每个文件都有一个唯一的 URL，它包含的信息指出文件的位置以及浏览器应该怎么处理它。URL 的三部分组成：服务器类型、主机名、路径及文件名。如图 6-5 所示：

图 6-5　URL 的三部分组成

在 WWW 环境中，信息以页面信息组织，所有信息都要以网页的形式显示出来。信息页面由语言来实现，网页包括静态网页和动态网页两种。静态网页由 HTML 标记构成，是一种固化了的网页，内容由编制者事先写好。动态网页由后台采用数据库技术动态生成，在各个信息页面之间建立超文本链接以便浏览。页面一般包括：文本、图像、表格、超链接等基本元素。实现页面的常用语言有：HTML、ASP、JSP、PHP 等。HTML 是超文本标记语言，用于创建 Web 网页，ASP、JSP、PHP 等语言镶嵌在 HTML 文件中，用于拓展一些附加特征，在浏览器上解释和显示。

6.6 DHCP 协议

6.6.1 DHCP 协议概述

DHCP(Dynamic Host Configuration Protocol，动态主机配置协议)是一个局域网的网络协议，使用 UDP 协议工作，主要有两个用途：①给内部网络或网络服务供应商自动分配IP 地址；②给用户或者内部网络管理员作为对所有计算机作中央管理的手段。DHCP 有 3 个端口，其中 UDP67 和 UDP68 为正常的 DHCP 服务端口，分别作为 DHCP Server 和DHCP Client 的服务端口；546 号端口用于 DHCPv6 Client，而不用于 DHCPv4，是为 DHCPfailover 服务，这是需要特别开启的服务。DHCP failover 是用来做"双机热备"的。双机热备是为了避免 DHCP 服务器失效给用户带来的影响，允许两台或多台 DHCP 服务器指派相同的地址范围。主服务器分发租用，次服务器监视主服务器的状态。两台服务器在所有时间彼此共享租用信息。为防止复制 IP 地址的可能性，次服务器有自己的地址库，以备主服务器失效时使用。

DHCP 分为两个部分：一个是服务器端，另一个是客户端。所有的 IP 网络设定资料都由 DHCP 服务器集中管理，并负责处理客户端的 DHCP 要求；客户端使用从服务器分配下来的 IP 环境资料。

DHCP 除了能动态地设定 IP 地址之外，还可以将一些 IP 地址保留下来给一些特殊用途的机器使用，它可以按照硬件地址来固定地分配 IP 地址。同时，DHCP 还可以帮客户端指定 router、netmask、DNSServer、WINSServer 等多种服务，用户除了进行 DHCP 选项打勾之外，几乎无需做任何的 IP 环境设定。

6.6.2 DHCP 协议的功能与工作过程

DHCP 是一种帮助计算机从指定的 DHCP 服务器获取它们的配置信息的自举协议。DHCP 使用客户端/服务器模式，请求配置信息的计算机叫做 DHCP 客户端，而提供信息的叫做 DHCP 的服务器。DHCP 为客户端分配地址的方法有三种：手工配置、自动配置、动态配置。DHCP 最重要的功能就是动态分配。除了 IP 地址，DHCP 分组还为客户端提供其他的配置信息，比如子网掩码。

1. DHCP 的工作流程

DHCP 的工作流程如下：

(1)发现阶段

发现阶段即 DHCP 客户机寻找 DHCP 服务器的阶段。DHCP 客户机以广播方式(因为DHCP 服务器的 IP 地址对于客户机来说是未知的)发送 DHCP discover 发现信息来寻找DHCP 服务器，即向地址 255.255.255.255 发送特定的广播信息。网络上每一台安装了TCP/IP 协议的主机都会接收到这种广播信息，但只有 DHCP 服务器才会做出响应。

(2)提供阶段

提供阶段即 DHCP 服务器提供 IP 地址的阶段。在网络中接收到 DHCP discover 发现信

121

息的 DHCP 服务器都会做出响应,它从尚未出租的 IP 地址中挑选一个分配给 DHCP 客户机,向 DHCP 客户机发送一个包含出租的 IP 地址和其他设置的 DHCP offer 提供信息。

(3)选择阶段

选择阶段即 DHCP 客户机选择某台 DHCP 服务器提供的 IP 地址的阶段。如果有多台 DHCP 服务器向 DHCP 客户机发来的 DHCP offer 提供信息,则 DHCP 客户机只接受第一个收到的 DHCP offer 提供信息,然后它就以广播方式回答一个 DHCP request 请求信息,该信息中包含向它所选定的 DHCP 服务器请求 IP 地址的内容。之所以要以广播方式回答,是为了通知所有的 DHCP 服务器,它将选择某台 DHCP 服务器所提供的 IP 地址。

(4)确认阶段

确认阶段即 DHCP 服务器确认所提供的 IP 地址的阶段。当 DHCP 服务器收到 DHCP 客户机回答的 DHCP request 请求信息之后,它便向 DHCP 客户机发送一个包含它所提供的 IP 地址和其他设置的 DHCP ACK 确认信息,告诉 DHCP 客户机可以使用它所提供的 IP 地址。然后 DHCP 客户机便将其 TCP/IP 协议与网卡绑定。另外,除 DHCP 客户机选中的服务器外,其他的 DHCP 服务器都将收回曾提供的 IP 地址。

(5)重新登录

以后 DHCP 客户机每次重新登录网络时,就不需要再发送 DHCP discover 发现信息了,而是直接发送包含前一次所分配的 IP 地址的 DHCP request 请求信息。当 DHCP 服务器收到这一信息后,它会尝试让 DHCP 客户机继续使用原来的 IP 地址,并回答一个 DHCP ACK 确认信息。如果此 IP 地址已无法再分配给原来的 DHCP 客户机使用时(比如此 IP 地址已分配给其他 DHCP 客户机使用),则 DHCP 服务器给 DHCP 协议的客户机回答一个 DHCP NACK 否认信息。当原来的 DHCP 客户机收到此 DHCP NACK 否认信息后,它就必须重新发送 DHCP discover 发现信息来请求新的 IP 地址。

(6)更新租约

DHCP 服务器向 DHCP 客户机出租的 IP 地址一般都有一个租借期限,期满后 DHCP 服务器便会收回出租的 IP 地址。如果 DHCP 客户机要延长其 IP 租约,则必须更新其 IP 租约。DHCP 客户机启动时和 IP 租约期限过一半时,DHCP 客户机都会自动向 DHCP 服务器发送更新其 IP 租约的信息。

2. DHCP 的优缺点

DHCP 服务的优点包括:网络管理员可以验证 IP 地址和其他配置参数,而不用去检查每个主机;DHCP 不会同时租借相同的 IP 地址给两台主机;DHCP 管理员可以约束特定的计算机使用特定的 IP 地址;可以为每个 DHCP 作用域设置很多选项;客户机在不同子网间移动时不需要重新设置 IP 地址。

但同时,DHCP 服务也存在一些缺点:DHCP 不能发现网络上非 DHCP 客户机已经在使用的 IP 地址;当网络上存在多个 DHCP 服务器时,一个 DHCP 服务器不能查出已被其他服务器租出去的 IP 地址;DHCP 服务器不能跨路由器与客户机通信,除非路由允许转发。

本章作业

一、填空题。

1. DNS 的汉语意思是( )。

2. DNS 是一个( )的数据库,采用( )模式。

3. IP 地址与( )的数量关系是一对多的关系。

4. Internet 采用层次结构的命名树,避免出现( )。

5. 网络文件访问两种形式是联机存取和( )。

6. ( )是因特网上使用的最广泛的文件传输服务控制协议。

7. FTP 的特点是应用 TCP 连接服务。一次 FTP 服务应用( )个 TCP 连接服务。

8. 远程登录就是使远程用户利用( )享受资源服务。

9. SMTP 协议只能传送( ),在此基础上增加 MIME 协议进行数据格式转换,就能传输( )信息了。

10. MIME 将可执行文件或其他二进制对象转换成 SMTP 可传送的( )形式。

二、判断题。

1. DNS 名字空间的基础是域,通过将特定域的管理任务委托给遍布整个 Internet 的网络管理员,形成一个遍布整个网络的各个系统上的分布式数据库。

2. DNS 为客户查询 IP 地址有两种方式,即递归查询与迭代查询,它们都能为客户查询到所需的 IP 地址。

3. FTP 服务和其他应用层服务一样,需要在客户端与服务器之间建立双重 TCP 连接。

4. 因特网上所有采用 HTTP 协议的服务器构成 WWW 网,是一种基于因特网的分布式信息查询系统。

5. 万维网是当今应用最广泛的一种计算机网络。

6. POP3 服务器可与 Internet 保持持续连接,总是能够为离线用户提供接收邮件的服务。POP3 服务器接收到邮件后,将这些邮件保存在一个电子邮箱中,直到用户连接到服务器并且请求访问这些邮件为止。

7. DNS 是一个联机分布式的数据库查询系统,采用客户/服务器模式进行信息查询。

8. IP 地址与域名的数量关系是一对多的关系。

9. 网络文件访问的两种形式是联机存取和全文拷贝或文件传输。

三、名词解释。

DNS 域名解析 FTP TELNET SMTP MIME 网页 WWW URL HTTP

四、问答题。

1. 域名是什么?域名系统的作用是什么?为什么要建立域名系统?

2. DNS 为客户查询 IP 地址的两种方式:递归查询和迭代查询。说明递归查询的具体步骤。

3. 简述远程登录服务的必要性。

4. 电子邮件协议与文件传输协议的区别是什么?

5. 简述 TCP/IP 电子邮件系统的组成、各组成部分的作用以及工作流程。

6. 基于万维网的电子邮件系统为什么要采用 MIME 协议？

7. 简述因特网采用 MIME 协议的必要性。

五、计算题。

1. 一个二进制文件共 3072 字节长。若使用 Base64 编码，并且每发完 80 字节就插入一个回车符 CR 和一个换行符 LF，试计算一共发送了多少个字节？

2. 下面是一串将要通过邮件传输的二进制代码，请用 Base64 编码将其转化为字符串。

01101010 10110011 01111101

第7章 网络安全

随着计算机网络的迅速普及，人们对网络的依赖性更强。国防、金融、教育、科研等诸多应用领域对计算机网络安全性能也提出了更高的要求。

本章重点介绍目前用于保障网络安全的几种技术，如防火墙技术、加密技术、数字签名及认证技术等。

7.1 网络安全概述

网络信息安全，是指网络系统的硬件、软件、数据受到保护，不致遭到破坏、更改和泄露，网络系统连续可靠正常地运行，网络服务不中断。

广义上，计算机网络安全包括物理安全和逻辑安全。物理安全是指对系统设备及相关设施的物理保护，防止破坏和丢失。物理安全的保障主要依靠健全的法律法规制度，以及防火、防盗、防震等物理设施。逻辑安全是指信息的可用性、完整性和保密性三大要素，主要依据技术上的保障。作为一门学科，计算机网络安全所关注的核心是逻辑安全，也称为信息安全，关注的焦点是如何防止对数据的窃取、伪造和破坏，拒绝非法用户对信息数据的非法使用，保障合法用户正常使用网络的权利。

网络系统面临的安全威胁包括如下方面：

①窃听：攻击者通过监视、截获网络数据获得敏感信息。

②重传：攻击者获得部分或全部信息，并将此信息发送给接收方。

③伪造：攻击者将伪造的信息发送给接收方。

④篡改：攻击者对合法用户之间的通信信息进行修改、删除、插入，再发送给接收方。

⑤拒绝服务攻击：攻击者通过某种方法使系统响应减慢甚至瘫痪，阻止合法用户获得服务。

⑥行为否认：通信实体否认已经发生的行为。

⑦非授权访问：没有预先经过同意就使用网络或计算机资源的行为被看作非授权访问。主要有以下几种形式：假冒、身份攻击、非法用户进入网络系统进行违法操作、合法用户以超权限方式进行操作等。

⑧传播病毒：通过网络传播计算机病毒，其破坏性非常高，而且用户很难防范。

⑨人为无意识地损坏。

⑩自然灾害。

⑪其他因素造成的损害。

计算机网络信息系统安全的目标包括以下几个方面：

①身份真实性：能鉴别通信实体的真实身份。

②信息机密性：能保证机密信息不会泄露给非授权的人或实体。

③信息完整性：能保证数据的一致性，即防止数据被非授权用户或实体修改和破坏。

④服务可用性：能保证合法用户对信息和资源的使用不受阻碍和影响。

⑤不可否认性：建立有效机制，防止网络用户实体抵赖或否认其行为。

⑥系统可控性：能够控制使用资源的人或实体的使用方式。

⑦系统易用性：系统应当操作简单、维护方便。

⑧可审查性：为网络提供包括技术在内的各种审查手段以保障信息的安全。

广义上讲，凡是涉及网络信息的保密性、完整性、可用性、真实性和可控性的相关技术和理论都是网络安全所要研究的领域。广义的网络安全还应该包括如何保护内部网络的信息不被轻易地从内部泄露，如何抵御文化侵略，如何防止不良信息的泛滥，等等。

7.2　防火墙技术

防火墙是一个分析器和过滤器，其目标是有效地监控内部网和 Internet 之间的任何活动，保证内部网络的安全，阻止非法信息进出内部网络。防火墙的安全技术主要包括包过滤技术、地址转换技术、应用代理技术等。

7.2.1　包过滤技术

包过滤技术(Packet Filter)通过设备对进出网络的数据流进行有选择的控制与操作，如图 7-1 所示，包过滤操作通常在选择路由的同时对数据包进行过滤。包过滤技术采用设定一系列的规则，指定允许哪些类型的数据包可以流入或流出内部网络；哪些类型的数据包的传输应该被拦截。包过滤规则以 IP 包信息为基础，设定的规则对 IP 包的源地址、目的地址、封装协议、端口号等进行筛选。例如，可以设置规则，拦截来自指定网站的数据包进入内部网，也可以阻止要去指定网站的内部 IP 包进入公共网络，从而阻止内部网络与指定网站的联系。

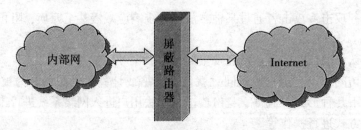

图 7-1　包过滤防火墙作用

包过滤路由器的缺点是：

①包过滤配置复杂，过滤数目增加，网络效率下降。

包过滤路由器针对每一个进出网络的数据包，都要对照检查所设定的一系列规则，只有不被这些规则限定的数据包才能通过。这会极大地增加延迟时间，导致网络速度和效率的下降。

②不能对付数据驱动攻击。

包过滤路由器只针对数据包的首部信息进行检查，对数据包的数据信息不闻不问，因此不能避免数据部分包含的对网络可能造成的危害。

③不能对付 IP 地址欺骗攻击。

如果黑客为了掩盖数据包的来源而有意改变了数据包的 IP 地址信息，就可以避开包过滤路由器对它的阻拦。

7.2.2 网络地址转换技术

网络地址转换技术是在内网和外网之间设置一个具有网络地址转换技术的路由器，如图 7-2 所示，它原本是为内网用户访问外网而设置的，但它也可以在一定程度上起到防火墙的作用。

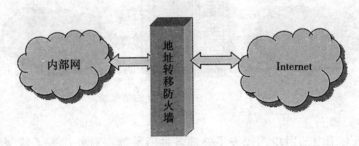

图 7-2　地址转换路由器所起的防火墙作用

对于黑客而言，了解、掌握一个网络的内部结构，对于其潜入网络并获取有价值的信息十分必要。一般情况下，黑客通过监视出入内部网络数据包的 IP 地址，可以大致勾勒出一个网络内部的逻辑结构，从而确定重要信息源的位置，明确攻击目标。采用了地址转移技术的网络，每台机器不需要取得注册的 IP 地址；系统将外出的源地址和源端口映射为一个伪装的地址和端口，黑客无法通过监视出入网络 IP 数据包来窥视网络内部结构，这样就对外隐藏了真实的内部网络地址，在一定程度上起到了对重要信息源的保护。

外部网络访问内部网络时，通过一个开放的 IP 地址和端口来请求访问；当符合规则时，防火墙认为访问是安全的，可以接受访问请求，也可以将连接请求映射到不同的内部计算机中。当不符合规则时，防火墙认为该访问是不安全的，不能被接受，将屏蔽外部的连接请求。

网络地址转换的过程对于用户来说是透明的，不需要用户进行设置，用户只需进行常规操作即可。

7.2.3　应用代理技术

应用代理或代理服务器（Application-Level Proxy or Proxy Server）是代理内部网络用户与外部网络服务器进行信息交换的程序。它将内部用户的请求确认后送至外部服务器，同时将外部服务器的响应再回送给用户。设置专门的代理系统来完成防火墙的功能，这相当于将防火墙的任务交给专业公司来完成。专门的代理系统一般由代理服务器来实现。

和屏蔽路由器相比，服务器的最高层次达到应用层，因而不再受限于网络层只能对数据包首部进行检查。在应用层，可以对数据部分进行检查，有效防止数据驱动攻击；可以通过报文鉴别技术，及时发现黑客对数据包首部的恶意修改，避免 IP 地址欺骗攻击。应用层为多种专业软件提供了应用平台，从而反黑客的手段得到了极大丰富。

应用代理防火墙还提供了多种结构组合，可供用户依据保密程度和价格因素进行选择。

1. 双宿主主机结构

使用一个双宿主主机完成防火墙功能，如图 7-3 所示。

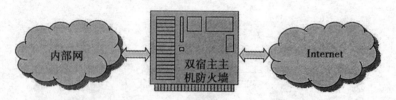

图 7-3　双宿主主机建立的防火墙

双宿主主机对于内部用户，代表了外部各种服务器；对外代表了该网内部的所有用户。它不允许两网之间的数据直接传送，内网与外网通信时，必须由双宿主主机转发，转发的数据也要经过双宿主主机内部各种安全软件的检查。即网络之间的 IP 通信完全被阻止，而由双宿主主机提供代理服务。

双宿主主机的缺点是完全依赖单一部件保护系统，一旦被攻破，网络安全就会遭到破坏。

2. 屏蔽主机结构

为了克服双宿主主机防火墙存在的缺点，对双宿主主机也要增加一层屏蔽保护，形成屏蔽主机防火墙。屏蔽主机防火墙由屏蔽路由器和堡垒主机相结合构成防火墙，如图 7-4 所示。

堡垒主机系统健壮，能抗攻击，还可以提供一定的服务。外部主机只有通过堡垒主机才能得到系统内部服务。堡垒主机是唯一暴露在因特网中的主机，要攻击系统，只能通过攻击堡垒主机完成。

3. 屏蔽子网结构

更高一级的防火墙是采用一个屏蔽子网。防火墙由外屏蔽路由器、屏蔽子网、堡垒主机和内屏蔽路由器共同组成，如图 7-5 所示。在这样的结构中，一个黑客要潜入内部网，

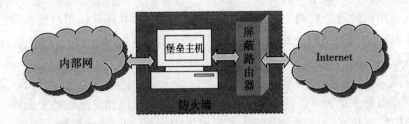

图 7-4   屏蔽路由器、堡垒主机结合建立的防火墙

首先要突破外屏蔽路由器；在屏蔽子网中找到内部网的入口，在这个过程中，还需要没有被堡垒主机所运行的防护软件所察觉；在找到内部网入口后，还需要突破内屏蔽路由器。

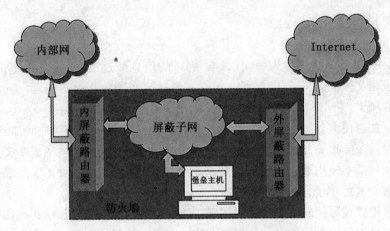

图 7-5   屏蔽子网结构建立的防火墙

一般内部网对外提供服务的服务器容易遭到攻击，一旦被攻破将作为进一步攻击内部网的跳板。由于内部网入口的寻找十分困难，有了屏蔽子网，最坏的情况是子网中的服务器和堡垒主机被损坏，但内部网的完整性不被破坏。

两个屏蔽路由器消除了内部网络的单一侵入点，提高了安全性。在这种结构中，堡垒主机可以充当各种服务的代理服务器。

7.2.4   防火墙技术的发展

防火墙作为网络安全的一项重要技术，其发展越来越受到重视。防火墙技术存在的发展方向包括以下几个方面：

①在包过滤中引入鉴别授权机制：对数据包的发送者身份进行鉴别，防止使用别人的IP 地址或伪造 IP 地址现象。

②复变包过滤技术：采用多级并行或串行或串并行混合的复杂结构方式，进行多重检查，避免攻破一处全线崩溃的局面。

③虚拟专用防火墙 VPF：针对具体的用户给出特有的安全规则集。当用户要求使用防

火墙时，防火墙首先确认用户的身份，对用户进行鉴别，然后动态地创建一个虚拟的接口给用户，调查用户的安全规则集，加载在该虚拟接口上，并且其他用户看不到该接口。只有该用户才可以使用该接口，用户不使用时，该虚拟接口自动消失。VPF 具有很好的安全性，而且是透明的，是高性能的下一代防火墙。

④多级防火墙：超大规模集成电路的发展，未来的硬件在同时支持路由、交换和防火墙方面完全有可能。这种多级防火墙是传统路由器、交换机和防火墙的集合体。

⑤自适应代理技术：自适应代理技术是根据用户定义的安全规则，动态"适应"传输中的分组流量。

⑥复合型防火墙：采用几种防火墙技术并用的方式，如将包过滤型防火墙和代理服务型防火墙的方法结合起来。通常情况下，可在路由器上设立过滤，使内部网络不受未被授权的外部用户的攻击。

7.3　加密技术

加密（encryption）是指将称为明文（plain text）的信息经过加密钥匙（encryption key）及加密函数变成密文（cipher text）的过程。接收方经过解密函数和解密钥匙（decryption key）再将其还原成明文。

一般数据加密模型如图 4-21 所示。在发送端，明文 X 通过加密算法和加密密钥 K1 处理变成密文 Y；在接收端，密文 Y 通过解密算法和解密密钥 K2 处理变成明文 X；在进行解密运算时，如果不使用事先约定好的解密密钥 K2，就无法解出明文 X；截获者正是因为没有解密密钥 K2，而无法得到明文 X。

加密技术可以在通信的三个层次来实现：链路加密、节点加密和端到端加密。

链路加密是网络提供的加密。数据包在传输介质上处于加密状态；节点对接收到的数据包采用与上一个节点配套的方法进行解密，在向下一个节点传输前，采用与下一个节点配套的方法对数据包进行加密；在到达目的地之前，一个数据包可能要经过许多通信链路的传输，因而被用不同的方法加、解密多次。

节点加密也是网络提供的加密，在操作方式上与链路加密类似，两者均在通信链路上为传输的数据提供安全性；都在中间节点先对消息进行解密，然后进行加密。不同的是，节点加密不允许数据在网络节点以明文的形式存在，它先把收到的数据包解密，然后采用另一个不同的密钥进行加密，这一过程是在节点上的一个安全模块中进行的。节点加密的这一做法，使得数据在节点处也处于安全保护状态。

以上两种方式都存在如下缺点：报头和路由信息必须以明文形式传输，以便中间节点能得到 IP 地址信息以及如何处理消息的信息。因此，这种方法对于防止攻击者分析通信业务是脆弱的。多次的加、解密既加重了节点工作负担，又增加了每一对通信的延迟时间。

端到端加密是用户自己进行的加密。加密由数据发送者在源端进行，解密由数据接收者在目标端进行，它只需要一次加、解密。链路加密和节点加密都是物理网络自动提供的，而互联网是由许多物理网络互连形成的，通信数据经过了哪些网络以及物理网络具有自动加密功能,用户是不知道的。为了安全,用户自己进行加密是必要的。

加密技术包括两个元素:算法和密钥。算法是将明文与一串数字(密钥)的结合,产生不可理解的密文的步骤。这两个元素中,密钥更加重要。这是因为经过实践检验而安全可靠的加密算法数量十分有限,解密者很容易确定所使用的加密算法。这种情况更加凸显密钥保护的重要性。

7.3.1 密钥加密技术的密码体制

密钥加密技术的密码体制分为对称密钥体制和非对称密钥体制两种。相应地,对数据加密的技术分为两类,即对称加密(私人密钥加密)和非对称加密(公开密钥加密)。对称加密以数据加密标准(Data Encryption Standard,DES)算法为典型代表,非对称加密通常以 RSA(Rivest Shamir Adleman)算法为代表。对称加密的加密密钥和解密密钥相同,而非对称加密的加密密钥和解密密钥不同,加密密钥可以公开而解密密钥需要保密。

对称加密采用了对称密码编码技术,它的特点是文件加密和解密使用相同的密钥,即加密密钥也可以用作解密密钥,这种方法在密码学中叫做对称加密算法,对称加密算法使用起来简单快捷,密钥较短,且破译困难。在对称加密中,收信方和发信方使用相同的密钥,即加密密钥和解密密钥是相同或等价的,又称为单钥加密体制。由于只有一种密钥,发信方在向收信方传递密钥的过程中,如果导致密钥被截获,加密努力失败。

1976 年,美国学者 Dime 和 Henman 为解决密钥传送和密钥管理问题,提出一种新的密钥交换协议,允许在不安全的网络上的通信双方交换信息,安全地达成一致的密钥,这就是"公开密钥系统"。相对于"对称加密算法",这种方法也叫做"非对称加密算法"。与对称加密算法不同,非对称加密算法需要两个密钥:公开密钥(public key)和私有密钥(private key)。公开密钥与私有密钥是一对,如果用公开密钥对数据进行加密,只有用对应的私有密钥才能解密;如果用私有密钥对数据进行加密,那么只有用对应的公开密钥才能解密。因为加密和解密使用的是两个不同的密钥,所以这种算法叫作非对称加密算法。在非对称加密中,存在着成对的两把密钥,又称为双钥加密体制。

7.3.2 DES 算法

在众多的对称密码中影响最大的是数据加密标准 DES。DES 加密算法是一种分组加密方法,需要将数据文件分成若干个大小为 64 比特的组。一组 64 比特的明文,在 64 位密钥的控制下产生 64 位密文;反之输入 64 位密文,则输出 64 位明文。

1. 加密工作过程

①给定一个 64 比特明文分组 x,通过一个固定的初始转换 IP 置换 x 的比特顺序得到改变了比特次序的 64 比特分组,记为 $x_0 = IP(x)$。$x_0 = L_0 R_0$,L_0 是 x_0 的前 32 比特,R_0 是 x_0 的后 32 比特。

②进行 16 轮计算。计算逻辑如图 7-6 所示。其中,⊕ 表示异或运算;函数 $f(R_{i-1}, k_i)$ 有两个参数,R_{i-1} 是一个 32 比特串,k_i 是第 i 轮 DES 加密密钥,共 48 比特。

$$L_i = R_{i-1},\ R_i = L_{i-1} \oplus f(R_{i-1},\ k_i),\ i = 1,\ 2,\ \cdots,\ 16$$

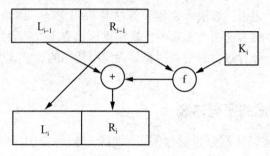

图 7-6　一轮 DES 计算逻辑

③上述两个式子在进行完 16 轮计算后，分别得到 L_{16}、R_{16}，将它们组合成 64 比特的 $R_{16}L_{16}$。对 $R_{16}L_{16}$ 进行逆置换 IP^{-1}，获得密文 y，加密完成。

整个加密过程表示：$y = DES(x, k_{i=1,\cdots,16})$。解密采取同一算法完成，把密文 y 作为输入，倒过来使用密钥，即使用顺序：k_{16}，k_{15}，$\cdots$，k_1，输出得到明文 x。整个解密过程表示：$x = DES(y, k_{i=16,\cdots,1})$。

完整的 DES 算法程序见附录 2。

2. 对加密过程的解释

（1）IP 置换

IP 置换算法要应用初始置换 IP 及逆置换 IP^{-1} 对分组比特次序进行置换位置。置换表示为：$x_0 = IP(x)$，逆置换表示为：$y = IP^{-1}(R_{16}L_{16})$。两种置换可以用图 7-7 所示阵列表示。

置换IP

58	50	42	34	26	18	10	2
60	52	44	36	28	20	12	4
62	54	46	38	30	22	14	6
64	56	48	40	32	24	16	8
57	49	41	33	25	17	9	1
59	51	43	35	27	19	11	3
61	53	45	37	29	21	13	5
63	55	47	39	31	23	15	7

逆置换IP^{-1}

40	8	48	16	56	24	64	32
39	7	47	15	55	23	63	31
38	6	46	14	54	22	62	30
37	5	45	13	53	21	61	29
36	4	44	12	52	20	60	28
35	3	43	11	51	19	59	27
34	2	42	10	50	18	58	26
33	1	41	9	49	17	57	25

图 7-7　两种置换阵列

以置换 IP 为例说明置换的做法。置换 IP 阵列有 8 行，每行 8 个数字，共 64 个数分别对应分组 x 中的 64 个比特数。第一行的 8 个数字对应分组 x 的前 8 个比特；第二行的 8 个数字对应分组 x 的第 9~16 个比特，共 8 个比特；依次类推。每个数代表了分组 x 中的对应比特在分组 x_0 中的位置，如第一行的第 1 个数 58 表示分组 x 位于第 1 位的比特，经 IP 置换后在分组 x_0 位于第 58 位；第 2 个数 50 表示分组 x 位于第 2 位的比特，经 IP 置换后在分组 x_0 位于第 50 位；依次类推。

（2）密钥生成

DES 密钥 K 是 64 比特，称为种子密钥；实际在每一轮中使用的密钥 k_i 是 48 比特。我们需要从 64 比特种子密钥 K 中导出 16 个 48 比特密钥 k_i。K 的第 8，16，24，…，64 比特将被扔掉，实际 K 只有 56 个有效比特。k_i 导出方法如下：

①用置换 PC-1 置换出 K 的 56 比特，置换结果用 $C_0 D_0$ 表示，即 PC-1(k) = $C_0 D_0$，C_0 是 PC-1(k) 的前 28 比特，D_0 是 PC-1(k) 的后 28 比特。

②以 $C_0 D_0$ 开始，共进行 16 轮计算。对于第 i 轮（$1 \leq i \leq 16$），计算 $C_i = LS_i(C_{i-1})$，$D_i = LS_i(D_{i-1})$，$k_i = PC-2(C_i D_i)$。LS 表示一个或两个位置的左循环移位，i=1，2，9，16 时移动一位，i 为其他数时移动两位。

PC-1 和 PC-2 各表示一个置换，其中，PC-1 每 8 个比特一组丢弃最后一个比特，PC-2 每 7 个比特一组丢弃最后一个比特。经过 PC-1 置换，由 64 比特 K 导出 56 比特 $C_0 D_0$；经过 PC-2 置换，由 56 比特 $C_i D_i$ 导出 48 比特 k_i。置换 PC-1 和置换 PC-2 如图 7-8 所示，其中，X 对应的比特被丢弃。

置换 PC-1

```
57 49 41 33 25 17  9 X
 1 58 50 42 34 26 18 X
10  2 59 51 43 35 27 X
19 11  3 60 52 44 36 X
63 55 47 39 31 23 15 X
 7 62 54 46 38 30 22 X
14  6 61 53 45 37 29 X
21 13  5 28 20 12  4 X
```

置换 PC-2

```
14 17 11 24  1  5 X
 3 28 15  6 21 10 X
23 19 12  4 26  8 X
16  7 27 20 13  2 X
41 52 31 37 47 55 X
30 40 51 45 33 48 X
44 49 39 56 34 53 X
46 42 30 36 29 32 X
```

图 7-8　两种置换阵列

（3）函数 f(A，J)

函数 f(A，J)，有两个自变量 A 和 J，A 为 32 比特，J 为 48 比特，函数 f 输出结果为 32 比特。函数 f(A，J)计算方法如下：

①将 A 用固定扩展函数 E 扩展成 48 比特串，这一过程表示为 E(A)。固定扩展函数 E 如图 7-9 所示，虚框标记部分为重复出现的比特，经过 8 行、每行重复增加 2 比特，将 32 比特扩展成为 48 比特。

②计算 B=E(A)⊕J，计算结果 B 是 48 比特串；将 B 分成 8 个 6 比特串，记为

$$B = B_1 B_2 B_3 B_4 B_5 B_6 B_7 B_8$$

③使用 8 个事先设计好的 S 盒分别计算 $S_j(B_j)$。S_j 是一个固定的 4×16 矩阵，它的元素来自 0~15 这 16 个数。例如，S_2 盒如图 7-10 所示。

$S_j(B_j)$ 的计算方法：对于任意一个 6 比特变量 B_j，将其每一个比特都表示出来，即

$$B_j = b_1 b_2 b_3 b_4 b_5 b_6$$

对两位二进制数 $b_1 b_6$ 用十进制数 r（$0 \leq r \leq 3$）表示，对四位二进制数用 $b_2 b_3 b_4 b_5$ 用十进制数 c（$0 \leq c \leq 15$）表示，$S_j(B_j)$ 的取值就是 S_j 矩阵第 r+1 行 c+1 列对应数的二进制表示

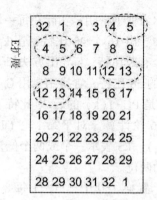

图 7-9　固定扩展函数 E

（4 比特）。例如：如果 $B_2 = 000111$，则 $b_1b_6 = 01$，$r = 1$；$b_2b_3b_4b_5 = 0011$，$c = 3$；S_2 盒第 2 行第 8 列为 7，所以，$S_2(B_2) = 0111$。

$$
\begin{bmatrix}
15 & 1 & 8 & 14 & 6 & 11 & 3 & 4 & 9 & 7 & 2 & 13 & 12 & 0 & 5 & 10 \\
3 & 13 & 4 & 7 & 15 & 2 & 8 & 14 & 12 & 0 & 1 & 10 & 6 & 9 & 11 & 5 \\
0 & 14 & 7 & 11 & 10 & 4 & 13 & 1 & 5 & 8 & 12 & 6 & 9 & 3 & 2 & 15 \\
13 & 8 & 10 & 1 & 3 & 15 & 4 & 2 & 11 & 6 & 7 & 12 & 0 & 5 & 14 & 9
\end{bmatrix}
$$

图 7-10　S_2 盒

为了方便编程，S 盒在程序中一般用一维数组表示。下面是 8 个 S 盒具体参数：

S1 = {14, 4, 13, 1, 2, 15, 11, 8, 3, 10, 6, 12, 5, 9, 0, 7, 0, 15, 7, 4, 14, 2, 13, 1, 10, 6, 12, 11, 9, 5, 3, 8, 4, 1, 14, 8, 13, 6, 2, 11, 15, 12, 9, 7, 3, 10, 5, 0, 15, 12, 8, 2, 4, 9, 1, 7, 5, 11, 3, 14, 10, 0, 6, 13}

S2 = {15, 1, 8, 14, 6, 11, 3, 4, 9, 7, 2, 13, 12, 0, 5, 10, 3, 13, 4, 7, 15, 2, 8, 14, 12, 0, 1, 10, 6, 9, 11, 5, 0, 14, 7, 11, 10, 4, 13, 1, 5, 8, 12, 6, 9, 3, 2, 15, 13, 8, 10, 1, 3, 15, 4, 2, 11, 6, 7, 12, 0, 5, 14, 9}

S3 = {10, 0, 9, 14, 6, 3, 15, 5, 1, 13, 12, 7, 11, 4, 2, 8, 13, 7, 0, 9, 3, 4, 6, 10, 2, 8, 5, 14, 12, 11, 15, 1, 13, 6, 4, 9, 8, 15, 3, 0, 11, 1, 2, 12, 5, 10, 14, 7, 1, 10, 13, 0, 6, 9, 8, 7, 4, 15, 14, 3, 11, 5, 2, 12}

S4 = {7, 13, 14, 3, 0, 6, 9, 10, 1, 2, 8, 5, 11, 12, 4, 15, 13, 8, 11, 5, 6, 15, 0, 3, 4, 7, 2, 12, 1, 10, 14, 9, 10, 6, 9, 0, 12, 11, 7, 13, 15, 1, 3, 14, 5, 2, 8, 4, 3, 15, 0, 6, 10, 1, 13, 8, 9, 4, 5, 11, 12, 7, 2, 14}

S5 = {2, 12, 4, 1, 7, 10, 11, 6, 8, 5, 3, 15, 13, 0, 14, 9, 14, 11, 2, 12, 4, 7, 13, 1, 5, 0, 15, 10, 3, 9, 8, 6, 4, 2, 1, 11, 10, 13, 7, 8, 15, 9, 12, 5, 6, 3, 0, 14, 11, 8, 12, 7, 1, 14, 2, 13, 6, 15, 0, 9, 10, 4, 5, 3}

S6 = {12, 1, 10, 15, 9, 2, 6, 8, 0, 13, 3, 4, 14, 7, 5, 11, 10, 15, 4, 2,

7, 12, 9, 5, 6, 1, 13, 14, 0, 11, 3, 8, 9, 14, 15, 5, 2, 8, 12, 3, 7, 0, 4, 10, 1, 13, 11, 6, 4, 3, 2, 12, 9, 5, 15, 10, 11, 14, 1, 7, 6, 0, 8, 13}

$S7 = \{4, 11, 2, 14, 15, 0, 8, 13, 3, 12, 9, 7, 5, 10, 6, 1, 13, 0, 11, 7,$ 4, 9, 1, 10, 14, 3, 5, 12, 2, 15, 8, 6, 1, 4, 11, 13, 12, 3, 7, 14, 10, 15, 6, 8, 0, 5, 9, 2, 6, 11, 13, 8, 1, 4, 10, 7, 9, 5, 0, 15, 14, 2, 3, 12}

$S8 = \{13, 2, 8, 4, 6, 15, 11, 1, 10, 9, 3, 14, 5, 0, 12, 7, 1, 15, 13, 8,$ 10, 3, 7, 4, 12, 5, 6, 11, 0, 14, 9, 2, 7, 11, 4, 1, 9, 12, 14, 2, 0, 6, 10, 13, 15, 3, 5, 8, 2, 1, 14, 7, 4, 10, 8, 13, 15, 12, 9, 0, 3, 5, 6, 11}

④令 $C_j = S_j(B_j)$，C_j 是 4 位比特串。对于 B，运用 8 个 S 盒可以分别得到 8 个 4 位比特串，分别用 C_1、C_2、C_3、C_4、C_5、C_6、C_7、C_8 表示，组合为 32 比特 $C = C_1C_2C_3C_4C_5C_6C_7C_8$。

⑤将 C 通过一个固定的置换 P，其结果 P(C) 就是 f(A, J)。置换 P 如图 7-11 所示。

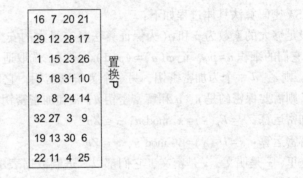

图 7-11 置换 P 阵列

3. DES 对称加密算法评价

DES 算法的主要优点是加解密速度快，算法容易实现，安全性好，是常用的加密算法。DES 算法最主要的问题(也是对称加密算法共同的问题)是：由于加解密双方要使用相同的密钥，在发送和接收数据之前，就必须完成密钥的分发。密钥在分发的过程中，可能导致密钥失窃。一旦密钥失窃，通信双方的信息安全可能受到影响。所以，密钥分发成了单钥加密体系中最薄弱的环节。

密钥的分发手段一般是距离近的采用人工送达的方式，距离远的采用网络安全通道的方式。

7.3.3 公开密钥密码体制

我们已经知道，双钥体制中，加密密钥不同于解密密钥，它们是一对，即用其中一把钥匙加密得到的密文，只能用另一把钥匙解密才能得到明文。这种密码体制中，存在两把对应的密钥，经过加密密钥加密的数据只有解密密钥才能解出；加密密钥可以公之于众，供任何发数据的人使用，解密密钥只有接收人自己拥有。双钥体制解决了密钥分发的难题。

公开密钥密码体制中比较著名的公钥密码算法有：RSA、背包密码、McEliece 密码、Diffe-Hell man、Rabin、Ong-Fiat-Shamir、零知识证明算法、椭圆曲线和 EIGamal 算法等。最有影响力的公钥密码算法是 RSA。RSA 公开密钥密码系统是由 R. Rivest、A. Shamir 和 L. Adleman 教授于 1977 年提出的。RSA 的取名就是来自于这三位发明者姓氏的第一个字母。

RSA 算法的安全性是建立在大数分解这一数学难题上：$n=p*q$，p 和 q 是两个大素数，由 p 和 q 分别用单向陷门函数生成公钥和私钥，其中 n 对外公开（加密或解密时都需要使用）。由于 n 对外公开，生成公钥和私钥的单向陷门函数公开，因此，RSA 加密算法破解理想途径是由 n 找出 p 和 q。n 非常大，常用的 n 其二进制表示的位数达到 384，512，768，1792，2304 位。目前，分解这样的大数，在数学上尚未解决。

1. RSA 密码算法简介

RSA 密码算法是第一个较完善、研究得最广泛的双钥算法，经历了各种攻击的考验，被认为是最优秀的双钥算法之一。

RSA 密码算法具体过程如下：

设足够大的素数为 p 和 q（为保证算法具有最大的安全性，它们的长度应该相同或相近），它们的乘积 $n=pq$，记 $\varphi(n)=(p-1)(q-1)$。选取适当的 e 和 d，使之满足 $ed\equiv 1 \bmod \varphi(n)$，则 e、d 一个为加密密钥，另一个为解密密钥，它们组成了一对密钥。设 e 为加密密钥，则需要保密的是 p，q 和解密密钥 d，n 和加密密钥 e 公开。

加密运算：$y=E_k(x)=x^e \bmod n$，$x \in Zn$

解密运算：$x=D_k(y)=y^d \bmod n$，$y \in Zn$

这里，x 是明文，y 是密文，它们都以二进制数据表示的方式参与数学运算。$E_k()$ 表示加密函数，$D_k()$ 表示解密函数。

2. RSA 密码算法有关问题解释

①素数是只能被 1 和本身整除的整数。

②mod 表示模运算，例如 $a \bmod b$，结果为 $a \div b$ 的余数。上式读为：a 模 b 或 a 的模 b 运算。

③若 $a \bmod b=c \bmod b$，则 a，c 称为同模，记为 $a\equiv c \bmod b$

RSA 密码算法本身数学关系并不复杂，但由于公式所涉及的数据 n，e，d，x，y 都是数量巨大的数，在计算机程序中无法直接表示，因而无法直接运用公式计算，必须想办法采用其他方法间接计算。

3. RSA 算法密码系统工作步骤

①生成两个大素数 p，q；

②计算 $n=pq$，$\varphi(n)=(p-1)(q-1)$；

③选择随机数 e（加密密钥），e 与 $\varphi(n)$ 互素；

④计算解密密钥 d，d 必须满足：$de\equiv 1 \bmod \varphi(n)$；

⑤公布整数 n 和加密密码 e。

4. RSA 双钥体制运作方式

①数据接收者将加密密钥 e 和 n 传给对方；

②数据发送者用 e 和 n 对明文 x 加密，得到密文 y，传给对方；

③数据接收者用解密密钥 d 和 n 对密文 y 解密；

要破解密码，只能由 n 推出 p，q，这很难。加密密码 e 和 n 可广为分发，解密密码 d 只有所有者一人才有，因此可以保密。

由于 RSA 采用加密与解密双钥制，一把是用户的专用密钥，另一把是其他用户都可利用的公共密钥，因此，使用方便，安全可靠。

在 RSA 的硬件实现中，RSA 比 DES 慢 1500 倍。在软件实现上，RSA 比 DES 慢 100 倍。因此，RSA 算法一般用来加密小数据，如数字签名、密码等；大的文件，还是需要速度快得多、使用方便得多的 DES 等单钥体制算法进行加密。

5. 混合加密体制(安全通道)

在介绍 DES 算法时，曾提到对于远程密钥分发，可以通过网络安全通道传输密钥。网络上有安全通道吗？如果有，还需要加密算法吗？其实，所谓安全通道是用双钥加密体制来达成的。例如，本方需要对方将文件以安全的方式发过来，因此需要向对方安全传输 DES 密钥。为了安全传输 DES 密钥，可以用对方发来的 RSA 公钥对 DES 密钥进行加密，然后将加密的 DES 密钥通过网络传递给对方。由于已经加密了，只有对方可以从中解出 DES 密钥，因为只有对方才有配套的 RSA 私钥，在传递的过程中不怕被别人截获。对方可以使用解出的 DES 密钥对文件进行加密并发送。

可见，所谓安全通道使用了单钥、双钥两种体制加密算法，实现了在不安全的网络上开辟一条安全通道的目的。因此，又称为混合加密体制。

7.3.4　加密技术的发展

加密技术分为单钥和双钥两大体制，单钥体制成熟的算法有 100 多种，DES 是典型代表，应用范围最广；双钥体制成熟的算法也很多，以 RSA、椭圆曲线算法为研究热点。

加密技术是在加密与解密的矛盾斗争中发展的，所有的加密方法理论上都可破解，只是时间和代价的问题。理论上，任何加密算法都无法对付穷举法的攻击。

穷举法的基本思想是根据题目条件，确定答案的大致范围，并在此范围内对所有可能的情况逐一验证，直到全部情况验证完毕。若某个情况验证符合题目的全部条件，则为本问题的一个解；若全部情况验证后都不符合题目的全部条件，则本题无解。穷举法也称为枚举法。

DES 密钥是 56 位比特组合，这就确定了密钥的范围。将每一种比特组合都尝试一遍，最多的尝试次数为 2^{56}。加大密钥字长，可以加大破解的时间和代价。但随着计算机硬件技术的发展，降低破解代价的速度也是很快的。

RSA 理论上同样无法对付穷举法的攻击，在将穷举法排除之外后，RSA 还依赖于大数分解这一数学难题，一旦攻破这一难题，RSA 大厦将倒塌。

新的加密算法不断涌现，又不断被淘汰。不能长期经历各种攻击考验的加密算法，是不能投入实用的。目前，比较可靠、值得信赖的加密算法还是那几种经典算法，因此，对加密方法进行保密已经意义不大，保证信息安全的关键还在于保持密钥不外泄。

7.4 报文鉴别技术

加密技术是为了维护数据或文件的保密性，它对付的是窃听之类的被动进攻。报文鉴别技术则是为了维护数据或文件的完整性。它要对付的是主动进攻中的数据篡改、伪造、删除等威胁。

所谓完整性是指接收到的数据与发送数据完全一致，数据在传输过程中没有发生任何改变。对付报文篡改通常有两种方法：①拒绝修改。它是在资源子网系统中，通过设置修改权限的方式防止非法用户或合法用户的超权限修改文件行为。它需要在操作系统以及各种管理软件的强大支持下，用访问控制技术实现；②在传输过程中，数据脱离了系统的保护，很难避免黑客的攻击，如果能够及时发现数据被篡改、伪造，也能避免受到损失。报文鉴别技术所要做的就是对接收数据进行检查，能够及时发现数据在传输过程中被篡改、伪造。

报文鉴别技术工作原理类似于数据校验技术：发送方根据发送数据计算一个鉴别码，并与数据一同发送出去；接收方对接收数据用同样方法再计算一个鉴别码；将自己计算的鉴别码与接收鉴别码比较，如果两个鉴别码不一致，就能得出数据有变化的结论。

鉴别码与数据校验码的计算方法不一样，鉴别码更复杂、更严密；伪造鉴别码在理论上是不可能的。

7.4.1 基于报文鉴别码的鉴别技术

报文鉴别码(message authentication code，MAC)机制的核心是报文鉴别函数 $C_k()$。该函数以报文内容作为输入，通过设计的运算得到一个较短的定长数据分组，然后使用一个密钥对定长数据分组进行加密，得到定长码 MAC 作为函数的输出，即 $MAC = C_k(M)$。MAC 被附加在报文中传输，用于消息合法性的鉴别。这里，合法的数据就是没有发生改变的数据，也就是保持了完整性的数据。

例如，A 向 B 发送消息 M。A 在发送前，用密钥 k 计算 $MAC = C_k(M)$，将 MAC 附加在原文上，发给 B；B 根据得到的原文 M 和 MAC，用密钥 k 重新计算 MAC。若与接收 MAC 相同，可确认收到的消息是合法的。攻击者如果修改原文而不对 MAC 做相应改变，B 通过计算 MAC 可发现原文被篡改。要骗过接收方对消息合法性的检查，就要同时修改 M 和 MAC，使两者匹配。由于攻击者不知密钥 k，因此无法计算一个与修改后的 M 匹配的 MAC。因为只有 A 有密钥 k，能够计算出与原文匹配的 MAC，所以 B 可确信，原文发自 A。

运用报文鉴别码函数 $C_k(M)$ 计算 MAC 通常有两个步骤：①由一个长度变化的输入消息 M 计算出一个定长的输出结果 $\Delta(M)$；②运用密钥 k 对 $\Delta(M)$ 进行加密，得到的密文就是 MAC。整个过程就是：$MAC = C_k(M) = E_k(\Delta(M))$。

$\Delta(M)$ 的一种计算方法是将消息 M 依次划成若干个 64 比特的段 M_i，其中最后一段为 M_t；如果 M_t 不足 64 比特，必须被补充到 64 比特。然后，按照下式进行计算

$$\Delta(M) = M_1 \oplus M_2 \oplus \cdots \oplus M_t$$

这样，不管消息 M 的长度是多少，计算出来的 $\Delta(M)$ 都是长度为 64 比特的定长分组。

7.4.2 基于散列函数的鉴别技术

散列函数报文鉴别技术实际上是报文鉴别码技术的变种，与报文鉴别码技术十分类似。散列函数 H 以变长的报文 M 为输入，产生定长的散列值 $h = H(M)$；发送端在发送消息报文前，将计算出来的散列值附加在报文中；接收者通过重新计算报文的散列值来对报文进行合法性的鉴别。比较而言，报文鉴别码技术要简单得多，散列函数报文鉴别技术应用范围更广，在函数设计上更复杂，在计算散列值时，还常加入一个随机数作为初始条件，以进一步增强安全性。

散列函数需要具有如下性质：

①散列函数的输入可以是任意大小的数据块；

②散列函数的输出是定长的；

③对任意大小的报文，散列函数的计算需要相对简单；

④单向性：对任意已经确定的散列值 h，要寻找一个 M，使 $H(M) = h$ 在计算上是不可行的；

⑤抗冲突性：对任意给定的报文 M，要寻找不等于 M 的报文 N，使 $H(M) = H(N)$，在计算上是不可行的。

散列函数的构造原则：

①将输入划分成定长 n 分组，必要时进行填充，使其长度为 n 的整数倍。

②在计算散列值时，采用迭代方式每次处理一个分组，最终产生一个 n 比特的散列值。

散列函数的构造方式可以是任意的，只要满足散列函数的性质，都可以称为散列函数。前述的 $C_k(M)$ 函数也可以看作是一个散列函数。

例如，下面是一种利用密码分组链接技术构造散列函数的构造方法：

①将报文 M 划分成固定长度分组 M_1, M_2, $\cdots$, M_N；

②设置通信双方都知道的初始值 H_0；

③依次计算 $H_i = E_{Mi}(H_{i-1})$；

④$h = H_N$ 得到散列值。

这种方法将 M 分组 M_i 作为单钥加密算法的密钥，最终的散列码是初始值 H_0 的 N 重加密密文。

著名的散列函数构造方法有：MD5 消息摘要算法，安全散列算法 SHA-1，RIPEMD-160 散列算法等。下面详细介绍 MD5 算法，从中可以体会到构建散列函数的做法。

MD5 算法的具体步骤如下：

①填充文件 M，使 M 的长度为模 512 余 448 位；填充内容是第一位为 1，其余为 0。

②将文件原始长度值以 64 位二进制数表示，并将这 64 位二进制数填充文件最后部分，使整个文件成为 512 的整数倍。

③设置 4 个 32 位变量：A = 0x01234567，B = 0x89abcdef，C = 0xfedcba98，D = 0x76543210。

④读文件一个分组(512 位),将其分成 16 个 32 位分组 M_i。

⑤设 a=A,b=B,c=C,d=D。

⑥依次对 M_i 进行 4 轮计算:

a=b+(a+F(b,c,d)+M_i+t_i));

b=c+(b+G(c,d,a)+M_i+t_i)<<<s;

c=d+(c+H(d,a,b)+M_i+t_i)<<<s;

d=a+(d+I(a,b,c)+M_i+t_i)<<<s

其中,F( )、G( )、H( )、I( )4 个非线性函数计算方法如下:

F(a,b,c)=(a∩b)∪((-a)∩c)

G(a,b,c)=(a∩c)∪(b∩(-c))

H(a,b,c)=a⊕b⊕c

I(a,b,c)=b⊕(a∪(-c))

t_i 是常数,t_i=int(232 * abs(sin(i)));<<<s 表示循环左移 s 位;s 为预先设定的随机数。

⑦A+=a,B+=b,C+=c,D+=d。

⑧循环⑥,⑦直到所有 M_i 运算完毕。

⑨循环④~⑧直到所有分组运算完毕。

⑩级联 A,B,C,D,得到 128 位散列码。

算法结束。

山东大学教授王小云的最新研究发现:很容易找到 MD5 的冲突(碰撞),即对于一份文件,很容易伪造另一份文件。两者具有相同的散列码,使两份文件的真伪难辨。这意味着 MD5 算法被破解。

7.5　身份认证与数字签名

这里的身份认证是指网络用户的身份确认技术。网络中的各种应用和计算机系统都需要通过身份认证来确认用户的合法性,然后确定用户的个人数据和特定权限。

数字签名(digital signatures)是一种能够使接收方证实发送方真实身份的身份认证技术。数字签名还能够防止发送方事后否认已发送过报文,也可以用来鉴别非法伪造、篡改报文等行为。对数字签名的识别过程就是一种身份认证过程。

数字签名就形式而言,就是一个比特串。数字签名必须满足以下条件:

①签名的比特串内容是依赖于消息报文的,即数字签名与消息报文内容相关,数字签名能对消息内容进行鉴别。

②数字签名对发送者来说必须是唯一的,也就是只有发送者能够生成该数字签名,因此既能够防止第三方假冒发送者名义发送伪造数据文件,又能够避免数据文件发送者事后抵赖。

③产生数字签名的算法必须简单,且能够在存储介质上保持备份。

④对数字签名的识别、证实、鉴别必须简单。

⑤无论攻击者采用什么方法，伪造数字签名在计算上是不可行的。

数字签名与我们在日常生活中的签名不同。在日常生活中，一个人在不同时间、不同地点、不同场合中的每一次签名都必须一致。数字签名依赖于消息报文，其比特串内容与签署文件内容相关；同一个人，针对不同文件的数字签名，因为其不同的文件内容而不同。

已经有多种数字签名解决方案和数字签名计算函数。根据其技术特点，这些方案可以分为直接数字签名方案和基于仲裁的数字签名方案两大类。

1. 直接数字签名方案

发送方 A 使用私钥对消息报文的散列码进行加密形成数字签名，并附在消息报文之后一起传输给接收方 B；B 使用 A 的公钥对数字签名进行解密得到散列码，并用散列码检验消息报文的完整性。如果完整性得不到验证，既有可能是数字签名被改变或伪造，也有可能是消息报文被改变或伪造。不论是哪一种情况，验证都是失败的，消息报文被丢弃。只有数字签名被验证，接收方才可以确认报文确实来自合法的发送方，报文才被接受。

因为只有 A 拥有私钥，其他任何人都因此没法伪造 A 的签名。所以，该签名只有 A 能够形成，对此 A 无法抵赖，B 也可以因此而确信消息报文确实来自 A。如果 A 抵赖，B 可以找到第三方，用已被公开的 A 的公钥加以验证。

数字签名形成后，可以对整个报文和数字签名进行进一步加密，以增强数据通信的保密性。对整个报文和签名进行进一步加密的方法有很多种。不论采用何种方式加密，第三方必须拥有解密密钥，才能进行报文和数字签名的验证。

由于数字签名来自于加密的散列码，因此数字签名依赖于消息报文的内容；报文和签名可以保存在存储介质中，以备解决争端时使用；第三方很容易获得 A 的公钥加以验证。所以，用私钥对报文散列码加密得到的密文，符合数字签名的各种要求，直接数字签名方案成为数字签名的常用做法。

2. 基于仲裁的数字签名方案

直接数字签名方案要求发送方具有一套公钥和私钥，具备自己生成数字签名和报文鉴别的能力和手段，对于接收方，也要求具备独立鉴别报文和数字签名的能力和手段。对通信双方的要求很高，并不适用于普通的网络用户。基于仲裁的数字签名方案出发点是免除用户鉴定数字签名的麻烦，由网络上的第三方仲裁机构自动完成数字签名的鉴定，然后把鉴定结果发给用户。

基于仲裁的数字签名基本原理：发送方 A 发往接收方 B 的签名报文首先被送到仲裁者 Z，Z 检验该报文及其签名的出处和内容，然后对报文注明日期，并附加一个"仲裁证实"的标记发给 B。接收方必须完全相信仲裁者，仲裁者非常关键和敏感，必须是一个受到充分信任的机构或一个可信的系统。

下面用两种基于仲裁的数字签名方案的例子来进一步了解这种签名方案。

(1)基于仲裁的数字签名方案一

该方案实施过程如下：

①A 计算散列码 H(M)，然后用自己的标识符 IDA 与 H(M)组成数字签名；

②A 用与 Z 共享的密钥加密报文以及附加的数字签名，然后发往仲裁 Z；

③仲裁 Z 用与 A 共享的密钥解密,从标识符 IDA 确信报文来自 A,根据 H(M)验证报文的完整性;

④验证后,Z 用与 B 共享的密钥加密一个报文,送往 B;

⑤该报文包括 A 的原报文 M,A 的数字签名,A 的时间戳 T,以及附加的一个"仲裁证实"的标记;

⑥B 用与 Z 共享的密钥,解密恢复出报文 M 和数字签名;

⑦B 存储报文 M 和数字签名,防备争端。

这种方案的缺点在于:验证真伪的工作完全交给仲裁者,无法防止仲裁者与一方合谋,打击另一方。下一种方案可以避免这种情况。

(2)基于仲裁的数字签名方案二

该方案实施过程如下:

①A 先用自己的私钥,然后再用 B 的公钥对报文加密两次,这样就得到了一个具有签名的加密报文;

②再用加密报文连同 A 的标志用自己的私钥加密一次;

③加密结果连同 A 的标志发往 Z。报文经过两次加密,只有 B 能解密,对 Z 也是安全的;

④Z 用 A 的公钥解密,可以证实报文确实来自 A;

⑤Z 加上时间戳,用 B 的公钥加密,发往 B;

⑥B 用私钥解密,得到加密报文。存储该报文,以备争论;

⑦B 先用私钥再用 A 的公钥对报文解密,可以得到原文。

这种方案的缺点是计算量太大,不宜用在比较大的消息报文上。

本章作业

一、填空题。

1. 计算机网络安全包括物理安全和逻辑安全。逻辑安全包含信息的(　　)性、(　　)性和(　　)性三大要素。

2. 在计算机网络安全中,对网络面临着四种主要的安全性威胁,其中(　　)信息的攻击方式称为被动攻击。

3. 没有预先经过同意,就使用网络或计算机资源的行为被看作非授权访问。包括非法用户进入网络系统进行违法操作、合法用户(　　)等。

4. 信息被篡改是指信息从源节点传送到目的节点的中途被攻击者截获,并被(　　),然后(　　)。

5. (　　)是一种特殊类型的路由器,其位于因特网和内部网络之间,其内部的网络称为"可信网络",其外面的网络称为"不可信网络"。

6. 包过滤路由器设定一系列的规则,指定(　　)。

7. 数据包过滤路由器存在如下缺点:①包过滤配置复杂,过滤数目增加,网络效率下降;②不能对付数据驱动攻击;③(　　)。

8. DES 加密算法属于单钥加密体制,这说明(　　)。

9. 报文鉴别的主要作用是防止（　　　）。

10. 数字签名能够使接收方证实发送方的真实身份，防止发送方事后（　　　），鉴别非法伪造、篡改报文等行为。

二、判断题。

1. 计算机网络所面临的威胁包括截获、中断、篡改和伪造；其中截获和中断被称为被动攻击，而篡改和伪造被称为主动攻击。

2. 防火墙是一个分析器和过滤器，其目标是有效地监控内部网和 Internet 之间的任何活动，保证内部网络的安全。

3. 公共互联网用户众多，黑客众多，黑客技术众多，无法建立一条安全通道。

4. 在对称加密中，收信方和发信方使用相同的密钥，即加密密钥和解密密钥是完全一样的。因而又称为单钥加密体制。

5. 为了提高安全性，加密技术使用的加密函数以及报文鉴别技术使用的报文鉴别函数都必须是单向陷门函数。

6. DES 加密算法是一种分组加密算法，属于单钥加密体制。

7. RSA 加密算法是一种典型的单钥加密算法。

8. 同一个用户针对不同文件的数字签名都不一样。

9. 报文鉴别用来对付数据篡改、伪造、删除、窃听等黑客破坏活动，防护的是数据的完整性。

10. 逻辑安全则是指信息的可用性、完整性和保密性三大要素。

11. 包过滤路由器设定一系列的规则，指定允许哪些类型的数据包可以流入或流出内部网络；哪些类型的数据包的传输应该被拦截。

12. 数据包过滤路由器存在如下缺点：①包过滤配置复杂，过滤数目增加，网络效率下降；②不能对付数据驱动攻击；③不能对付 IP 地址欺骗攻击。

三、名词解释。

拒绝服务攻击　　单钥加密体制　　数字签名

四、问答题。

1. 什么是网络安全，它包含哪些方面的内容。

2. 简述单钥加密体制和双钥加密体制的工作流程，并对两者特点做一比较。

3. 报文鉴别的目的是什么？

4. 包过滤技术防火墙主要根据数据的什么信息对数据作出哪些处理？

5. 简述一般数据加密模型，根据模型说明数据加密为什么能保持信息保密性。

6. 简要介绍两类密码体制，并以它们的典型代表说明两类密码体制的优缺点。

7. 叙述包过滤防火墙的工作原理，总结其存在的不足之处。

8. 图示数据加密模型，简要说明工作原理。

9. 运用双钥加密体制可以实现数字签名。说明如何使用该体制来实现数字签名，并解释该做法为什么能够实现数字签名功能？

第8章 无线网络

无线网络(wireless network)是采用无线通信技术实现的网络,与有线网络的用途十分类似,最大的不同在于传输媒介的不同,利用无线电技术取代网线。无线网络既包括允许用户建立远距离无线连接的全球语音和数据网络,也包括为近距离无线连接进行优化的红外线技术及射频技术。目前无线网络主要采用3种技术:微波通信、红外线通信和激光通信。这3种技术均以大气作为传输介质,其中微波通信用途最广,许多不同应用范围的无线网络,以不同载频、通信手段为通信信道,以不同的协议为标准。目前的卫星网就是一种特殊形式的微波网络,它利用地球同步卫星作为中继站来转发微波信号,一个同步卫星可以覆盖地球 1/3 以上的表面,3 个同步卫星就可以覆盖地球表面上全部通信区域。

无线网络依据所采用的无线通信技术,种类很多。就目前常规应用而言,主要有无线局域网(WLAN)、无线个人区域网(WPAN)和无线城域网(WMAN)3 种类型。

8.1 无线局域网

无线局域网是无线网络的主要应用形式,在无线网络中占据很大比例。它提供无线接入功能;具有节省投资,建网方便等优点。

无线局域网遵守 802.11 标准;是一个无线以太网;采用星型拓扑结构;中心设备是基站,又称为接入点 AP,基站具有一个 32 字节的基本服务集标识符(BSSID)。不同于以太网 CSMA/CD 协议,无线局域网 MAC 层使用 CSMA/CA 协议;得到广泛使用的 WiFi(无线高保真度)技术,就是应用于无线局域网中。

8.1.1 无线局域网的组成

图 8-1 显示了无线局域网的组成情况。

可以看到,无线局域网的基本组成单元是基本服务集 BSS。基本服务集是一个基站和与该基站连接的所有移动站。若干个基站通过分配系统 DS(通常是有线连接方式)构成一个扩展服务集 ESS,一个 ESS 相当于一个局域网。一个 ESS(局域网)可以通过 Portal(门户)与其他局域网相连,构成扩展局域网(在整个互联网中具有相同网络号),然后通过路由器与互联网相连。

无线连接只存在于移动站和基站之间,除此之外的所有连接都是有线连接。Portal 功能相当于网桥,但与网桥不同。网桥一般连接同类型网络(如都是 802.3 标准的以太网),Portal 主要将采用 802.11 标准的无线以太网与有线以太网相连,所以可以说 Portal 连接的是不同类型的网络，这是普通网桥做不到的。

与以太网中的工作站不同，无线局域网中的移动站能够移动，当移动站移动到不同基站之间时必须实现自动切换功能(如图 8-1 中的 A)。

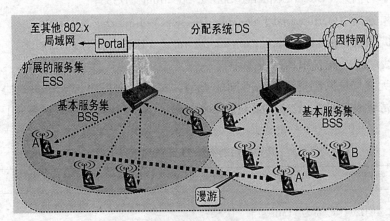

图 8-1 无线局域网的组成

与有线网比较，有线网是由几个局域网经过网桥形成一个扩展局域网，构成一个具有相同网络号的局域网络。因此，有线局域网是一个由局域网和扩展局域网构成的两级网络。无线网首先由几个基本服务集 BSS 经分配系统 DS 相连构成一个扩展服务集 ESS，几个 ESS 经过 Portal 相连形成一个扩展局域网，构成一个具有相同网络号的局域网络。因此，无线局域网是一个 BSS、ESS 和扩展局域网构成的三级网络。但对于网络建设而言，BSS 部分只是一个基站。

一个移动站若要加入到一个基本服务集 BSS，就必须先选择一个作为接入点 AP 的基站，并与此基站建立关联(association)。建立关联就表示这个移动站加入了选定的基站所属的子网，并和这个基站之间创建了一个虚拟线路。只有关联的基站才向这个移动站发送数据帧，而这个移动站也只有通过关联的基站才能向其他站点发送数据帧。

移动站与基站建立关联的方法有被动扫描和主动扫描两种。被动扫描是移动站等待接收周期性发出的信标帧(beacon frame)。信标帧中包含有若干系统参数(如服务集标识符 SSID 以及支持的速率等)。主动扫描，即移动站主动发出探测请求帧(probe request frame)，然后等待从基站发回的探测响应帧(probe response frame)。

现在许多地方，如办公室、机场、快餐店、旅馆、购物中心等都能够向公众提供有偿或无偿接入的 WiFi 服务，这样的地点叫做热点。由许多热点和基站连接起来的区域叫做热区(hot zone)。热点也就是公众无线入网点。现在也出现了无线因特网服务提供者 WISP (Wireless Internet Service Provider)这一名词。用户可以通过无线信道接入到 WISP，然后再经过无线信道接入到因特网。

8.1.2 802.11 局域网的物理层

物理层的基本功能就是将二进制数据从一个节点传递到相邻节点。在无线局域网中，物理层的基本功能就是在移动站和基站之间，通过无线信道，完成二进制数据的传输。无线局域网物理层相关协议就是关于站点通信所使用无线信号形式的规范或规定。

无线网络应用较广的通信技术有以下几种：

①直接序列扩频（Direct Sequence Spread Spectrum，DSSS）；

②正交频分复用（Orthogonal Frequency Division Multiplexing，OFDM）；

③跳频扩频（Frequency-HoppingSpreadSpectrum，FHSS，已很少用）；

④红外线（Infra-red，IR，已很少用）。

802.11 无线局域网可再细分为不同的类型，每种类型都用自己相关的协议。现在最流行的无线局域网有 802.11b、802.11a 和 802.11g，它们各自的特点见表 8-1。

表 8-1　　　　　　　　　　　　几种常用的 802.11 无线局域网

标准	频段	数据速度	物理层	优缺点
802.11b	2.4GHz	最高为 11Mb/s	DSSS	最高数据率较低，价格最低，信号传播距离最远，且不易受阻碍
802.11a	5GHz	最高为 54Mb/s	OFDM	最高数据率较高，支持更多用户同时上网，价格最高，信号传播距离较短，且易受阻碍
802.11g	2.4GHz	最高为 54Mb/s	OFDM	最高数据率较高，支持更多用户同时上网，信号传播距离最远，且不易受阻碍，价格比 802.11b 贵

8.1.3　802.11 局域网的 MAC 层协议

在以太网中，各个工作站采用 CSMA/CD 协议、以竞争方式抢占信道。无线局域网不能简单地搬用 CSMA/CD 协议。这里主要有两个原因：①无线局域网适配器上，接收信号强度远小于发送信号强度，实现不间断地检测信道，设备花费过大；②无线局域网中，并非所有站点能听到对方，近的站点能监听，远的站点监听不到。

正因为无线网络有这样的特点，如果数据链路层仍采用 CSMA/CD 协议，会出现一些无法解决的问题。如图 8-2 所示，当 A 和 C 检测不到彼此发出的无线信号时，都以为 B 是空闲的，按照 CSMA/CD 协议，都可以向 B 发送数据，结果 A 和 C 发送的数据在 B 处发生碰撞。这种未能检测出传输媒体上已存在的信号的问题叫做隐蔽站问题。如图 8-3 所示，B 正在向 A 发送数据，而 C 想和 D 通信，由于 C 检测到传输媒体上有信号，按照 CSMA/CD 协议，不能向 D 发送数据。其实 B 向 A 发送数据并不影响 C 向 D 发送数据，这种问题称为暴露站问题。

1. CSMA/CA 协议的必要性

无线局域网不能使用 CSMA/CD 协议，需要对其进行改进。改进的方法是把 CSMA 增加一个碰撞避免（Collision Avoidance）功能，将协议变成 CSMA/CA 协议。简单地理解，就

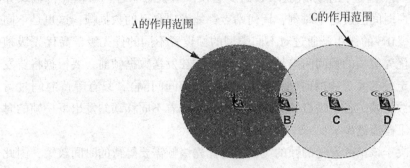

图 8-2　隐蔽站问题

是采用两类方式：①用时间上错开的方式来避免碰撞；②为移动设备分配互不重叠的时间
片，每个移动设备在自己的时间片中收发数据。这两种方式本质上都是在时间上错开，只
是后者采用了更为精确的时间片分配方式。CSMA/CA 协议规定的分布协调功能
（Distributed Coordination Function，DCF）和点协调功能（Point Coordination Function，PCF）
分别与这两类方式对应。DCF 是让各站点通过竞争方式获取数据发送权；PCF 采用的方
式是接入点 AP 集中控制，把发送数据权轮流交给各站点。DCF 无线局域网 MAC 层是必
备的方式，PCF 是一种选用方式。接入点 AP 可以采用 DCF 方式，也可以同时具备 DCF
方式和 PCF 方式。PCF 采用分配时间片方式，各移动站在分配给自己的时段发送数据，
不存在冲突问题。下面主要讨论 CSMA/CA 协议必要性如何在 DCF 方式下，减小碰撞的
可能性。

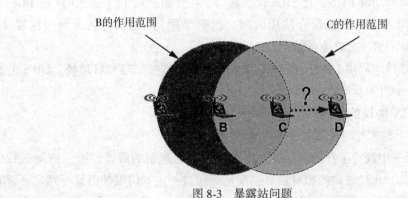

图 8-3　暴露站问题

　　DCF 如何使各移动站采用错开方式？这就要首先介绍帧间间隔（InterFrame Space，
IFS）。所有的站在完成发送后，必须再等待一段很短的时间才能发送下一帧，这段时间通
称为帧间间隔，因此，无线网传输的帧与帧之间是有一段时间空白的。无线网与有线网在
这一点不同，有线网数据帧是没有间隔的，在物理层形成了连续比特流，以至于需要用特
殊的帧首帧尾标志将数据帧从比特流中提取出来。

既然 DCF 是让各站点通过竞争方式获取数据发送权,这就意味着一个帧在传输媒介中传输完毕,并且空白时间已过这个时刻,任何站点都能发出自己的数据帧,这也是不同站点发生碰撞的时刻。IFS 的作用是通过对不同类型的帧设置不同的优先级,高优先级帧的帧间间隔较短,低优先级帧的帧间间隔较长。各个站点在发送数据帧前,要根据将要发送数据帧的类型,确定自己要等待的时间(也就是自己的帧间间隔),只有等待时间过后才有可能发出下一个数据帧。各个站点帧间间隔不同,意味着不同移动站发出下一帧的时间被错开,从而降低了碰撞概率。

帧间间隔长度取决于该站欲发送的帧的类型。高优先级帧需要等待的时间较短,因此可优先获得发送权。若低优先级帧还没来得及发送而其他站的高优先级帧已发送到传输媒体,则传输媒体变为忙态,低优先级帧就只能再推迟发送了。这样就减少了发生碰撞的机会。

根据数据帧的重要性的差异,确定帧的不同等级;根据帧的不同等级确定帧间间隔。IFS 分为以下几种类型:

①短帧间间隔 SIFS(间隔时间短);

②点协调功能帧间间隔 PIFS(适中);

③分布协调功能帧间间隔 DIFS(长)。

短帧间间隔 SIFS,是最短的帧间间隔,用来分隔开属于一次对话的各帧,用于优先级高的帧。使用 SIFS 的帧类型有:ACK 帧(确认帧)、CTS 帧(允许发送信号帧)、由过长的 MAC 帧分片后的数据帧,以及所有回答基站探询的帧和在 PCF 方式中基站发送出的任何帧。

点协调功能帧间间隔 PIFS,比 SIFS 长,是为了在开始使用 PCF 方式时(在 PCF 方式下使用,使用时间片分配传输媒介使用时间,没有争用)优先获得接入到传输媒体中。PIFS 的长度是 SIFS 加一个时隙(slot)长度。

分布协调功能帧间间隔 DIFS,在 DCF 方式中用来发送数据帧和管理帧。DIFS 的长度比 PIFS 再增加一个时隙长度。

2. CSMA/CA 协议的原理

在 DCF 方式下的工作时序图如图 8-4 所示。

在 802.11 标准中规定了在物理层的空中接口进行物理层的载波监听。欲发送数据的移动站先检测信道,通过收到的相对信号强度是否超过一定的门限数值就可判定是否有其他的移动站在信道上发送数据。若检测到信道空闲,源站在等待一段时间 DIFS 后,发送它的第一个 MAC 帧。为什么信道空闲还要再等待?这是考虑到可能有其他的站有高优先级的帧要发送。如有,就要让高优先级帧先发送;如没有高优先级帧要发送,源站开始着手准备发送自己的数据帧。

目的站若正确收到此帧,则经过时间间隔 SIFS 后,向源站发送确认帧 ACK。若源站在规定时间内没有收到确认帧 ACK(由重传计时器控制这段时间),就必须重传此帧,直到收到确认为止,或者经过若干次的重传失败后放弃发送。

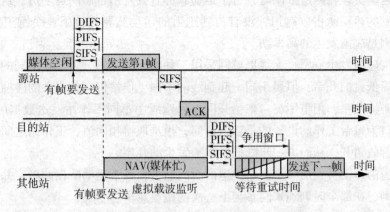

图 8-4 无线局域网 DCF 方式下的工作时序图

源站如何阻止其他移动站在本方发送数据期间发送数据？源站通过虚拟载波监听机制来保证本方数据发送不受干扰。虚拟载波监听（Virtual Carrier Sense）机制是让源站将它要占用信道的时间（包括目的站发回确认帧所需的时间）通知所有其他站，以便使其他所有站在这一段时间都停止发送数据。这样就避免了其他站点在此时间段内发送数据，从而大大减少了碰撞的机会。

"虚拟载波监听"是表示其他站并没有监听信道（前面已经提到，无线网络中接收信号强度远低于发射信号强度，要对这么弱的信号持续监听，代价太大），而是由于它们收到了"源站通知"才不发送数据。这种效果好像是它们都监听了信道，实际上，这种监听是虚拟的。所谓源站通知就是源站在其 MAC 帧首部中的第二个字段"持续期"中填入了在本帧要占用信道多长时间（以微秒为单位），包括目的站发送确认帧所需的时间。

当一个站检测到正在信道中传送的 MAC 帧首部的"持续期"字段时，就调整自己的网络分配向量 NAV（Network Allocation Vector）。NAV 指出了必须经过多少时间才能完成数据帧的这次传输，才能使信道转入到空闲状态。

信道从忙态变为空闲时，任何一个站要发送数据帧时，不仅必须等待一个 DIFS 的间隔，还要进入一个称为"争用窗口"的时间窗口，在争用窗口期间，计算一个随机退避时间，等退避时间结束，再次重新试图接入到信道。可以想象，如果有两个站等待发送数据，它们同时进入争用窗口，各自计算一个随机退避时间，并等待自己的退避时间结束才能发送数据。由于两个随机退避时间相等的概率很小，它们发送碰撞的概率很小。在信道从忙态转为空闲时，各站就要执行退避算法。这样做就减少了发生碰撞的概率。

现在我们用比喻方式来总结一下无线局域网数据链路层的冲突避免机制。

将无线局域网比喻为一个只有一条跑道的运动场，这条跑道相当于无线信道，不同的工作站相当于不同的运动队，工作站发出的每一个数据帧相当于一个运动员。运动场有规定：跑道上只能有一个运动员，否则就是发生碰撞，没有一个运动员能够到达终点。为了不发生碰撞，在跑道上有运动员（也就是跑道被某个运动队占用）时，其他运动队都不能发出自己的运动员。在跑道空闲时，每个运动队都有权发出自己的运动员。这是一个跑道竞争期，先发的运动队占领跑道，没有占到跑道的运动队要等待下一个跑道空闲期。显然，这个时刻是碰撞发生的高发期。

为了减少碰撞发生概率，无线局域网采用三种帧间间隔划分了三种不同的起跑线，分三组起跑以降低碰撞几率，但属于同一起跑线的不同工作站仍有相当大的碰撞几率。为了进一步减少碰撞几率，用争用窗口来错开同一起跑线中不同工作站发送数据的时间起点。由于争用窗口为每台工作站设置的是随机时间，很难取得相同值，工作站之间发送数据的时间起点被有效错开，从而进一步降低了碰撞发生的几率。

占用跑道的运动员发出一个占用跑道的时间通告，各个运动队据此确定并记录下一个跑道空闲时刻，在那个时刻到来时参与下一次的跑道竞争。

3. 对信道进行预约

802.11 允许要发送数据的站对信道进行预约。源站 A 在发送数据帧之前先发送一个短的控制帧，叫做请求发送 RTS(Request To Send)，它包括源地址、目的地址和这次通信所需的持续时间。若传输媒体空闲，则目的站 B 就发送一个响应控制帧，叫做允许发送 CTS(Clear To Send)，它包括这次通信所需的持续时间。A 收到 CTS 帧后就可发送其数据帧。

A 站点附近的站点能够收到 RTS，可以等待持续时间结束，再发送自己的数据。B 站点附近的站点能够收到 CTS，可以等待持续时间结束，再发送自己的数据。

4. 802.11 局域网的 MAC 帧结构

802.11 帧共有三种类型，即控制帧、数据帧和管理帧。图 8-5 所示是数据帧的主要字段。

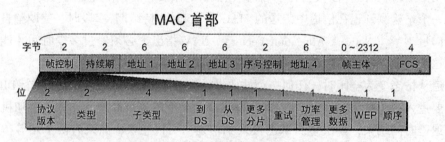

图 8-5　802.11 数据帧的主要字段

802.11 数据帧的三大部分：

①MAC 首部，共 30 字节。帧的复杂性都在帧的首部。

②帧主体，也就是帧的数据部分，不超过 2312 字节。这个数值比以太网的最大长度长很多。不过 802.11 帧的长度通常都是小于 1500 字节。

③帧检验序列 FCS 是尾部，共 4 字节。

(1)关于 802.11 数据帧的地址

802.11 数据帧最特殊的地方就是有 4 个地址字段。这 4 个地址包括移动站地址和基站地址。4 个地址的意义不是固定的，它随着数据帧的流向变换而改变。数据帧的流向由"到 DS/从 DS"字段取值来说明。表 8-2 显示了这两个字段如何说明数据帧的流向。

表 8-2　　　　　　　　　　　　　地址字段取值意义

到 DS	从 DS	具体含义
0	0	同一个 BSS 中，一台移动站发往另一台移动站
0	1	来自 AP 的帧
1	0	发往 AP 的帧
1	1	从一个 AP 到另一个 AP

数据帧流向确定以后，4 个地址字段的意义就确定了。表 8-3 显示了地址字段的意义。

表 8-3　　　　　　　　地址字段与"到 DS/从 DS"字段的关系

到 DS	从 DS	地址 1	地址 2	地址 3	地址 4
0	0	目的地址	源地址	BSSID	未使用
0	1	目的地址	BSSID	源地址	未使用
1	0	BSSID	源地址	目的地址	未使用
1	1	目的 AP 地址	源 AP 地址	目的地址	源地址

（2）其他字段介绍

①协议版本字段现在是 0。

②类型字段和子类型字段用来区分帧的功能。帧的类型有控制帧、数据帧和管理帧，每种类型还可以划分子类型，它们具有各自的功能，应用于不同场合。

③更多分片字段置为 1 时表明这个帧属于一个帧的多个分片之一。

④序号控制字段表明分布的大小和次序。占 16 位，其中序号子字段占 12 位，分片子字段占 4 位。

⑤持续期字段用于设置预约信道时间，占 16 位。

⑥有线等效保密字段 WEP 占 1 位。若 WEP＝1，就表明采用了 WEP 加密算法。

8.2　无线个人区域网

移动自组网络(ad hoc network)是没有固定基础设施(即没有 AP)的无线网。这种网络由一些处于平等状态的移动站之间相互通信组成的临时网络组成，如图 8-6 所示。

移动自组网络和上一节介绍的无线局域网并不相同。无线局域网使漫游的主机可以用多种方式连接到因特网。无线局域网的核心网络功能仍然是基于在固定互联网中一直在使

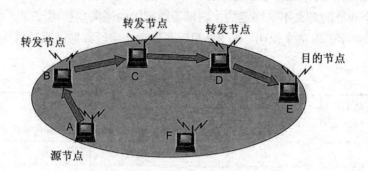

图 8-6　自组网络

用的各种路由选择协议。移动自组网络是将移动性扩展到无线领域中的自治系统,它具有自己特定的路由选择协议,并且可以不和因特网相连。

无线个人区域网(Wireless Personal Area Network,WPAN)是指在个人工作地方把属于个人使用的电子设备用无线技术连接起来的自组网络。

WPAN 是以个人为中心来使用的无线个人区域网,它实际上就是一个低功率、小范围、低速率和低价格的电缆替代技术。WPAN 都工作在 2.4GHz 的 ISM 频段。

1. 蓝牙系统(Bluetooth)

最早使用的 WPAN 是 1994 年爱立信公司推出的蓝牙系统,其标准是 IEEE 802.15.1。蓝牙的数据率为 720 kb/s,通信范围在 10m 左右。蓝牙使用 TDM 方式和扩频跳频 FHSS 技术组成不用基站的皮可网(Piconet)。

皮可网 Piconet 直译就是"微微网",表示这种无线网络的覆盖面积非常小,每一个皮可网有一个主设备(Master)和最多 7 个工作的从设备(Slave)。通过共享主设备或从设备,可以把多个皮可网链接起来,形成一个范围更大的扩散网(scatternet)。这种主从工作方式的个人区域网实现起来价格就会比较便宜。

2. 低速 WPAN

低速 WPAN 主要用于工业监控组网、办公自动化与控制等领域,其速率是 2 ~ 250 kb/s。低速 WPAN 的标准是 IEEE 802.15.4,新修订的标准是 IEEE 802.15.4-2006。低速 WPAN 中最重要的就是 ZigBee。ZigBee 技术主要用于各种电子设备(固定的、便携的或移动的)之间的无线通信,通信距离短(10~80m),传输数据速率低,并且成本低廉。

(1)ZigBee 的特点

①功耗非常低。在工作时,信号的收发时间很短;而在非工作时,ZigBee 节点处于休眠状态,非常省电。对于某些工作时间和总时间之比小于 1% 的情况,电池的寿命甚至可以超过 10 年。

②网络容量大。一个 ZigBee 的网络最多包括有 255 个节点,其中一个是主设备,其余则是从设备。若是通过网络协调器,整个网络最多可以支持超过 64000 个节点。

(2)ZigBee 的标准

ZigBee 的标准是在 IEEE 802.15.4 标准的基础上发展而来的,所有 ZigBee 产品也是

802.15.4 产品。IEEE 802.15.4 只是定义了 ZigBee 协议栈的最低两层(物理层和 MAC 层),而上面的两层(网络层和应用层)则是由 ZigBee 联盟定义的。

ZigBee 的协议栈如图 8-7 所示。ZigBee 的组网方式可采用星型和网状拓扑,或者两者的组合。

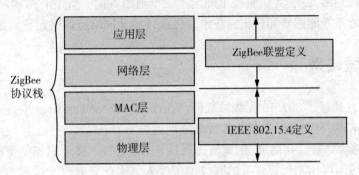

图 8-7　ZigBee 协议栈

3. 高速 WPAN

高速 WPAN 用于在便携式多媒体装置之间传送数据,支持 11 ~ 55 Mb/s 的数据率,标准是 802.15.3。IEEE 802.15.3a 工作组还提出了基于更高数据率物理层标准的超高速 WPAN,它使用超宽带 UWB 技术。UWB 技术工作在 3.1 ~ 10.6 GHz 微波频段,有非常高的信道带宽。超宽带信号的带宽应超过信号中心频率的 25% 以上,或信号的绝对带宽超过 500 MHz。超宽带技术使用了瞬间高速脉冲,可支持 100~400 Mb/s 的数据率,可用于小范围内高速传送图像或 DVD 质量的多媒体视频文件。

4. 无线传感器网络

无线传感器网络(wireless sensor network,WSN)是由部署在监测区域内大量的廉价微型传感器通过无线通信技术构成自组网络。无线传感器网络的应用是进行监测区域内各种数据的采集、处理和传输,一般并不需要很高的带宽,但是在大部分时间必须保持低功耗,以节省电池的消耗。由于无线传感节点的存储容量受限,因此对协议栈的大小有严格的限制。无线传感器网络还对网络安全性、结点自动配置、网络动态重组等方面有一定的要求。

无线传感器网络主要的应用领域包括以下几个方面:

①环境监测与保护(如洪水预报、动物栖息的监控);

②战争中对敌情的侦查和对兵力、装备、物资等的监控;

③医疗中对病房的监测和对患者的护理;

④在危险的工业环境(如矿井、核电站等)中的安全监测;

⑤城市交通管理、建筑内的温度/照明/安全控制等。

无线传感器网络起源于美军在越战时期使用的传统的传感器系统,到现在已经发展到第三代,形成了现代意义上的无线传感器网络。无线传感器网络在国际上被认为是继互联网之后的第二大网络。1999 年,《商业周刊》将传感器网络列为 21 世纪最具影响的 21 项技术之一；2002 年美国国家重点实验室——橡树岭实验室提出了"网络就是传感器"的论断；2003 年美国《技术评论》杂志评出对人类未来生活产生深远影响的十大新兴技术，传感器网络被列为第一。在现代无线传感器网络研究及其应用方面，我国与发达国家几乎同步启动，它已经成为我国信息领域位居世界前列的少数方向之一。2006 年《国家中长期科学与技术发展规划纲要》，为信息技术确定了三个前沿方向，其中有两项就与传感器网络直接相关，这就是智能感知和自组网技术。无线传感器网络应该引起我们足够的重视。

8.3　无线城域网

2002 年 4 月通过了 802.16 无线城域网（Wireless Metropolitan Area Network，WMAN）的标准。欧洲的 ETSI 也制订了类似的无线城域网标准 HiperMAN。

WMAN 可提供"最后一英里"的宽带无线接入（固定的、移动的和便携的）。在许多情况下，无线城域网可用来代替现有的有线宽带接入，因此它有时又被称为无线本地环路。WiMAX（Worldwide Interoperability for Microwave Access）常用来表示无线城域网 WMAN，这与 WiFi 常用来表示无线局域网 WLAN 相似。IEEE 的 802.16 工作组是无线城域网标准的制订者，而 WiMAX 论坛则是 802.16 技术的推动者。

WMAN 有两个正式标准：

①802.16d（它的正式名字是 802.16-2004），是固定宽带无线接入空中接口标准（2～66 GHz 频段）。

②802.16 的增强版本，即 802.16e，是支持移动性的宽带无线接入空中接口标准（2～6 GHz 频段），它向下兼容 802.16-2004。

图 8-8 显示了 WPAN 的主要功能和服务范围。

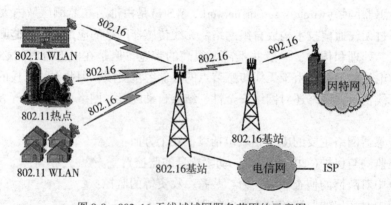

图 8-8　802.16 无线城域网服务范围的示意图

本章作业

一、填空题。

1. 无线局域网中的基本服务集是由（　　　）组成。

2. 遵守 802.11 标准的无线局域网是一个无线以太网，采用星型拓扑结构，中心设备是基站，具有一个 32 字节的服务集标识符，又称为接入点 AP。

3. 无线局域网的基本单元是 BSS，其是一个基本的以太网，该网的拓扑结构是(   )。

4. 无线局域网 MAC 层通过协调功能来确定基本服务集 BSS 中的移动站在什么时间能发送数据或接收数据。协调功能分为点协调功能和(   )两种。

5. 移动站要加入无线局域网，首先需要与基站建立关联。移动站可以通过(   )和(   )两种方式与基站建立关联。

6. 移动站接入基站的方式有(   )、移动接入、便携接入和游牧接入。

7. 移动接入是指(   )。

8. 一个基站连接的所有的通信设备在完成发送后，必须再等待一段很短的时间才能发送下一帧。这段时间的通称是(   )。

9. 802.11 数据帧格式中有(   )个地址字段。

二、判断题。

1. 无线局域网适配器上，接收信号强度远小于发送信号强度，实现不间断地检测信道，设备花费过大。因此，无线站点都采用"虚拟载波监听"方式。

2. CSMA/CA 协议采用不同的帧间间隔避免了不同类型的数据帧发生碰撞，采用争用窗口技术减少同类型数据帧发生碰撞的概率。

3. 无线局域网适配器上，接收信号强度远小于发送信号强度，实现不间断地检测信道，设备花费过大。因此，无线站点都采用"虚拟载波监听"方式。

4. 无线局域网中的基本服务集是由一个基站和与该基站连接的所有移动站组成。

5. 无线局域网中所有的站在完成发送后，必须再等待一段很短的时间才能发送下一帧。这段时间的通称叫作帧间间隔。

6. 802.11 数据帧格式中有 4 个地址字段。

7. 移动站接入基站的方式有固定接入、移动接入、便携接入和游牧接入。

8. 无线局域网 MAC 层通过协调功能来确定基本服务集 BSS 中的移动站在什么时间能发送数据或接收数据。协调功能分为点协调功能和分布协调功能两种。

三、名词解释。

信标帧　　隐蔽站问题　　虚拟载波监听

四、问答题。

1. 无线局域网中，移动站与基站建立关联的方法有哪两种？它们是怎么做的？

2. 描述"虚拟载波监听"机制，解释"虚拟载波监听"的具体意思。

第 9 章　HTML 知识

9.1　HTML 概述

　　HTML 是超文本标记语言（Hypertext Marked Language），它是标准通用标记语言下的一个应用，也是一种规范，一种标准，它通过标记符号来标记要显示的网页中的各个部分。用 HTML 编写的超文本文档称为 HTML 文档，它本身是一种文本文件，通过在文本文件中添加标记符，可以告诉浏览器如何显示其中的内容（如：文字如何处理，画面如何安排，图片如何显示等）。浏览器按顺序阅读网页文件，然后根据标记符解释和显示其标记的内容。

　　自 1990 年以来 HTML 就一直被用作 WWW（World Wide Web，也可简写为 WEB、万维网）的信息表示语言，它使我们可以在因特网上展示信息，所看到的网页是浏览器对 HTML 进行解释的结果。每一个 HTML 文档都是一种静态的网页文件，这个文件里面包含了 HTML 指令代码，是一种排版网页中资料显示位置的标记结构语言。

　　对书写出错的标记，浏览器将不指出其错误，且不停止其解释执行过程，编制者只能通过显示效果来分析出错原因和出错部位。但需要注意的是，对于不同的浏览器，对同一标记符可能会有不完全相同的解释，因而可能会有不同的显示效果。

　　一个 HTML 文档是由一系列的元素组成，元素是 HTML 语言的基本部分，大部分元素成对出现，每一对元素都有一个开始的标记和一个结束的标记（如<body>和</body>），元素的基本内容就在这两个标记之间。元素的标记要用一对尖括号将元素名括起来，元素名不区分大小写，结束的标记总是在开始的标记前加一个斜杠。

　　一个元素所要表现的页面各种内容可以用其他元素来表示，这些其他元素成为该元素的组成部分，该元素与这些其他元素形成了嵌套关系，从文档文件上来看，就是在元素开始标记和结束标记之间存在其他元素。

　　超文本标记语言文档制作不是很复杂，但功能强大，支持不同数据格式的文件镶入，这也是万维网盛行的原因之一，其主要特点如下：

　　①简易性：超级文本标记语言版本升级采用超集方式，从而更加灵活方便。

　　②可扩展性：超级文本标记语言的广泛应用带来了加强功能，增加标识符等要求，超级文本标记语言采取子类元素的方式，为系统扩展带来保证。

　　③平台无关性：虽然个人计算机大行其道，但使用 MAC 等其他机器的大有人在，超级文本标记语言可以使用在广泛的平台上，这也是万维网盛行的另一个原因。

④通用性：HTML 是网络的通用语言，一种简单、通用的全置标记语言。它允许网页制作人建立文本与图片相结合的复杂页面，这些页面可以被网上任何其他人浏览到，无论这些人使用的是什么类型的电脑或浏览器。

超文本标记语言(第一版)在 1993 年 6 月作为互联网工程工作小组(IETF)工作草案发布(并非标准)。HTML 2.0 于 1995 年 11 月作为 RFC 1866 发布，在 RFC 2854 于 2000 年 6 月发布之后被宣布已经过时。HTML 3.2 的发布时间是 1997 年 1 月 14 日，它是 W3C(万维网联盟，创建于 1994 年，是 Web 技术领域最具权威和影响力的国际中立性技术标准机构。到目前为止，W3C 已发布了 200 多项影响深远的 Web 技术标准及实施指南。)推荐标准。HTML 4.0，发布时间是 1997 年 12 月 18 日，W3C 推荐标准。HTML 4.01(微小改进)，发布时间是 1999 年 12 月 24 日，W3C 推荐标准。HTML 5，发布于 2014 年 10 月 28 日，W3C 推荐标准。XHTML(扩展的 HTML)1.0，发布于 2000 年 1 月 26 日，是 W3C 推荐标准，后来经过修订于 2002 年 8 月 1 日重新发布。XHTML 1.1，于 2001 年 5 月 31 日发布，W3C 推荐标准。XHTML 2.0，W3C 工作草案。XHTML 5，是 XHTML 1.x 的更新版，基于 HTML 5 草案。在这些标准中，HTML4.01 是常见的版本。

9.2 HTML 文档的基本结构

一个 HTML 文档形成一个页面，下面用一个例子形象描述 HTML 文档的基本结构。文档 9-1. html 内容(用 Windows 系统附件中的无格式文本编辑器"记事本"编辑)如下：

实例 9-1. html

```
<html>
  <head>
    <title>一个简单的 html 示例 </title>
  </head>
  <body>
  <center>
    <h1>欢迎光临我的主页</h1>
    <br>
    <hr>
    <font size = 7 color = red>
        这是我第一次做主页
      </font>
    </center>
  </body>
</html>
```

用浏览器运行这个文件可以看到图 9-1 所示网页。程序各行的缩进是为了表明页面各个元素之间的前后、嵌套关系，在语法上是不必要的，但为了程序的可读性，应该尽量合理地利用排版方式。

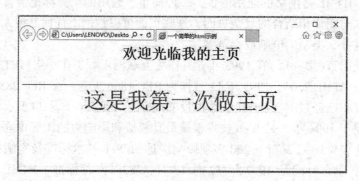

图 9-1　一个简单的页面

从例子可以看到，一个 html 元素就是一个页面，<html>是首标签，在 HTML 文档结尾处必须有相应的尾标签与之对应。为了防止最后忘记写这个尾标签，现在就输入"</html>"，然后在<html>和</html>之间留些空行，用于书写其余代码。下面，HTML 文档有一个头部"（head）"，它提供关于当前文档的信息，本例中就是用一个 title 元素标明本页面名称。然后是一个主体"（body）"，它提供文档的内容，HTML 最重要的页面元素都嵌套在这里。head 元素必须放到主体(<body>和</body>)的前面。

9.3　HTML 的标签与属性

"<"和">"括起来的句子，称它为标签，是用来分割和标记文本的元素，以形成文本的布局、文字的格式及五彩缤纷的画面。标签通过指定某块信息为段落或标题等来标识文档某个部件。HTML 的标签分单标签和成对标签两种。成对标签是由首标签<标签名> 和尾标签</标签名>组成的，成对标签的作用域只作用于这对标签中的文档。单独标签的格式<标签名>，单独标签在相应的位置插入元素就可以了。

属性是标志里参数的选项，大多数标签有自己的一些属性。属性要写在始标签内，属性用于进一步改变显示的效果，各属性之间无先后次序，属性是可选的，属性也可以省略而采用默认值。其格式如下：

<标签名字 属性 1 属性 2 属性 3 … >内容</标签名字>

作为一般的原则，大多数属性值不用加双引号。但是包括空格、%、#等特殊字符的属性值必须加双引号。为了养成好的习惯，提倡全部对属性值加双引号。如：

<font color="#ff00ff" face="宋体" size="30">字体设置</font>

输入始标签时，一定不要在"<"与标签名之间输入多余的空格，也不能在中文输入法状态下输入这些标签及属性，否则浏览器将不能正确地识别括号中的标志命令，从而无法正确地显示你的信息。

为了便于理解，以 body 元素的属性为例，说明标签属性的应用。在<body>和</body>中放置的是页面中所有的内容，如图片、文字、表格、表单、超链接等设置。<body>标签有自己的属性(如表 9-1 所示)，设置 <body>标签内的属性，可控制整个页面的显示方式。

表 9-1 <**body**>标签的属性

属　性	描　述
link	设定页面默认的连接颜色
alink	设定鼠标正在单击时的连接颜色
vlink	设定访问后连接文字的颜色
background	设定页面背景图像
bgcolor	设定页面背景颜色
leftmargin	设定页面的左边距
topmargin	设定页面的上边距
bgproperties	设定页面背景图像为固定，不随页面的滚动而滚动
text	设定页面文字的颜色

<body>的属性设定页面的背景图像或颜色，文字的颜色，链接的颜色，链接单击的连接颜色，链接单击过后的颜色，以及页面边距。body 标签属性设置的格式如下：

<body text = " #000000" link = " #000000" alink = " #000000" vlink = " #000000" background = " gifnam. gif" bgcolor = " #000000" leftmargin = 3 topmargin = 2 bgproperties = " fixed">

颜色值是一个关键字或一个 RGB 格式的数字，在网页中用得很多，在此就先介绍一下。颜色是由 "red" "green" "blue " 三原色组合而成的，在 HTML 中对颜色的定义是用六位十六进位表示，每两位分别对应红绿蓝三原色，每个原色可有 256 种彩度，故此三原色可混合成 16777216 种颜色。例如：白色的组成是 ffffff；红色的组成是 ff0000；绿色的组成是 00ff00；蓝色的组成是 0000ff；黑色的组成是 000000。

应用时常在每个 RGB 值之前加上"#"符号，用英文名字表示颜色时直接写名字，如 bgcolor = green。

9.4　几种常用的标签

9.4.1　文字版面的编辑

文字版面编辑，决定了网页文字内容的布局。HTML 采用了大量的编辑标签，来明确各种文字的布局方法。

**1. 换行标签
**

换行标签是个单标签，也叫空标签，不包含任何内容，在 html 文件中的任何位置只要使用了
标签，当文件显示在浏览器中时，该标签之后的内容将显示在下一行。

2. 换段落标签<p>及属性

由<p>标签所标识的文字，代表同一个段落的文字。不同段落间的间距等于连续加了两个换行符，也就是要隔一行空白行，用以区别文字的不同段落。它可以单独使用，也可以成对使用。单独使用时，下一个<p>的开始就意味着上一个<p>的结束。良好的习惯是成对使用。

换段落标签格式如下：

<p align= 参数>

其中，align 是<p>标签的属性，属性有三个参数 left，center，right，这三个参数设置段落文字的左，中，右位置的对齐方式。

3. 原样显示文字标签<pre>

要保留原始文字排版的格式，就可以通过<pre>标签来实现，方法是把制作好的文字排版内容前后分别加上始标签<pre>和尾标签</pre>。

4. 居中对齐标签<center>

文本在页面中使用<center>标签进行居中显示，<center>是成对标签，在需要居中的内容部分开头处加<center>，结尾处加</center>。

5. 引文标签(缩排标签)<blockquote>

<blockquote>标签可以用来建立一个引文，特别适合较长文本的引用，引文显示时将会自动右移，左边空出几个格，加以区别。

6. 水平分隔线标签<hr>

<hr>标签是单独使用的标签，是水平线标签，用于段落与段落之间的分隔，使文档结构清晰明了，使文字的编排更整齐。通过设置<hr>标签的属性值，可以控制水平分隔线的样式，见表 9-2。

表 9-2 <hr>标签的属性

属性	参数	功能	单位	默认值
size		设置水平分隔线的粗细	pixel(像素)	2
width		设置水平分隔线的宽度	pixel(像素)、%	100%
align	left，center，right	设置水平分隔线的对齐方式		center
color		设置水平分隔线的颜色		black
noshade		取消水平分隔线的 3d 阴影		

7. 署名标签<address>

<address>署名标签一般用于说明这个网页是由谁或是由哪个公司编写的，以及其他相关信息。在<address></address>标签之间的文字显示效果是斜体字。

8. 特殊字符

在 HTML 文档中，有些字符没办法直接显示出来，使用特殊字符可以将键盘上没有的字符表达出来。有些 HTML 文档的特殊字符在键盘上虽然可以得到，但浏览器在解析 HTML 文档时会报错，例如"<"等，为防止代码混淆，必须用一些代码来表示它们。几种常见的特殊字符及其代码如表 9-3 所示。

表 9-3   **HTML 几种常见的特殊字符及其代码表**

特殊或专用字符	字符代码	特殊或专用字符	字符代码
<	&lt	©	&copy
>	&gt	×	&times
&	&amp	®	&reg
"	&quot	空格	

9. 注释标签

在 HTML 文档中可以加入相关的注释标记，便于查找和记忆有关的文件内容和标识，这些注释内容并不会在浏览器中显示出来。注释标签的格式如下：

<! --注释的内容-->

10. 字体属性

(1)标题文字标签<hn>

<hn>标签用于设置网页中的标题文字，被设置的文字将以黑体或粗体的方式显示在网页中。标题标签的格式：<hn align＝参数>标题内容</hn>。

说明：<hn>标签是成对出现的，<hn>标签共分为六级，在<h1>…</h1>之间的文字就是第一级标题，是最大最粗的标题；<h6>…</h6>之间的文字是最后一级标题，是最小最细的标题文字。align 属性用于设置标题的对齐方式，其参数为 left，center，right。<hn>标签本身具有换行的作用，标题总是从新的一行开始。

(2)文字格式控制标签<font>

<font>标签用于控制文字的字体、大小和颜色。控制方式是利用属性设置得以实现的，其属性如表 9-4 所示。

表 9-4   **font 标签的属性**

属性	使用功能	默认值
face	设置文字使用的字体	宋体
size	设置文字的大小	3
color	设置文字的颜色	黑色

格式：<font face＝值 1 size＝值 2 color＝值 3> 文字 </font>

说明：如果用户的系统中没有 face 属性所指的字体，则将使用默认字体。size 属性的取值为 1~7。也可以用" +"或" -"来设定字号的相对值。color 属性的值为：rgb 颜色"# nnnnnn"或颜色的名称。

(3)特定文字样式标签

在有关文字的显示中，常常会使用一些特殊的字形或字体来强调、突出、区别，以达到提示的效果。在 html 中用于这种功能的标签可以分为两类，物理类型和逻辑类型。

1）物理类型

①粗体标签<b>

放在<b>与</b>标签之间的文字将以粗体方式显示。

②斜体标签<i>

放在<i>与</i>标签之间的文字将以斜体方式显示。

③下画线标签<u>

放在<u>与</u>标签之间的文字将以下画线方式显示。

2）逻辑类型

逻辑类型是使用一些标签来改变字体的形态和式样，以便产生一些浏览者习惯的或约定的显示效果，放在标签之间的文字受其控制。下面请看常用逻辑标签的实例：

实例 9-2. html

```
<html>
  <head>
      <title>字体的逻辑类型</title>
  </head>
  <body>
    <pre>
      em 标签:<em>用于强调的文本,一般显示为斜体字</em>
      strong 标签:<strong>用于特别强调的文本,显示为粗体字</strong>
      cite 标签:<cite>用于引证和举例,通常是斜体字</cite>
      code 标签:<code>用来指出这是一组代码</code>
      small 标签:<small>规定文本以小号字显示</small>
      big 标签:<big>规定文本以大号字显示</big>
       samp 标签:<samp>显示一段计算机常用的字体,即宽度相等的字
体</samp>
      kbd 标签:<kbd>由用户输入文本,通常显示为较粗的宽体字</kbd>
      var 标签:<var>用来表示变量,通常显示为斜体字</var>
      dfn 标签:<dfn>表示一个定义或说明,通常显示为斜体字</dfn>
      sup 标签:12<sup>2</sup>=144
      sub 标签:硫酸亚铁的分子式是 Fe<sub>2</sub>SO<sub>4</sub>
    </pre>
  </body>
</html>
```

用浏览器运行 9-2. html 得到如图 9-2 所示运行结果，通过对比文档和图示，可以看到每个逻辑文字标签的作用。

9.4.2　建立列表

合理地使用列表标签可以起到提纲和格式排序文件的作用。列表分为两类，一是无序

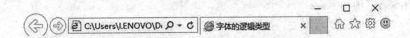

em标签：*用于强调的文本，一般显示为斜体字*
strong标签：**用于特别强调的文本，显示为粗体字**
cite标签：*用于引证和举例，通常是斜体字*
code标签：用来指出这是一组代码
small标签：规定文本以小号字显示
big标签：规定文本以大号字显示
samp标签：显示一段计算机常用的字体，即宽度相等的字体
kbd标签：由用户输入文本，通常显示为较粗的宽体字
var标签：*用来表示变量，通常显示为斜体字*
dfn标签：*表示一个定义或说明，通常显示为斜体字*
sup标签：$12^2=144$
sub标签：硫酸亚铁的分子式是Fe_2SO_4

图 9-2　逻辑文字标签效果图

列表，一是有序列表，无序列表就是项目各条列间并无顺序关系，纯粹只是利用条列来呈现资料而已，此种无序标签在各条列前面均有一符号以示区隔。而有序条列就是指各条列之间是有顺序的，比如从 1、2、3、…一直延伸下去。表 9-5 列出了列表的主要标签。

表 9-5　　　　　　　　　　　　　　　　　列表的主要标签

标　签	描　述
\<ul\>	无序列表
\<ol\>	有序列表
\<dir\>	目录列表
\<dl\>	定义列表
\<menu\>	菜单列表
\<dl\>/\<dt\>/\<dd\>	定义列表的标记
\<li\>	列表项目的标记

1. 无序列表\<ul\>

无序列表使用的一对标签是\<ul\>\</ul\>，无序列表指没有进行编号的列表，每一个列表项前使用\<li\>。\<li\>的属性 type 有三个选项，disc(实心圆)，circle(空心圆)，square(小方块)，其中，disc 是默认值。这三个选项都必须小写。

格式 1：

\<ul\>

　　\<li\>第一项

```
    <li>第二项
    <li>第三项
</ul>
```

格式 2：

```
<ul>
    <li type=disc>第一项
    <li type=circle>第二项
    <li type=square>第三项
</ul>
```

2. 有序列表\<ol\>

有序列表和无序列表的使用格式基本相同，它使用标签\<ol\>\</ol\>，每一个列表项前使用\<li\>。\<ol\>列表的结果是带有前后顺序之分的编号。如果插入和删除一个列表项，编号会自动调整。

顺序编号的设置是由\<ol\>的两个属性 type 和 start 来完成的。start＝编号开始的数字，如 start＝2 则编号从 2 开始，如果从 1 开始则可以省略，或是在\<li\>标签中设定 value＝"n"改变列表行项目的特定编号，例如\<li value＝"7"\>。type＝用于编号的数字，字母等的类型，如 type＝a，则编号用英文字母（如表 9-6 所示）。为了使用这些属性，把它们放在\<ol\>或\<li\>的初始标签中。

表 9-6　　　　　　　　　　　　　　　有序列表 type 的属性

type 类型	描　　述
type＝1	表示列表项目用数字标号（1，2，3，…）
type＝A	表示列表项目用大写字母标号（A，B，C，…）
type＝a	表示列表项目用小写字母标号（a，b，c，…）
type＝I	表示列表项目用大写罗马数字标号（Ⅰ，Ⅱ，Ⅲ，…）
type＝i	表示列表项目用小写罗马数字标号（i，ii，iii，…）

格式 1：

```
<ol type=编号类型 start=value>
    <li>第 1 项
    <li>第 2 项
    <li>第 3 项
</ol>
```

格式 2：

```
<ol>
    <li>第 1 项
    <li>第 2 项
```

<li>第 3 项

</ol>

3. 嵌套列表

将一个列表嵌入到另一个列表中，作为另一个列表的一部分，叫嵌套列表。无论是有序列表或无序列表的嵌套，浏览器都可以自动地分成排列。

4. 定义列表的标记<dl>/<dt>/<dd>

定义列表的标记也叫描述性列表，定义列表默认为两个层次，第一层为列表项标签<dt>，第二层为注释项标签<dd>，<dt>和<dd>标签通常是同时使用的。也可以一个列表项对应于几个解释项，这种方式很少用。<dd>默认的注释是显示在另一行中，当使用<dl compact="compact">后，注释项和列表项将显示在同一行。其格式为：

<dl>

    <dt>第 1 项 <dd>注释 1

    <dt>第 2 项 <dd>注释 2

    <dt>第 3 项 <dd>注释 3

</dl>

5. 目录列表<dir>和菜单列表<menu>

<dir>为目录列表标签，<menu>为菜单列表标签，它们的格式和无序列表<ul>是一样的。例如：

格式 1：

<dir>

    <li>第一项

    <li>第二项

    <li>第三项

</dir>

格式 2：

<menu>

    <li type=disc>第一项

    <li type=circle>第二项

    <li type=square>第三项

</menu>

9.4.3　图像的处理

图像可以使 html 页面美观生动且富有生机。浏览器可以显示的图像格式有 jpeg，bmp，gif。其中，bmp 文件存储空间大，传输慢，不提倡用。常用的 jpeg 与 gif 格式的图像相比较，jpeg 图像支持数百万种颜色，即使在传输过程中丢失数据，也不会在质量上有明显的不同，占位空间比 gif 大。gif 图像仅包括 265 色彩，虽然质量上没有 jpeg 图像好，但具有占位储存空间小、下载速度最快、支持动画效果及背景色透明等特点。因此使用图像美化页面可视情况决定使用哪种格式的图像。

1. 背景图像的设定

在网页中除了可以用单一的颜色做背景外，还可将图像设置为背景。设置背景图像的格式为：

　　<body background = " image-url" >

其中 " image-url" 指图像的位置。

2. 网页中插入图片标签<img>

网页中插入图片用单标签<img>，当浏览器读取到<img>标签时，就会显示此标签所设定的图像，该标签的属性如表 9-7 所示。如果要对插入的图片进行修饰，仅仅用这一个属性是不够的，还要配合其他属性来完成。

表 9-7　　　　　　　　　　　　　　　　插入图片标签**<img>**的属性

属性	描　　述
src	图像的 url 的路径
alt	提示文字
width	宽度通常只设为图片的真实大小以免失真，改变图片大小最好用图像工具
height	高度通常只设为图片的真实大小以免失真，改变图片大小最好用图像工具
dynsrc	avi 文件的 url 的路径
loop	设定 avi 文件循环播放的次数
loopdelay	设定 avi 文件循环播放延迟
start	设定 avi 文件的播放方式
lowsrc	设定低分辨率图片，若所加入的是一张很大的图片，可先显示图片
usemap	映像地图
align	图像和文字之间的排列属性
border	边框
hspace	水平间距
vlign	垂直间距

<img> 的格式及一般属性设定：

<img src = " logo. gif"　width = 100　height = 100　hspace = 5　vspace = 5　border = 2　align = " top" alt = " Logo of PenPals Garden"　lowsrc = " pre_ logo. gif" >

下面介绍该标签的一些常用方法。

（1）插入普通图像

将标明图像位置的路径参数赋给 src 属性，如：<img src = " c：/1. jpg" >

（2）设定上下左右空白位置 hspace/vspace

将数值参数赋给这两个属性，如：<img src = " c：/1. jpg"　hspace = " 20"　vspace = " 20" >

（3）设定字画对齐方式

将对齐方式参数赋给 align 属性，如：<img src="c：/1.jpg" align="left">

此图像相对于文字基准线为靠上对齐的多行文字。属性值还可以使用"right""top""bottom""middle"，分别对应不同的基准线。

（4）图片大小设定

在 img 标签中加入 width，height 参数来设置图像的大小，参数单位是像素。例如：

<img src="c：/1.jpg" width="350" height="200">

（5）图像边框的设定

在 img 标签中加入 border 参数来设置图像的大小，参数单位是像素。例如：

<img src="c：/1.jpg" border="10">

3. 用<img>标签插入 avi 视频文件

对于插入 avi 视频文件，<img>标签有如表 9-8 所示的属性。

表 9-8　　　　　　　　　　　　　**<img>标签插入 avi 文件的属性**

属性	描　　述
dynsrc	指定 avi 文件所在路径
loop	设定 avi 文件循环次数
loopdelay	设定 avi 文件循环延迟
start	设定文件播放方式 fileopen/mouseover（网页打开时即播放/当鼠标滑到 avi 文件时播放）

插入 avi 视频文件及属性的格式：<img dynsrc="avi 文件地址">，例如：

<img dynsrc="c：/1.avi" loop="1" start="mouseover">

9.4.4 建立超链接

html 文件中最重要的应用之一就是超链接，超链接是一个网站的灵魂，web 上的网页是互相链接的，单击被称为超链接的文本或图形就可以链接到其他页面。超文本具有的链接能力，可层层链接相关文件，这种具有超级链接能力的操作称为超链接。超链接除了可链接文本外，也可链接各种媒体，如声音、图像、动画，通过它们我们可享受丰富多彩的多媒体世界。

建立超链接的标签为<a>和</a>，使用格式为：

<a href="资源地址" target="窗口名称" title="指向链接显示的文字">超链接名称</a>标签<a>表示一个链接的开始，</a>表示链接的结束。属性 href 定义了这个链接所指的目标网页地址，一旦路径上出现差错，该资源就无法访问。属性 target 用于指定打开链接的目标窗口，它的属性值如表 9-9 所示，其默认方式是原窗口。title 属性用于指定指向链接时所显示的标题文字。

表 9-9　　　　　　　　　　　　　　　　　　属性 **target** 的属性值

属性值	描　　述
_parent	在上一级窗口中打开
_blank	在新窗口中打开
_self	在同一窗口中打开，这项一般不用设置
_top	在浏览器的整个窗口中打开，忽略任何框架

"超链接名称"是要单击到链接的元素，该元素可以是文本，也可以是图像。文本带下画线且与其他文字颜色不同，图形链接通常带有边框显示。用图形做链接时，只要把显示图像的标志<img>嵌套在<a href="url"></a>之间，就能实现图像链接的效果。当鼠标指向"超链接名称"处时会变成手状，单击这个元素可以访问指定的目标文件。

1. 链接路径

每一个文件都有自己的存放位置和路径，理解一个文件到要链接的那个文件之间的路径关系是创建链接的根本。

URL(uniform resourc locator)中文名字为"统一资源定位器"，指的是网站地址。同一个网站下的每一个网页都属于同一个地址之下，在创建一个网站的网页时，不需要为每一个链接都输入完全的地址，有时只需要确定当前文档同站点根目录之间的相对路径关系就可以了。因此，链接可以分以下三种：绝对路径，相对路径，根路径。

(1)绝对路径

绝对路径：包含了标识 INTERNET 上的文件所需要的所有信息。例如：http://www.163.net/myweb/book.htm，表明采用 http 从名为 www.163.net 的服务器上的目录 myweb 中获得文件 book.htm。

(2)相对路径

相对路径是以当前文件所在路径为起点进行相对文件的查找。一个相对的 URL 不包括协议和主机地址信息，表示它的路径与当前文档的访问协议和主机名相同，甚至有相同的目录路径，通常只包含文件夹名和文件名，甚至只有文件名。可以用相对 URL 指向与源文档位于同一服务器或同文件夹中的文件，此时，浏览器链接的目标文档处在同一服务器或同一文件夹下。相对 URL 的写法有以下 3 种：①链接到同一目录下，只需输入要链接文件的名称；②链接到下级目录中的文件，需先输入目录名，加"/"，再输入文件名；③链接到上一级目录中的文件，先输入"../"，再输入文件名。表 9-10 举出了几个例子。

(3)根路径

根路径目录地址同样可用于创建内部链接，根路径目录地址的书写也很简单，首先以一个斜杠开头，代表根目录，然后书写文件夹名，最后书写文件名。例如：/web/highlight/sh ouey.html。

表 9-10   相对路径的用法

相对路径名	含　义
herf = " shouey. html"	shouey. html 是本地当前路径下的文件
herf = " web/shouey. html"	shouey. html 是本地当前路径下称做"web"子目录下的文件
herf = " ../shouey. html"	shouey. html 是本地当前目录的上一级子目录下的文件
herf = " ../../shouey. html"	shouey. html 是本地当前目录的上两级子目录下的文件

2. 超链接的应用

（1）书签链接

链接文档中的特定位置也叫书签链接。在浏览页面时，如果页面很长，要不断地拖动滚动条，给浏览带来不便。浏览者可以选择自己感兴趣的部分阅读，这种效果就可以通过书签链接来实现，方法是选择一个目标定位点，用来创建一个定位标记，用<a>标签的属性 name 的值来确定定位标记名，然后在网页的任何地方建立对这个定位标记的链接"标题"，在标题上建立的链接地址的名字要和定位标记名相同，前面还要加上"#"号，<a href= "#定位标记名">。单击标题就跳到要访问的内容。

书签链接可以在同一页面中链接，也可以在不同页面中链接。在不同页面中链接的前提是需要指定好链接的页面地址和链接的书签位置。下面是几种链接格式。

在同一页面要使用链接的地址：

<a href="#书签名称" target="窗口名称">超链接标题名称</a>

在不同页面要使用链接的地址：

<a href="URL 地址#书签名称" target="窗口名称">超链接标题名称</a>

链接到的目的地址：

<a name=" 书签名称">目标超链接名称</a>

name 的属性值为该目标定位点的定位标记名称，是给特定位置点(也叫锚点)取个名称。

（2）在站点内部建立链接

内部链接指的是在同一个网站内部，不同的 html 页面之间的链接关系。在建立网站内部链接的时候，要明确哪个是主链接文件(即当前页)，哪个是被链接文件。表 9-11 列出了相对路径内部链接的链接例子。

表 9-11   在站点内部建立链接

当前页面	被链接页面	超链接代码
2-1. html	3-1. html	<a href="3-1. html">超链接元素</a>
3-1. html	1-1. html	<a href=" asm/1-1. html">超链接元素</a>
sy. html	1-1. html	<a href=" ssm/asm/1-1. html">超链接元素</a>
2-1. html	sy. html	<a href=" ../sy. html">超链接元素</a>

续表

当前页面	被链接页面	超链接代码
1-1. html	sy. html	\<a href=" ../../sy. html">超链接元素\</a>
sy. html	2-1. html	\<a href=" ssm/2-1. html">超链接元素\</a>

3. 外部链接

所谓外部链接，指的是跳转到当前网站外部，与其他网站中页面或其他元素之间的链接关系。这种链接的 URL 地址一般要用绝对路径，要有完整的 URL 地址，包括协议名，主机名，文件所在主机上的位置的路径以及文件名。

最常用的外部链接格式是：\<a href=" http：//网址">，还有其他的格式如表 9-12 所示：

表 9-12　　　　　　　　　　　　　　　**URL 外部链接格式**

服　务	URL 格式	描　述
WWW	http：//"地址"	进入万维网站点
ftp	ftp：//"地址"	进入文件传输协议
telnet	telnet：//"地址"	启动 telnet 方式
gopher	gopher：//"地址"	访问一个 gopher 服务器
news	news：//"地址"	启动新闻讨论组
email	email：//"地址"	启动邮件

(1)链接其他站点

站点之间的页面和元素的链接是万维网交流信息的关键，这种链接用 HTTP 协议来建立网站之间的超链接。格式：\<a href=" http：//" 网址>

(2)发送 E-mail

在 html 页面中，可以建立 E-mail 链接。当浏览者单击链接后，系统会启动默认的本地邮件服务系统发送邮件。基本语法：\<a href=" mailto：E-mail 地址：subject=邮件主题">描述文字\</a>。

在实际应用中，用户可以加入几个参数。发送邮件的参数如表 9-13 所示。

表 9-13　　　　　　　　　　　　　　　　**邮件的参数**

参　数	描　述
subject	电子邮件主题
cc	抄送收件人
body	主题内容
bcc	暗送收件人

如果希望同时写下多个参数，则参数之间使用"&"分隔符。例如：

<a href="mailto：abc123@yahoo.com.cn? cc=efg456@163.com&subject=早安 &bcc=hij789@sina.com.cn&body=祝你度过一个快乐的早晨!">

（3）链接 FTP

lnternet 上资源丰富，通过 ftp 文件传输协议，就可以获得各种免费软件和其他文件，通过 ftp 可以访问某个网络或服务器。

语法格式：<a href="ftp：//ftp 主机地址">文字链接</a>

例如，访问北大 ftp 服务器：<a href=ftp：//ftp.pku.edu.cn>北京大学 ftp 站点</a>。

4. 图像的超链接

（1）图像的超链接

图像的链接和文字的链接方法是一样的，都是用<a>标签来完成，只要将<img>标签放在<a>和</a>之间就可以了。用图像链接的图片上有蓝色的边框，这个边框颜色也可以在<body>标签中设定。例如：

<a href="http：//www.sohu.com/" target="_blank"><img alt="搜狐网站" src="../../imge/logo[1].gif"></a>

<a href="http：//www.baidu.com/"><img alt="百度搜索" src="../../imge/logo[2].gif"></a>

<a href="http：//www.sina.com.cn"><img alt="新浪网站" src="../../imge/logo(3).gif"></a>

（2）图像的影像地图超链接

在 HTML 中还可以在图像中划分出若干个热点区域，每一个区域链接到不同网页，实现各个区域的超链接。影像上所有的区域以及它们的超链接就构成了影像地图。要完成地图区域超链接，要用到三种标签：<img>，<map>，<area>。<img>标签的作用还是指明一幅影像，不过需要用 usemap 属性标明加在这幅影像上的影像地图。<map>标签的作用是建立影像地图，方法是在<map>标签和</map>标签之间，用一系列<area>标签建立一系列热点区域，每一个<area>标签对应一个热点区域。影像地图名字在<map>首标签的name 属性中定义。<area>与<img>一样是单标签，<area>的 shape 属性确定热点区域形状，coords 属性确定热点区域坐标，href 属性确定热点区域的链接。下面分别介绍这些标签的用法：

下面是影像地图的建立格式：

<img src="图像路径" usemap="#影像地图名称">

<map name="影像地图名称">

    <area shape=形状 coords=区域坐标列表 href="URL 资源地址">

        ……可根据需要定义多个热点区域

    <area shape=形状 coords=区域坐标列表 href="URL 资源地址">

</map>

shape 用来定义热点形状，可用的参数有：rect(矩形)，circle(圆形)，poly(多边形)。coords 用来定义区域点的坐标，坐标参数根据形状的不同而有所差异，下面列出了各种形

状参数定义方法：

①矩形：必须使用四个数字，前两个数字为左上角坐标，后两个数字为右下角坐标。

例：<area shape＝rect coords＝100，50，200，75 href＝"URL">

②圆形：必须使用三个数字，前两个数字为圆心的坐标，最后一个数字为半径长度。

例：<area shape＝circle coords＝85，155，30 href＝"URL">

③任意图形（多边形）：将图形的每一转折点坐标依序填入。

例：<area shape＝poly coords＝232，70，285，70，300，90，250，90，200，78 href＝"URL">

在制作本文介绍的效果时应注意的几点：

①在<img>标记不要忘记设置 usemap 参数，且 usemap 的参数值必须与<map>标记中的 name 参数值相同，也就是说，"影像地图名称"要一致；

②同一"影像地图"中的所有热点区域都要在图像范围内，所有<area>标记均要在<map>与</map>之间；

③在<area>标记中的 cords 参数设定的坐标格式要与 shape 参数设定的作用区域形状配套，避免出现在 shape 参数设置的是矩形作用区域，而在 cords 中设置的却是多边形区域顶点坐标的现象出现。

实例 9-3. html

```
<html>
    <head>
        <title>影像地图</title>
    </head>
    <body>
        <img src＝"../../imge/yxlj.jpg" alt＝"影像地图" hspace＝"10"
align＝"left" usemap＝"#yxdt" border＝"0">
        <map name＝"yxdt">
            <area shape＝"rect" coords＝"80,80,120,120" href＝
http://www.baidu.com/target＝"_blank" alt＝"点击链接到百度搜索">
            <area shape＝"circle" coords＝"200,200,50" href＝http://
www.sina.com.cn target＝"_blank" alt＝"点击链接到新浪网站">
        </map>
    </body>
</html>
```

9.4.5　table 表格

表格在网站应用中非常广泛，可以方便灵活地排版，很多动态大型网站也都是借助表格排版。表格可以把相互关联的信息元素集中定位，使浏览页面的人一目了然。

1. 定义表格的基本语法

在 html 文档中，表格是通过<table>，<th>，<tr>，<td>标签来完成的，它们都是双标签，作用如表 9-14 所示：

表 9-14　　　　　　　　　　　　　　　表格标签的作用

标　签	描　述
`<table>`	用于定义一个表格开始和结束
`<caption>`	定义表格的标题。在表格中也可以不用此标签
`<th>`	定义表头单元格。表格中的文字将以粗体显示，在表格中也可以不用此标签，`<th>` 标签必须放在 `<tr>` 标签内
`<tr>`	定义一行标签，一组行标签内可以建立多组由 `<td>` 或 `<th>` 标签所定义的单元格
`<td>`	定义单元格标签，一组 `<td>` 标签将建立一个单元格，`<td>` 标签必须放在 `<tr>` 标签内

在一个最基本的表格中，必须包含一组 `<table>` 标签，一组 `<tr>` 标签和一组 `<td>` 标签或 `<th>` 标签。

实例 9-4. html

```
<html>
    <head> <title>一个简单的表格</title></head>
    <body>
        <table>
            <caption>表格标题</caption >
            <tr>
                <th> 第 1 行中的第 1 列 </td>
                <th> 第 1 行中的第 2 列 </td>
                <td> 第 1 行中的第 3 列 </td>
            </tr>
            <tr>
                <td> 第 2 行中的第 1 列 </td>
                <td> 第 2 行中的第 2 列 </td>
                <td> 第 2 行中的第 3 列 </td>
            </tr>
        </table>
    </body>
</html>
```

文档的显示效果如图 9-3 所示。

从该例可以看到一个基本表格的组成：一个 `<table>` 标签（表）中含有若干个 `<tr>` 标签（行），一个 `<tr>` 标签中含有若干个 `<td>` 标签（单元）。该表第一行前两列单元与其他单元的差异体现了 `<th>` 标签和 `<td>` 标签的差异。该表是最简单的表，没有表格线，每个单元的宽度由 `<td>` 标签中的内容宽度决定。如果要改表的表现形式，可以采用标签的各种属性。

图 9-3　简单表格的显示效果

2. 表格<table>标签属性

（1）表格<table>标签的常用属性

表格标签<table>有很多属性，最常用的属性如表 9-15 所示。

表 9-15　　　　　　　　　　　　　　**<table>标签的属性**

属　性	描　　述	说　　明
width	表格的宽度	
height	表格的高度	
align	表格在页面的水平摆放位置	
background	表格的背景图片	
bgcolor	表格的背景颜色	
border	表格边框宽度（像素）	
bordercolor	表格边框颜色	当 border>=1 时起作用
bordercolorlight	表格边框明亮部分的颜色	当 border>=1 时起作用
bordercolordark	表格边框昏暗部分的颜色	当 border>=1 时起作用
cellspacing	单元格之间的间距	
cellpadding	单元格内容与单元格边界之间的空白距离的大小	

在实例 9-4. html 中，在标签<table>中加入如下属性值，可以看到表格的形式有很大变化。

<table border=10 bordercolor="#006803" align="center" bgcolor="#DDFFDD" width=500 height="200" bordercolorlight="#FFFFCC" bordercolordark="#660000" cellspacing="2" cellpadding="8">

（2）设置分隔线的显示状态 rules

<table>标签的 rules 属性用于在单元格之间增加分隔线，其语法格式：<table rules="值">，rules 的属性值如表 9-16 所示。

表 9-16   **分隔线的显示状态 rules 的值的设定**

rules 的值	描 述	rules 的值	描 述
all	显示所有分隔线	cols	只显示列与列的分隔线
groups	只显示组与组的分隔线	none	所有分隔线都不显示
rows	只显示行与行的分隔线		

（3）表格的边框显示状态 frame

表格的边框分别有上边框、下边框、左边框、右边框。这四个边框都可以设置为显示或隐藏状态。语法格式：<table frame="边框显示值">，frame 的属性值如表 9-17 所示。

表 9-17   **表格边框显示状态 frame 的值的设定**

frame 的值	描 述	frame 的值	描 述
box	显示整个表格边框	above	只显示表格的上边框
void	不显示表格边框	below	只显示表格的下边框
hsides	只显示表格的上下边框	lhs	只显示表格的左边框
vsides	只显示表格的左右边框	rhs	只显示表格的右边框

3. 表格行的设定

表格是按行和列（单元格）组成的，一个表格有几行组成就要有几个行标签<tr>，每一行可以用它的行标签属性值来修饰，属性都是可选的。行标签<tr>的属性如表 9-18 所示。

表 9-18   **<tr>标签的属性**

属 性	描 述	属 性	描 述
height	行高	bordercolor	行的边框颜色
align	行内容的水平对齐	bordercolorlight	行的亮边框颜色
valign	行内容的垂直对齐	bordercolordark	行的暗边框颜色
bgcolor	行的背景颜色		

下面是<tr>的参数设定的一个例子：

<tr align="RIGHT" valign="MIDDLE" bgcolor="#0000FF" bordercolor="#FF00FF" bordercolorlight="#808080" bordercolordark="#FF0000">

4. 单元格的设定

<th>和<td>都是插入单元格的标签，这两个标签必须嵌套在<tr>标签内，是成对出现的。<th>用于表头标签，表头标签一般位于首行或首列，标签之间的内容就是位于该单元格内的标题内容，其中的文字以粗体居中显示。数据标签<td>就是该单元格中的具体数据

内容。<th>和<td>标签的属性都是一样的，属性如表 9-19 所示。

表 9-19   **<th>和<td>标签的属性**

属 性	描 述
width/height	单元格的宽和高，接受绝对值(如 80)及相对值(如 80%)
colspan	单元格向右打通的栏数
rowspan	单元格向下打通的列数
align	单元格内容摆放位置(水平)，可选值为：left，center，right
valign	单元格内容摆放位置(垂直)，可选值为：top，middle，bottom
bgcolor	单元格的底色
bordercolor	单元格边框颜色
bordercolorlight	单元格边框向光部分的颜色
bordercolordark	单元格边框背光部分的颜色
background	单元格背景图片
nowrap	<td nowrap>禁止单元格内容自动换行； td 标签 nowrap 属性的作用与 td 标签 width 属性有关：如未设置 width，则 nowrap 属性起作用；如设置了 width，则 nowrap 属性不起作用 注：如果不设置 table 的 width 属性，nowrap 不起作用

<td>的参数设定格式：

<td width = "48%" height = "400" colspan = "5" rowspan = "4" align = "RIGHT" valign = "BOTTOM" bgcolor = "#FF00FF" bordercolor = "#808080" bordercolorlight = "#FF0000" bordercolordark = "#00FF00" background = "myweb. gif">

5. 表格的嵌套

在 html 页面中，使用表格排版是通过嵌套来完成的，即一个表格内部可以嵌套另一个表格，也就是在一个表格单元中可以加入一个表格元素，在 html 文档中就是在一对<td></td>标签中插入一对<table></table>标签元素。用表格来排版页面的思路是：由总表格规划整体的结构，由嵌套的表格负责各个子栏目的排版，并插入到表格的相应位置，这样就可以使页面的各个部分有条不紊，互不冲突，看上去清晰整洁。

9.4.6 网页的动态、多媒体效果

在网页的设计过程中，动态效果的插入，会使网页更加生动灵活、丰富多彩。html 文档提供了很多这样的元素，下面介绍一些页面常用的动态多媒体元素。

1. 滚动字幕

<marquee>标签可以实现元素在网页中移动的效果，以达到动感十足的视觉效果。<marquee>标签是一个成对的标签。应用格式为：

<marquee>移动显示的文字</marquee>

<marquee>标签有很多属性，用来定义元素的移动方式。常用的属性如表9-20所示。

表 9-20   **<marquee>的属性**

属性	描述
align	指定对齐方式 top，middle，bottom
bgcolor	设定文字卷动范围的背景颜色
loop	设定文字卷动次数，其值可以是正整数或 infinite（表示无限次，默认为无限循环）
height	设定字幕高度
width	设定字幕宽度
scrollamount	指定每次移动的速度，数值越大速度越快
scrolldelay	文字每一次滚动的停顿时间，单位是毫秒。时间越短滚动越快
hspace	指定字幕左右空白区域的大小
vspace	指定字幕上下空白区域的大小
direction	设定文字的卷动方向，left 表示向左，right 表示向右，up 表示往上滚动
behavior	指定移动方式，scroll 表示滚动播出，slibe 表示滚动到一方后停止，alternate 表示滚动到一方后向相反方向滚动

2. 插入多媒体文件

在网页中可以用<embed>标签将多媒体文件插入，比如可以插入音乐等。用浏览器可以播放的音乐格式有：midi，wav，mp3，aiff，au 格式等。要说明一点，虽然用代码标签插入了多媒体文件，IE 浏览器通常能自动播放某些格式的声音与影像，但具体能播放什么格式的文件，取决于所用计算机的类型以及浏览器的配置，通常是调用称为插件的内置程序来播放的。事实上，浏览器自身仅仅能显示几种文件格式，是各种插件扩展了浏览器的能力。

该标签的使用格式：<embed src = " 音乐文件地址" >，该标签的常用属性如表 9-21 所示。

表 9-21   **<embed>常用属性**

属性	描述
src = " filename"	设定音乐文件的路径
autostart = true/false	是否要音乐文件传送完就自动播放，默认为 false（不要）
loop = true/false	设定播放重复次数，loop = 6 表示重复 6 次，true 表示无限次重复，false 表示播放一次即停止
starttime = "分：秒"	设定乐曲的开始播放时间，如 20 秒后播放写为 starttime = 00：20

续表

属性	描述
volume＝0~100	设定音量的大小。如果没设定的话，就用系统的音量
width height	设定播放控件面板的大小
hidden＝true	隐藏播放控件面板
controls＝console/smallconsole	设定播放控件面板的样子

注意：长和宽的设定要根据图片的实际大小来设定。

3. 嵌入背景音乐

除了可以使用上述方法插入多媒体文件外，还可以在网页中嵌入多媒体文件，这种方式将不调用媒体播放器。<bgsound>标签用来设置网页的背景音乐。但只适用于 IE 浏览器，其参数设定不多。格式如下：

<bgsound src＝"your. mid" autostart＝true loop＝infinite>

其中，src 属性设定声音文档及路径，可以是相对或绝对。声音文件可以是 wav，midi，mp3 等类型的文件。autostart 属性决定是否在音乐档案传完之后，就自动播放音乐；true：是，false：否(内定值)。loop 属性决定是否自动反复播放；如 loop＝2 表示重复两次，Infinite 表示一直重复，直到网页关闭为止。

<bgsound>标签可以放在<body></body>或<head></head>之间。

4. 点播音乐

将音乐做成一个链接，只需用鼠标在上面单击，就可以听到音乐。这样做的方法很简单：

<a href＝"音乐地址">乐曲名</a>

9.4.7　多视窗口框架

1. 框架的含义和基本构成

框架就是把一个浏览器窗口划分为若干个小窗口，每个窗口可以显示不同的 URL 网页。使用框架可以非常方便地在浏览器中同时浏览不同的页面效果，也可以非常方便地完成导航工作。

所有的框架标记要放在一个 html 文档中。html 页面的主体标签<body>被框架集标签<frameset>所取代，然后通过<frameset>的框架标签<frame>定义每一个子窗口和子窗口的页面属性。语法格式：

<html>

<head>

</head>

<frameset>

<frame src＝"url 地址 1">

　　　　　　　<frame src="url 地址 2">

　　　　　　　……

　　　　　</frameset>

　　</html>

　　frame 框架 src 属性的每个 URL 值指定了一个 html 文件(必须事先做好)地址,地址路径可使用绝对路径或相对路径,这个文件将载入相应的窗口中。框架结构可以根据框架集标签<frameset>的分割属性分为 3 种:左右分割窗口,上下分割窗口,嵌套分割窗口。

2. 框架集<frameset>标签

<frameset>标签运用表 9-22 属性建立框架结构。

表 9-22　　　　　　　　　　　　　**<frameset>的属性**

属 性	描 述
border	设置边框粗细,默认是 5 像素
bordercolor	设置边框颜色
frameborder	指定是否显示边框:"0"代表不显示边框,"1"代表显示边框
cols	用"像素数" 和 "%"分割左右窗口," ＊"表示剩余部分
rows	用"像素数" 和 "%"分割上下窗口," ＊"表示剩余部分
framespacing	表示框架与框架间的保留空白的距离
noresize	设定框架不能够调节,只要设定了前面的,后面的将继承

　　(1)左右分割窗口属性 cols

　　想要在水平方向将浏览器分割为多个窗口,需要使用到框架集的左右分割窗口属性 cols。分割几个窗口 cols 的值就有几个,值的定义为宽度,可以是数字(单位为像素),也可以是百分比和剩余值,各值之间用逗号分开,其中剩余值用" ＊ "号表示。剩余值表示所有窗口设定之后的剩余部分,当" ＊ "只出现一次时,表示该子窗口的大小将根据浏览器窗口的大小自动调整,当" ＊ "出现一次以上时,表示按比例分割剩余的窗口空间。cols 的默认值为一个窗口。例如:

　　<frameset cols="40%,40%, ＊"> 将窗口分为 40%,40%,20%。

　　<frameset cols="100,200, ＊">将窗口分为 3 个,前两个分别是 100,200,剩下的属于第 3 窗口。

　　<frameset cols="100, ＊, ＊">将 100 像素以外的窗口平均分配。

　　<frameset cols=" ＊, ＊, ＊">将窗口分为三等份。

　　(2)上下分割窗口属性 rows

　　上下分割窗口的属性设置和左右窗口的属性设定是一样的,参照上面所述就可以了。

　　在一个子窗口中可以继续设置窗口框架集,就实现了窗口的嵌套。

3. 框架<frame>标签

<frame>是个单标签,<frame>标签要放在框架集 frameset 中,<frameset>设置了几个子

窗口就必须对应几个<frame>标签，而且每一个<frame>标签内还必须设定一个网页文件（src="＊.html"），其常用属性如表 9-23 所示。

表 9-23 **<frame>常用属性**

属　性	描　　述
src	指示加载的 url 文件的地址
bordercolor	设置边框颜色
frameborder	指示是否要边框，1 显示边框，0 不显示
border	设置边框粗细
name	指示框架名称，是连接标记的 target 所要的参数
noresize	指示不能调整窗口的大小，省略此项时就可调整
scorlling	指示是否要滚动条，auto 根据需要自动出现，Yes 有，No 无
marginwidth	设置内容与窗口左右边缘的距离，默认为 1
marginheight	设置内容与窗口上下边缘的边距，默认为 1
width	框窗的宽及高默认为 width="100" height="100"
align	可选值为 left，right，top，middle，bottom

4. 窗口的名称和链接

如果有左右两个框架，左边框架是一个导航框，里面有很多链接，点击每一个链接，相应的页面都会在右边的框架中显示出来。这叫在窗口间做链接，必须对右边的子窗口命名，该命名将用于左边导航页面做必要的链接。右边子窗口框架的命名方法是采用 name 属性，如下所示：

<frame name="子窗口命名">

在导航页面文档中的链接标签中要用到一个属性 targe，用这个属性就可以将被链接的内容放置到右边的显示窗口内，如下所示：

<a href="导航页面 url 地址" target="子窗口命名">导航显示文字</a>

此时，点击导航显示文字，该导航页面将显示在右边的子窗口中。需要导航的页面，可以是自己制作的，也可以是 web 网上已经存在的页面，如某个门户网站的首页。如果是自己制作，每一个导航页面文档文件必须已经做好，并保存在 url 地址指定的地方。

9.4.8　表单的设计

1. 表单标签<form>

表单在 web 网页中用来给访问者填写信息，从而能采集客户端信息，使网页具有交互的功能。一般是将表单设计在一个 html 文档中，当用户填写完信息后做提交（submit）操作，表单的内容就从客户端的浏览器传送到服务器上，经过服务器上的 ASP 或 CGI 等处理程序处理后，再将用户所需信息传送回客户端的浏览器上，这样网页就具有了交互性。

这里我们只讲怎样使用 html 标志来设计表单。

表单是由窗体和控件组成的,一个表单一般应该包含用户填写信息的输入框,提交按钮等,这些输入框、按钮叫做控件,表单很像容器,它能够容纳各种各样的控件。

一个表单用<form></form>标签来创建,也即定义表单的开始和结束位置,在开始和结束标志之间的一切定义都属于表单的内容。<form>标志具有 action、method 和 target 属性。action 的值是处理程序的程序名(包括网络路径:网址或相对路径),如:<form action ="用来接收表单信息的 url">,如果这个属性是空值("")则当前文档的 url 将被使用。当用户提交表单时,服务器将执行网址里面的程序。method 属性用来定义处理程序从表单中获得信息的方式,可取值为 GET 和 POST 的其中一个。GET 方式是处理程序从当前 html 文档中获取数据,然而这种方式传送的数据量是有所限制的,一般限制在 1KB 以下。POST 方式与 GET 方式相反,它是当前的 html 文档把数据传送给处理程序,传送的数据量要比使用 GET 方式大的多。target 属性用来指定目标窗口或目标帧,可选当前窗口_self,父级窗口_parent,顶层窗口_top,空白窗口_blank 等。

表单标签的格式:<form action = " url" method = get | post name = " myform" target = "_blank">... </form>

2. 写入标签<input>

在 html 语言中,标签<input>具有重要的地位,它能够将浏览器中的控件加载到 html 文档中,该标签是单个标记,没有结束标记。<input type = "">标志用来定义一个用户输入区,用户可在其中输入信息。此标志必须放在 <form></form>标志对之间,这意味着<input>标签是为表单服务的。<input type = "">标志中共提供了九种类型的输入区域,具体是哪一种类型由 type 属性来决定。

(1)单行的文本输入

用来输入一行文字。格式为:<input type = "TEXT" size = "" maxlength = "">。该标志使用的控件属性及说明如下:

①name:定义控件名称。

②value:指定控件初始值,该值就是浏览器被打开时在文本框中的内容。

③size:指定控件宽度,表示该文本输入框所能显示的最大字符数。

④maxlength:表示该文本输入框允许用户输入的最大字符数。

⑤onchang:当文本改变时要执行的函数。

⑥onselect:当控件被选中时要执行的函数。

⑦onfocus:当文本接受焦点时要执行的函数。

(2)普通按钮

当这个按钮被点击时,就会调用属性 onclick 指定的函数。在使用这个按钮时,一般配合使用 value 指定在它上面显示的文字;用 onclick 指定一个函数,一般为 JavaScript 的一个事件。格式为:<input type = "button">。该标志使用的控件属性及说明如下:

①name:指定按钮名称。

②value:指定按钮表面显示的文字。

③onclick:指定单击按钮后要调用的函数。

④onfocus：指定按钮接受焦点时要调用的函数。

（3）提交到服务器按钮

当这个按钮被点击时，就会连接到表单 form 属性 action 指定的 url 地址。格式为：<input type＝"SUBMIT">。该标志使用的控件属性与普通按钮标志完全相同。

（4）重置按钮

单击该按钮可将表单内容全部清除，重新输入数据。格式为：<input type＝"RESET">。该标志使用的控件属性与普通按钮标志完全相同。

（5）复选框

checkbox 用于多选，格式为：<input type＝"CHECKBOX" checked>，checked 属性用来设置该复选框缺省时是否被选中，它有以下属性：

①name：定义控件名称。

②value：定义控件的值。

③checked：设定控件初始状态是被选中的。

④onclick：定义控件被选中时要执行的函数。

⑤onfocus：定义控件为焦点时要执行的函数。

（6）隐藏区域

hidden 隐藏控件，用于传递数据，对用户来说是不可见的。格式为：<input type＝"HIDDEN">，属性有：

①name：控件名称。

②value：控件默认值。

③hidden：隐藏控件的默认值会随表单一起发送给服务器，用户不能在其中输入。控件的作用是用来预设某些要传送的信息。例如：<input type＝"Hidden" name＝"ss" value＝"688">，控件的名称设置为 ss，设置其数据为"688"，当表单发送给服务器后，服务器就可以根据 hidden 的名称 ss，读取 value 的值 688。

（7）图像提交按钮

它也是提交按钮，不过用指定的影像代替了文字。格式为：<input type＝"IMAGE" src＝"URL">，图像的源文件名由 src 属性指定。用户点击后，表单中的信息和点击位置的 X、Y 坐标一起传送给服务器，它的属性为：

①name：指定图像按钮名称。

②src：指定图像的 url 地址。

（8）输入密码

password 口令控件确定输入密码的区域，当用户输入密码时，在文本输入框中显示" * "，表示该输入项的输入信息是密码。格式为：<input type＝"PASSWARD">，它的属性有：

①name：定义控件名称。

②value：指定控件初始值，该值就是浏览器被打开时在文本框中的内容。

③size：指定控件宽度，表示该文本输入框所能显示的最大字符数。

④maxlength：表示该文本输入框允许用户输入的最大字符数。

(9)单选按钮

该控件显示一个单选按钮，checked 属性用来设置该单选框缺省时是否被选中。格式为：<input type="RADIO">，它有以下属性：

①name：定义控件名称。

②value：定义控件的值。

③checked：设定控件初始状态是被选中的。

④onclick：定义控件被选中时要执行的函数。

⑤onfocus：定义控件为焦点时要执行的函数。

以上类型的输入区域有一个公共的属性 name，此属性给每一个输入区域一个名字。服务器就是通过调用某一输入区域的名字的 value 值来获得该区域的数据的。

3. 菜单下拉列表框标签<select>

<select>标签用来创建一个菜单下拉列表框。此标签用于<form></form>标志对之间，也是专为表单服务的。<select>具有 multiple、name 和 size 属性。multiple 属性不用赋值，直接加入标签中即可使用，加入了此属性后列表框就成了可多选的了；name 是此列表框的名字，它与上面讲的 name 属性作用是一样的；size 属性用来设置列表的高度，缺省时值为 1，若没有设置 multiple 属性，显示的将是一个弹出式的列表框。

<option>标签用来指定列表框中的一个选项，它放在<select></select>标志对之间。此标签具有 selected 和 value 属性，selected 用来指定默认的选项，value 属性用来给<option>指定的那一个选项赋值，这个值是要传送到服务器上的，服务器正是通过调用<select>区域的名字的 value 属性来获该区域选中的数据项的。

4. 多行的文本框标签<textarea>

<textarea></textarea>标签用来创建一个可以输入多行的文本框，此标签同样是用于<form></form>标志对之间。<textarea>具有以下属性：

① onchange：指定控件改变时要调用的函数。

② onfocus：当控件接受焦点时要执行的函数。

③ onblur：当控件失去焦点时要执行的函数。

④ onselect：当控件内容被选中时要执行的函数。

⑤ name：文字区块的名称，作识别之用，将会传至服务器。

⑥ cols：文字区块的宽度。

⑦ rows：文字区块的列数，即其高度。

⑧ wrap：属性定义输入内容大于文本域时显示的方式，可选值有 soft 和 hard。soft 是在表单提交时，textarea 中的文本不换行，它是默认选择。hard 在表单提交时，textarea 中的文本换行。当使用 "hard" 时，必须指定 cols 属性。

9.5 xhtml 简介

xhtml 是可扩展超文本标记语言，是一种标记语言，表现方式与超文本标记语言（html）类似，不过语法上更加严格。从继承关系上讲，html 是一种基于标准通用标记语言的应用，是一种非常灵活的标记语言，而 xhtml 则基于可扩展标记语言，可扩展标记语言是标准通用标记语言的子集。

1. 形成背景

html 是一种基本的 web 网页设计语言，xhtml 是一个基于可扩展标记语言的标记语言，看起来与 html 很相像，只有一些小的但重要的区别，xhtml 就是一个扮演着类似 html 的角色的可扩展标记语言（xml），所以，本质上说，xhtml 是一个过渡技术，结合了部分 xml 的强大功能及大多数 html 的简单特性。

2000 年底，国际 W3C 组织（万维网联盟）公布发行了 xhtml 1.0 版本。xhtml 1.0 是一种在 html 4.0 基础上优化和改进的新语言，目的是基于 xml 应用。xhtml 是一种增强了的 html，xhtml 是更严谨更纯净的 html 版本。它的可扩展性和灵活性将适应未来网络应用更多的需求。xml 数据转换能力强大，完全可以替代 html，但面对成千上万已有的基于 html 语言设计的网站，直接采用 xml 还为时过早。因此，在 html4.0 的基础上，用 xml 的规则对其进行扩展，得到了 xhtml。所以，建立 xhtml 的目的就是为了实现 html 向 xml 的过渡。国际上在网站设计中推崇的 web 标准就是基于 xhtml 的应用（即通常所说的 css+div）。

2. 概述

xhtml 是当前 html 版的继承者。html 语法要求比较松散，这样对网页编写者来说，比较方便，但对于机器来说，语言的语法越松散，处理起来就越困难。对于传统的计算机来说，还有能力兼容松散语法，但对于许多其他新出现的设备，比如手机，难度就比较大。因此产生了由 DTD 定义规则、语法要求更加严格的 xhtml。

大部分常见的浏览器都可以正确地解析 xhtml，即使老一点的浏览器，xhtml 作为 html 的一个子集，许多也可以被解析。也就是说，几乎所有的网页浏览器在正确解析 html 的同时，可兼容 xhtml。当然，从 html 完全转移到 xhtml，还需要一个过程。

跟层叠式样式表（css）结合后，xhtml 能发挥真正的威力；这使实现样式跟内容分离的同时，又能在另外的单独文件中有机地组合网页代码，还可以混合各种 xml 应用，比如 mathml、svg。

从 html 到 xhtml 过渡的变化比较小，主要是为了适应 xml。最大的变化在于文档必须是良构的，即所有标签必须闭合，也就是说要有标记对，开始标签要有相应的结束标签，单标记标签都不在 xhtml 可用范围内。另外，xhtml 中所有的标签必须小写，而按照 html 2.0 以来的传统，很多人都是将标签大写，这点两者的差异显著。在 xhtml 中，所有的参数值，包括数字，必须用双引号括起来。所有元素，包括空元素，都必须闭合，即要有相应的结束标签。省略参数，比如 `<code><nowiki><option selected></nowiki></code>`，也不允许，必须用 `<code><nowiki><option selected = " selected" /></nowiki></code>`。两者的详细差别，可通过 W3C xhtml 说明来查阅。

3. 定义

xhtml 指扩展超文本标签语言（extensible hypertext markup language）。xhtml 的目标是取代 html，xhtml 与 html 4.01 几乎是相同的，xhtml 是更严格更纯净的 html 版本，xhtml 是作为一种 xml 应用而被重新定义的 html。

4. 有效文件

一个符合 xhtml 标准的文件即可称为有效，此可以确保 xhtml 文件代码的协调，也能令文件更容易被处理，而不需确保各种浏览器编译的一致性。W3C 验证服务可以验证文件是否有效，很多网站开发工具(例如 Dreamweaver)都支持 W3C 标准验证文件。

5. 语法

xhtml 语言必须符合 xml 的格式，例如：属性名称必须为小写；属性值使用双引号；属性简写是不允许的；用 id 属性来替代 name 属性。但是为了版本比较低的浏览器也能应用，应该同时使用 name 和 id 属性，并使它们两个的值相同，例如：<img src = "picture. gif" id = "picture1" name = "picture1" />。在 html 中允许简写的属性，诸如 noresize 此类，在 xhtml 中都应该写成 noresize = "noresize"，目的是使 xhtml 网页能够被网页浏览器正确及较快地编译。

与 html 对比，xhtml 都必须满足以下要求：

(1)所有的标记都必须要有一个相应的结束标记

在 html 中，可以打开许多标签，例如<li>不一定要用</li>来关闭，但在 xhtml 中这是不合法的。xhtml 要求有严谨的结构，所有标签必须关闭。如果是单独不成对的标签，在标签最后加一个"/"来关闭它。例如：< img src = " picture. gif" id = " picture1" name = "picture1" />。

(2)所有标签的元素和属性的名字都必须使用小写

与 html 不一样，xhtml 对大小写是敏感的，是不同的标签。xhtml 要求所有的标签和属性的名字都必须使用小写，大小写夹杂也是不被认可的。通常 dreamweaver 自动生成的属性名字"onMouseOver"也必须修改成"onmouseover"。

(3)所有的 xml 标记都必须合理嵌套

同样因为 xhtml 要求有严谨的结构，因此所有的嵌套都必须按顺序，以前这样写的代码：<p><b></p></b>，必须修改为：<p><b></b></p>。就是说，一层一层的嵌套必须严格对称。

(4)所有的属性必须用引号""括起来

在 html 中，可以不需要给属性值加引号，但是在 xhtml 中，它们必须被加引号。例如：<height = 80>必须修改为<height = "80">。特殊情况下，你需要在属性值里使用双引号，你可以用"，单引号可以使用 '，例如：

hello">

(5)把所有<和 & 等特殊符号用编码表示

任何小于号(<)，只要不是标签的一部分，就必须被编码为 &lt；任何大于号(>)，只要不是标签的一部分，就必须被编码为 &gt；任何与号(&)，只要不是实体的一部分，都必须被编码为 & amp。

(6)给所有属性赋一个值

xhtml 规定所有属性都必须有一个值，没有值的就重复本身。例如：

<input type = "checkbox" name = "shirt" value = "medium" checked = "checked">

(7)不要在注释内容中使用"--"

"--"只能发生在 xhtml 注释的开头和结束，在内容中它们不再有效。例如下面的注释代码在 xhtml 文档中是无效的：

<!--这里是注释-----------这里是注释-->

必须用等号或者空格替换内部的虚线，改成：

<!--这里是注释======这里是注释-->

(8)图片必须有说明文字

每个图片标签都必须有 alt 说明文字。

以上这些规范有的看上去比较奇怪、比较麻烦，但这一切都是为了使我们的代码有一个统一、唯一的标准，便于以后的数据再利用。

6. 如何将 html 转换为 xhtml

下面列出了将 html 转换为 xhtml 必须做到的几点：

- 添加一个 xhtml <!doctype> 到网页中。
- 添加 xmlns 属性到每个页面的 html 元素中。
- 修改所有的元素为小写。
- 关闭所有的空元素。
- 修改所有的属性名称为小写。
- 所有属性值添加引号。

本章作业

一、思考题。

XHTML 是规范化了的 HTML，在诸如手机应用开发等后来出现的网页设计场合中得到了广泛的应用。思考并总结，XHTML 在哪些方面对 HTML 做了规范要求。

二、应用题。

(1)学习 HTML 的好方法是实践。在计算机上实际操作一下本章中涉及的各种例句。

(2)用右键点击一个实际网页，并用"另存为"保留该网页。用"记事本"打开该网页文件，分析、总结实际网页的具体内容。

(3)寻找一个网页制作软件，找到一种制作网页的简单方法。

第 10 章　CSS 简介

10.1　CSS 概述

10.1.1　CSS 概念及其作用

网页显示内容是由 html 元素构成的，元素的显示有两个因素：显示内容和显示方式。例如，对于一个字符串元素，内容是组成字符串的字符，与之相关的显示方式则包括字体、字号、左右上下对齐方式、斜体、加粗、下画线、颜色、大小写等诸多因素。显示 html 元素是一件很麻烦的事情，必须设置各种与显示方式相关属性的属性值。即使这样也不能保证定位的精确，浏览器和操作平台的不同会使显示的结果发生变化；此外，如果要修改元素的显示方式，又将有很多属性值需要修改。一个满意的页面可能要经过多次反复修改才能得到。

CSS 使我们看到希望的曙光，CSS 称为层叠样式表(cascading style sheet)，就是一种样式表(stylesheet)技术。简单地说，CSS 就是一种确定 html 元素显示方式的技术，包括元素的颜色、大小、表现形式以及几何位置的确定。由于利用 CSS 属性可以方便地确定元素显示的几何位置，CSS 技术成为页面布局的有力工具，在页面制作上起到越来越大的作用。

在页面制作时采用 CSS 技术，可以有效地对页面的布局、字体、颜色、背景和其他效果实现更加精确的控制。CSS 通过样式定义方式确定 html 元素的呈现方式，样式定义是完全的文本，通常保存在 .css 文件里。css 文件可以作用于单个页面、一组页面甚至整个网站的所有页面，既可以作用于页面的全部，也可以作用于页面的一部分。CSS 技术的使用，使得页面内容和页面显示控制相分离，即所谓内容与表现分离，在 html 文档中存放所有页面内容，在 css 文件中存放显示控制指令。只要对 .css 文件相应的代码做一些简单的修改，就可以改变同一页面、一组网页、整个网站页面的外观和格式。它的作用可以达到：

①在几乎所有的浏览器上都可以使用。

②以前一些必须通过图片转换实现的功能，现在只要用 CSS 就可以轻松实现，从而更快地下载页面。

③使页面的字体变得更漂亮，更容易编排，使页面真正赏心悦目。

④可以轻松地控制页面的布局。

⑤可以将许多网页的风格格式同时更新，不用再一页一页地更新了。可以将站点上所有的网页风格都使用一个 CSS 文件进行控制，只要修改这个 CSS 文件中相应的行，那么整个站点的所有页面都会随之发生变动。

CSS 可以针对 html 单个元素定义样式，也可以针对元素 id 名和元素类名来定义样式。这样，一种 CSS 样式不仅可以作用于单个元素，也可以作用于具有相同类名的一组元素，因而大大方便了元素样式的定义。但这一方便性是建立在元素具有 id 名和类名的基础之上的。html 并不要求文档中的元素具有 id 名和类名，相比之下，xhtml 对文档的规范性要求比 html 严格得多。事实上，CSS 在页面布局上的优势必须与 div 相结合才能充分发挥出来，div 是在 xhtml 中得以大放异彩的。div+css(更确切地说应该是 xhtml+css)已经成为当前页面布局最流行的技术。

10.1.2　CSS 语法

1. 语句结构

每一条 CSS 规则都由两部分构成：元素名{属性：属性值；属性；属性值；……；}。元素名指明需要对哪些页面元素定义样式，属性指出希望修改哪个样式，属性值定义希望把样式修改成什么样子。例如：p{color：red；text-align：center；}。

2. 注释语句

可以用注释来解释代码，以便日后能够读懂并修改它。注释会被浏览器忽略。在 CSS 中，注释以"/ *"打头，" * /"结尾。例如：

/ * 这里是一则注释 * /

p{text-align：center；/ * 这里是另一则注释 * /color：black；font-family：arial；}

3. id 选择器和类选择器

CSS 除了可以针对 html 元素定义样式以外，还可以针对 id 和类来定义样式。id 选择器用于为用 id 指定的元素定义样式，类选择器用于标明属于同一类的一系列元素定义样式。使用 id 指定元素时需要用到 html 元素的 id 属性，使用类指定元素时需要用到 html 元素的 class 属性。使用 id 指定元素时，要在 id 之前加一个井号(#)。使用类指定元素时，要在类名之前加一个点号(.)。下面的例子分别是针对 id = "para1" 的元素和所有 class = "center" 的元素定义的样式：

#para1{text-align：center；color：red；}

. center {text-align：center；}

10.1.3　应用样式表的三种方法

有三种应用样式表的方法：

- 外部样式表
- 内部样式表
- 内联样式

1. 外部样式表

若所定义的样式适用于多个不同页面，那么采用外部样式表(external style sheet) 是理想的选择。如果采用外部样式表，你只需更改一个 . css 文件就可以改变整个网站的外观。采用外部样式表的每个页面都必须通过<link>标签链接到样式表，<link>标签应放在<head>里。如下所示：

```
<head>
    <link rel="stylesheet" type="text/css" href="mystyle. css" />
</head>
```

外部样式表可以用任何文本编辑器来编辑，外部样式表文件里不应包含任何 html 标签，外部样式表文件应保存为 . css 文件。下面是一个样式表文件 mystyle. css 的例子：

hr {color：red;}

p {margin-left：20px;}

body {background-image：url("images/back40. gif");}

数字与单位之间不能有空格。如果把 "margin-left：20px" 写成 "margin-left：20 px"，在 IE 中仍能正确运行，但在某些其他浏览器中将无法工作。

2. 内部样式表

若所定义的样式只用于单个文档，那么可以在该文档里使用内部样式表(internal style sheet)。内部样式表在 html 文档的<head>里的<style>元素里定义：

```
<head>
    <style type="text/css">
        hr {color：sienna;}
        p {margin-left：20px;}
        body {background-image：url("images/back40. gif");}
    </style>
</head>
```

3. 内联样式

内联样式不具备样式表"内容与表现分离"的优点，因此要少用这种方法。使用内联样式的方法是：为相应元素定义 style 属性。可以在 style 属性里指定任何 CSS 属性(CSS property)。下面的例子演示了如何改变一个段落的颜色和左边距：

这是一个段落。

4. 样式定义冲突

一个 html 文档可以引用多个外部样式表，样式的定义也可以出现在多处。样式定义可出现于：html 标签上(内联样式)，html 文档的<head>里(内部样式表)，外部 CSS 文件里(外部样式表)。当不同样式表针对同一元素的样式定义发生冲突时，由优先级别高的来决定应该采用什么样式。样式定义的优先级别从高到低依次是：内联样式(定义于 html 标签上)，内部样式表(位于<head>里)，外部样式表，浏览器默认样式。例如，外部样式表为<h3>选择器定义了如下属性：

h3{color：red；text-align：left；font-size：8pt;}

内部样式表为<h3>选择器定义了如下属性：

h3{text-align：right；font-size：20pt;}

那么最终应用于<h3>的 CSS 属性是：

h3｛color：red；text-align：right；font-size：20pt；｝

其中，color 来自外部样式表，而 text-align 和 font-size 则被内部样式表中的定义所覆盖。

10.2　DIV 简介

10.2.1　DIV 标签

div 是 division 的缩写，div 是在 html 文档中新出现的一个元素。<div> 可定义文档中的分区或节（division/section）。标签可以把文档分割为独立的、不同的部分。它可以用作严格的组织工具，并且不使用任何格式与其关联。

html 元素分为行级元素和块级元素。行内元素的特点是：①和其他元素都在一行上；②高，行高及外边距和内边距部分可改变；③宽度只与内容有关；④行内元素只能容纳文本或者其他行内元素。行内元素不可以设置宽高，其宽度随着内容增加，高度随字体大小而改变，内联元素可以设置外边界，但是外边界不对上下起作用，只能对左右起作用。块级元素具有以下特点：①总是在新行上开始，占据一整行；②高度，行高以及外边距和内边距都可控制；③宽带始终是与浏览器宽度一样，与内容无关；④它可以容纳内联元素和其他块元素。

<div>是一个块级元素，就是具有一定长度、宽度的元素，因而在页面中占据一定的位置和面积。div 标签本身只是一个"盒子"，用来确定 div 元素的边界，装入这个盒子内的各种元素，包括文字、图像甚至另一个 div 等一切 html 元素就构成了一个相对独立的整体。一个页面可以由若干个相对独立的块状元素组成，页面布局就是在页面占据的整个区域内安排每个元素的位置。放在一个 div 中的各种元素，称为一个整体，它可称作为"div block""div element"或"css-layer"，或干脆叫"layer"。而中文中我们把它称作"层次"。所以当以后看到这些名词的时候，就应该知道它们是指一段在 div 中的 html。

使用 div 的方法跟使用其他标签的方法一样。如果单独使用 div 而不加任何 css，那么它在网页中的使用以及效果与其他标签是一样的。但当我们把 css 用到 div 中去以后，我们就可以严格设定它的位置。我们需要给这个可以被 css 控制的 div 一个 id 或者一个名字以便我们以后可以控制它，比如说移动它或改变它的一些性质等。给层次取什么名字是随意的，名字可以是任何英文字母和数字，但第一个必须是字母。

10.2.2　DIV+CSS 布局示例

下面我们举例说明 DIV 如何进行页面布局。一般页面都有如图 10-1 所示结构，包含从上到下的 Header、PageBody、Footer 三个部分。

可以据此画一个实际的页面布局图，说明各层之间的嵌套关系，如图 10-2 所示。

根据图 10-2，在表示页面内容的 body 元素中，有一个 id 名为 Container 的层次，在 Container 层次中又从上到下分布了三个 id 名分别为 Header、PageBody、Footer 的层次，它

图 10-1　页面布局基本结构

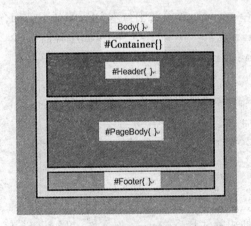

图 10-2　页面嵌套关系

们构成了页面内容的主体。据此，可以划分出页面的 div 结构如下：

　　｜body {}　 /* 这是一个 HTML 元素 */

　　└#Container {}　 /* 页面层容器 */

　　　├#Header {}　 /* 页面头部 */

```
├#PageBody {}  /*页面主体*/
└#Footer {}   /*页面底部*/
```

至此，页面布局与规划框架就已经完成。实现这个框架，我们需要书写对应的 html 代码和 CSS。

新建一个文件夹，用记事本建立如下文档：

```
<! DOCTYPE html PUBLIC "-//W3C//DTD XHTML 1.0 Transitional//EN"
"http://www.w3.org /TR/xhtml1/DTD/xhtml1-transitional.dtd">
<html xmlns="http://www.w3.org/1999/xhtml">
  <head>
    <meta http-equiv="Content-Type" content="text/html; charset
=gb2312" />
    <title>武汉大学主页</title>
    <link href="css.css" rel="stylesheet" type="text/css" />
  </head>
  <body>
  </body>
</html>
```

这是 xhtml 的基本结构，将其命名为 index. htm，可以作为今后页面文档的基础模板。我们已经知道，xhtml 是规范化的 html，是新一代的 html，也是今后开发页面的标准。为了我们建立的页面能够兼容尽可能多的浏览器，今后都应该使用 xhtml。这个 xhtml 基本结构应该成为我们今后开发的基础。

下面，我们在<body></body>标签对中写入 DIV 的基本结构，代码如下：

```
<div id="Container">        <! --页面层容器-->
    <div id="Header">       <! --页面头部-->
    </div>
    <div id="PageBody">      <! --页面主体-->
    </div>
    <div id="Footer">        <! --页面底部-->
    </div>
</div>
```

在同一个文件夹中，用记事本建立另一个文档，命名为 css. css。为了使以后阅读代码更简易，我们应该添加相关注释。在 css. css 文件，写入 CSS 信息，代码如下：

```
/*基本信息*/
body {font:12px Tahoma;margin:0px;text-align:center;background:
#FFF;}
/*页面层容器*/
#Container {width:100%}
/*页面头部*/
```

```
#Header {width:1180px;margin:0 auto;height:496px;background:#
FFCC99}
```
/* 页面主体 */
```
#PageBody {width:1180px;margin:0 auto;height:1000px;background:#
CCFF00}
```
/* 页面底部 */
```
#Footer {width:1180px;margin:0 auto;height:50px;background:#
00FFFF}
```

这里只是介绍页面布局方法，其中使用的各种参数意义，后面会有所介绍。当写好了页面大致的 DIV 结构后，就可以开始细致地对每一个部分进行细部制作了。以 Header 为例，说明细节实现方法。

Header 可以细化为三个部分，用三个 DIV：Logo，Menu，Banner 实现(如图 10-3 所示)。

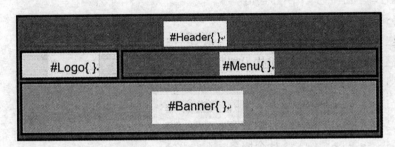

图 10-3　页面头部布局设计

在 index. htm 文档中是页面头部 DIV 中插入三个 DIV，如下：
```
<div id="Header">    <! --页面头部-->
    <div id="Logo">   <! --Logo-->
    </div>
    <div id="Menu">   <! -- Menu -->
    </div>
    <div id="Banner">    <! -- Banner -->
    </div>
</div>
```

Logo 和 Banner 两个元素比较简单，实际上只是两幅图像，可以作为元素背景在 CSS 文件中直接添加。这里要注意的是根据影像的大小，设计元素的布局，更确切地说，是根据布局设计的大小，准备影像材料。在本例中，为两个元素准备的影像和大小分别是 logo. gif，335×99；2016031302. jpg，1180×397。将它们放在与 index. htm 和 css. css 相同的文件夹内。设计元素的大小，采用漂浮方式安排三个元素的位置，在 css. css 文档中 Header 语句后插入对应语句，如下：

```
/*页面头部*/
```

#Header {width:1180px;margin:0 auto;height:496px;background:#FFCC99}

#Logo {width:355px;float:left;margin:0 auto;height:99px;background:url(logo.gif) no-repeat;}

#Menu {width:822px;float:right;height:99px;background:#FFF;}

#Banner {width:1180px;float:left;margin:0 auto;height:397px;background:url(2016031302.jpg) no-repeat;}

```
/*页面主体*/
```

#PageBody {width:1180px;margin:0 auto;height:1000px;background:#CCFF00}

Menu 层次中含有一个菜单,具体元素内容可以用列表实现。在 index. htm 中的 Menu 部分加入以下语句:

```
<div id="Menu"><! --Menu-->
  <ul>
    <li><a href="#">学校概况</a></li>
    <li><a href="#">机构设置</a></li>
    <li><a href="#">师资队伍</a></li>
    <li><a href="#">人才培养</a></li>
    <li><a href="#">科学研究</a></li>
    <li><a href="#">社会服务</a></li>
    <li><a href="#">交流合作</a></li>
    <li><a href="#">文化生活</a></li>
  </ul>
</div>
```

在 CSS 文件中需要为新增加的 ul 和 li 元素增加样式定义。其中 ul 是 Menu 的子元素,li 又是 ul 的子元素。由于菜单中的每一项实际上链接了一个页面,因此还要为链接的各项动作设置样式定义。增加的语句如下:

```
/*页面头部*/
```

#Header {width:1180px;margin:0 auto;height:300px;background:#FFCCCC}

#Logo {width:355px;float:left;margin:0 auto;height:99px;background:url(logo.gif) no-repeat;}

#Menu {width:822px;float:right;height:99px;background:#FFF;}

#Banner{width:1180px;float:left;margin:0 auto;height:397px;background:url (2016031302.jpg) no-repeat;}

#Menu ul {list-style:none;margin:0px;}

#Menu ul li {font-size:12px;float:left;margin:0 20px;}

#Menu ul li a:link,#menu ul li a:visited{font-weight:bold;color:#666}

#Menu ul li a:hover{}

/* 页面主体 */

完成的页面头部如图 10-4 所示。

图 10-4 页面头部实现效果图

10.3 CSS 常用属性

10.3.1 CSS 背景属性

背景属性用于定义各种元素的背景效果。用于背景效果的 CSS 属性如表 10-1 所示。

表 10-1   CSS 背景属性

属性	描述
background	设置关于背景的所有属性
background-attachment	设置背景图像是固定的还是随着滚动条移动
background-color	设置元素的背景颜色
background-image	设置元素的背景图像
background-position	设置背景图像的显示位置
background-repeat	设置背景图像的平铺方式

1. 背景色

background-color 属性用于指定元素的背景颜色。CSS 中指定颜色的方式有以下几种:

- 十六进制颜色值,如"#ff0000"
- RGB 颜色值,如"rgb(255,0,0)"

- 颜色名，如"red"

2. 背景图像

background-image 属性用于设置元素的背景图像，设置方法参见下例：

body {background-image：url('paper. gif') ;}

默认情况下，若图像尺寸比元素小，图像将重复平铺，以覆盖整个元素。根据平铺方向分为水平平铺和垂直平铺。默认情况下，背景图像的平铺方式是同时在水平和垂直方向上进行平铺。如果要自己设置，图像平铺方式通过 background-repeat 属性值设置。不平铺属性值：no-repeat；水平平铺属性值：repeat-x；垂直平铺属性值：repeat-y；repeat：同时在水平和垂直方向上进行平铺。

背景图像在元素中的起始位置是由 background-position 属性来指定的。起始位置是由元素的左右上下四条边来确定的，对应参数分别是：left，right，top，bottom。

属性 background-attachment 规定了背景图像是否可以随着滚动条移动。

3. 背景简写属性

为了缩减代码，可以把所有相关属性合在一个属性里写。这种属性称为简写属性（shorthand property）。在使用 background 简写属性时，属性值的顺序为：

①background-color

②background-image

③background-repeat

④background-attachment

⑤background-position

不需要的属性值可以不出现，但需要出现的属性值必须按上述顺序书写。下例显示了background 的简写方法：

body {background：#ffffff url('img_ tree. png') no-repeat right top ;}

10. 3. 2　文本属性

CSS 文本属性如表 10-2 所示。

表 10-2　　　　　　　　　　　　　　　　　**CSS 文本属性**

属　　性	描　　述
color	设置文本颜色
direction	设定文本方向/书写方向
letter-spacing	增加或减少字符间距
line-height	设置行高
text-align	设置文本的水平对齐方式
text-decoration	设置文本的装饰
text-indent	指定一段文本的首行缩进

属 性	描 述
text-shadow	设置文本的阴影效果
text-transform	控制文字的大小写
vertical-align	设置元素的垂直对齐方式
white-space	指定如何处理元素内部的空白
word-spacing	增加或减少单词间距

1. 文本颜色

可用 color 属性来设置文本的颜色。CSS 中指定颜色的方式与 background-color 一样。页面的默认颜色是在 body 选择器中定义的。下面是一个例子：

body {color：blue；}

h1 {color：#00ff00；}

h2 {color：rgb(255，0，0)；}

为了令 CSS 符合 W3C 标准，如果定义了 color 属性，必须同时定义 background-color 属性。

2. 文本对齐

可用 text-align 属性来设置文本的水平对齐方式。文本可用居左、居右、居中或两端对齐。若 text-align 被设为"justify"，每一行文本都会进行水平拉伸，以确保每行具有相同的宽度，整个段落的左右边缘是齐平的(就像报纸杂志上的那样)。下面是一个例子：

h1 {text-align：center；}

p. date {text-align：right；}

p. main {text-align：justify；}

3. 文本装饰

text-decoration 属性通过给文本不同位置画横线的方式给文本增加或去除装饰。下面是一个例子：

h1 {text-decoration：overline；}

h2 {text-decoration：line-through；}

h3 {text-decoration：underline；}

h4 {text-decoration：blink；}

4. 文本转换

text-transform 属性用于设置文本字母的大小写。它可以把所有字母都显示为大写或小写，也可以只让单词首字母大写。

5. 文本缩进

text-indentation 属性用于设置文本的首行缩进。

10. 3. 3　font 属性

CSS font 属性设置文本字体族、粗细、大小和样式，CSS 字体属性如表 10-3 所示。

表 10-3 　　　　　　　　　　　　　　　**CSS 字体属性**

属　　性	描　　　　述
font	设置关于字体的所有属性
font-family	指定文本的字体族
font-size	设置文本的字体大小
font-style	指定文本的字体样式
font-variant	指定是否显示小体大写字体(small caps)
font-weight	指定字体的粗细

1. 字体族

文本的字体族是通过 font-family 属性设置的。font-family 属性可以接受多个值，第一个字体族作为首选，其余作为候补。如要给出多个字体族，可用逗号将它们隔开。浏览器若不支持第一个字体，就会尝试下一个。

应把期望的字体放在前面，并在末尾指定一个类属字体，以便浏览器在其他指定字体都不可用时选择一个属于该类属字体的具体字体。若字体族名称中包含多个单词(包含空格)，则必须用引号将它括起来，比如:"Times New Roman"。下面是一个示例:

p{font-family:"Times New Roman"，Times，serif;}

2. font-style

该属性常用于设置斜体，属性有三个值:

①normal：正常字体

②italic：斜体

③oblique："倾斜的"字体。oblique 与 italic 非常相似，但很少被支持，用于为无斜体支持的字体实现倾斜效果。下面是一个示例:

p. normal {font-style：normal;}

p. italic {font-style：italic;}

p. oblique {font-style：oblique;}

3. 字体大小

font-size 属性用于设置文本的字体大小。能够管理字体大小是 web 设计中的一项重要内容，但是不能把正文字体设置得像标题，或者把标题设置得像正文，应正确使用 HTML 标签，比如<h1>到<h6>用于标题，<p>用于正文段落。font-size 属性的值可以是绝对大小，也可以是相对大小。下面是一个示例:

h1 {font-size：40px;}

h2 {font-size：20%;}

4. 设置链接样式

许多 CSS 属性(如 color，font-family，background 等)都可用于设置链接样式。链接样式的明显表现在于，页面上未访问的链接、已访问的链接、鼠标悬停还未点击的链接以及点中的链接均呈现不同的颜色。可根据链接的不同状态设置不同的样式，链接有四种状态：

①a：link——未访问的链接

②a：visited——已访问的链接

③a：hover——鼠标悬停的链接

④a：active——活动的链接(即点中的链接)

示例：

a：link {color：#FF0000；}　　　/＊未访问的链接采用#FF0000 颜色 ＊/

a：visited {color：#00FF00；}　/＊已访问的链接采用#00FF00 颜色 ＊/

a：hover {color：#FF00FF；}　/＊ 鼠标悬停的链接采用#FF00FF 颜色 ＊/

a：active {color：#0000FF；} /＊ 活动的链接采用#0000FF 颜色 ＊/

在该例中，链接的颜色随状态改变而发生变化。在为链接的不同状态设置样式时，需服从以下规则：①a：hover 必须在 a：link 和 a：visited 之后；②a：active 必须在 a：hover 之后。

链接状态的变化不仅可以体现在字体颜色的变化方面，还可以体现在下画线的显示与否、背景颜色的变化等方面，这需要应用不同的属性。下面我们逐个考察常见的链接样式设置：

(1) text-decoration

text-decoration 属性主要用于文字链接的下画线。下面是一个示例：

a：link {text-decoration：none；}

a：visited {text-decoration：none；}

a：hover {text-decoration：underline；}

a：active {text-decoration：underline；}

(2) background-color

background-color 属性用于设置链接的背景颜色。下面是一个示例：

a：link {background-color：#B2FF99；}

a：visited {background-color：#FFFF85；}

a：hover {background-color：#FF704D；}

a：active {background-color：#FF704D；}

10.3.4　列表属性

CSS 列表属性允许我们为有序列表中的各项设置项目编号；为无序列表中的各项设置项目符号；也可以用图像作为项目符号。

1. HTML 两种列表

HTML 里有两种列表：①无序列表(unordered list)——用方块、圆圈、菱形等作为项目符号；②有序列表(ordered list)——用数字或字母进行编号。通过 CSS，可以用 list-style-type 属性设置各种项目符号的类型。下面是一个示例：

ul. a {list-style-type：circle；}

ul. b {list-style-type：square；}

ol. c {list-style-type：upper-roman；}

ol. d {list-style-type：lower-alpha；}

用于有序列表的值如表 10-4 所示。

表 10-4 有序列表属性值

值	描 述
armenian	亚美尼亚语传统编号
decimal	数字编号
decimal-leading-zero	补零数字编号(01、02、03 等)
georgian	格鲁吉亚语传统编号
lower-alpha	小写 ASCII 字母编号(a、b、c、d、e 等)
lower-greek	小写希腊字母编号(α、β、γ 等)
lower-latin	小写拉丁字母编号(a、b、c、d、e 等)
lower-roman	小写罗马字母编号(i、ii、iii、iv、v 等)
upper-alpha	大写 ASCII 字母编号(A、B、C、D、E 等)
upper-latin	大写拉丁字母编号(A、B、C、D、E 等)
upper-roman	大写罗马字母编号(I、II、III、IV、V 等)

有些属性值是用于无序列表的，有些是用于有序列表的。用于无序列表的值如表 10-5 所示。

表 10-5 无序列表属性值

值	描 述
none	无项目符号
disc	默认值。实心圆圈
circle	空心圆圈
square	实心方块

要用图像作为项目符号，需使用 list-style-image 属性。下面是一个示例：

ul{list-style-image：url('sqpurple. gif')；}

2. 表格边框

在 CSS 中，可以用 border 属性来修饰表格边框。组成表格的元素有<table>、<th>和<td>，它们都有各自的边框。

border-collapse 属性用于设置表格中的相邻边框线，是合并为单条边框线还是分别显示；表格的宽度和高度是用 width 和 height 属性来定义的；表格中的文本对齐可以通过 text-align 和 vertical-align 属性来设置；要控制表格中边框和内容之间的距离，可以针对<td>和<th>元素定义 padding 属性；表格(<table>)、表头(<th>)的边框颜色、文本颜色和背景颜色，也可以通过相应属性设置。

10.3.5 CSS 盒状模型

每一个 HTML 元素都可以看做一个盒子。在 CSS 里，我们用"盒状模型"这个术语来讨论设计与布局。可以把 CSS 盒状模型(box model)理解为一个围绕在 HTML 元素四周的盒子，它包括了外边距(margin)、边框(border)、内边距(padding)和实际内容等。盒状模型使我们可以在元素周围设置边框，并在元素与元素之间保持距离。图 10-5 展示了盒状模型。

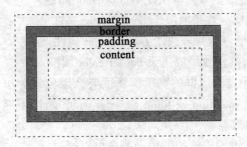

图 10-5　盒状模型示意图

各部分的解释：

- 外边距(margin)——边框之外留出的空间。外边距没有背景颜色，它是完全透明的。
- 边框(border)——边框把内边距和内容包含在内。边框受盒子颜色的影响。
- 内边距(padding)——内容周围留出的空间。内边距受盒子背景颜色的影响。
- 内容(content)——盒子的内容，即文字和图像出现的地方。

1. 元素的宽度和高度

在用 CSS 设置一个元素的 width 和 height 属性时，只是设置内容区域的宽度和高度。要计算元素的实际大小，还要加上内边距、边框和外边距的宽度。在 IE8 及更早版本中，如果没有提供 DOCTYPE 声明的话，width 属性是把内边距和边框的宽度也算在内的。要解决这个问题，只需要在代码里加上 DOCTYPE 声明：

```
<! DOCTYPE html PUBLIC "-//W3C//DTD XHTML 1.0 Transitional//EN"
"http://www.w3.org /TR/xhtml1/DTD/xhtml1-transitional.dtd">
```

```
<html>
<head>
    <style type="text/css">
    ……
    </style>
</head>
```

2. CSS 边框属性

CSS 边框属性用于指定元素边框的样式和颜色。border-style 属性用于指定显示什么样的边框。除非设置了 border-style 属性，否则关于边框的一切属性都不会生效。CSS 边框样式由 border-style 属性确定。border-style 属性值如下：

- none：无边框
- dotted：点线边框
- dashed：虚线边框
- solid：实线边框
- double：双线边框。双线边框的宽度等于 border-width 属性的值
- groove：3D 凹槽边框。效果取决于 border-color 属性
- ridge：3D 菱形边框。效果取决于 border-color 属性
- inset：3D 凹边边框。效果取决于 border-color 属性
- outset：3D 凸边边框。效果取决于 border-color 属性

border-width 属性用于设置边框的宽度。宽度要么以像素为单位设置，要么选用三个预定义值中的一个：thin、medium 或 thick。border-width 属性不能独立使用，只有设置了 border-style 属性，它才生效。

border-color 属性用于设置边框的颜色。颜色可以通过以下方式指定：

- 颜色名，如"red"
- RGB 颜色值，如"rgb(255, 0, 0)"
- 十六进制颜色值，如" #ff0000"

也可以把边框颜色设为透明("transparent")。border-color 属性不能独立使用，只有设置了 border-style 属性，它才生效。

在 CSS 中，可以为四边各条边框指定不同的样式。下面是一个示例：

p{ border-top-style: dotted; border-right-style: solid; border-bottom-style: dotted; border-left-style: solid; }

依次为顶、右、底、左边设置边框样式。上例中的四个属性也可以合到一个 border-style 属性里，它的若干个属性值又有各种的规定，如下例所示：

border-style: dotted solid double dashed;

这是四个边框拥有四个不同样式的情形：上边框是点线边框(dotted)，右边框是实线边框(solid)，下边框是双线边框(double)，左边框是虚线边框(dashed)。

border-style: dotted solid double;

拥有三个值的情形：上边框是点线边框(dotted)，左、右边框都是实线边框(solid)

(中间的值应用于左右边框)，下边框是双线边框(double)。

border-style: dotted solid;

拥有两个值的情形：第一个值应用于上下边框，即上、下边框都是点线边框(dotted)；第二个值应用于左右边框，即左、右边框都是实线边框(solid)。

border-style: dotted;

拥有一个值的情形，四边都是点线边框(dotted)。

上例仅示范了用 border-style 属性来设置四边的边框样式，实际上它也可以设置四边的宽度和颜色。如前所示，CSS 里有很多关于边框的属性，为了缩减代码，可以用一个属性，把所有关于边框样式的设置合在一起。

border 属性是用于边框的简写属性(影响所有四边)。下面是一个示例：

border: 5px solid red;

在使用 border 简写属性时，属性值的顺序为：border-width，border-style，border-color。

不需要的属性值可以省略(对边框属性来说，border-style 是必需的)，但需要出现的属性值必须按上述顺序书写。表 10-6 显示了所有 CSS 边框属性。

表 10-6 **CSS 边框属性**

属　　性	描　　述
border	设置边框的所有属性(影响四边)
border-bottom	设置下边框的所有属性
border-bottom-color	设置下边框的颜色
border-bottom-style	设置下边框的样式
border-bottom-width	设置下边框的宽度
border-color	设置四边的边框颜色
border-left	设置左边框的所有属性
border-left-color	设置左边框的颜色
border-left-style	设置左边框的样式
border-left-width	设置左边框的宽度
border-right	设置右边框的所有属性
border-right-color	设置右边框的颜色
border-right-style	设置右边框的样式
border-right-width	设置右边框的宽度
border-style	设置四边的边框样式
border-top	设置上边框的所有属性
border-top-color	设置上边框的颜色
border-top-style	设置上边框的样式

续表

属　　性	描　　述
border-top-width	设置上边框的宽度
border-width	设置四边的边框宽度

3. CSS 轮廓

轮廓是元素四周的线条，它是沿着元素的外边距勾勒的。注意，轮廓（outline）和边框（border）是两个不同的概念。轮廓显示在元素的尺寸范围以外，所以元素的宽度和高度是没有把轮廓计算在内的。CSS 轮廓属性如表 10-7 所示。

表 10-7　　　　　　　　　　　　　**CSS 轮廓属性**

属性	描述	值
outline	设置关于轮廓的所有属性	轮廓颜色，轮廓样式 轮廓宽度，inherit
outline-color	设置轮廓的颜色	颜色名，十六进制颜色值，RGB 颜色值，invert，inherit
outline-style	设置轮廓的样式	none，dotted，dashed，solid，double，groove，ridge，inset，outset，inherit
outline-width	设置轮廓的宽度	thin，medium，thick，inherit

4. CSS margin 属性

CSS margin 属性用于定义元素与元素间的距离。外边距指的是在元素外围（边框之外）留出的空白。外边距没有背景颜色，是完全透明的。上、下、左、右四个方向的外边距，可通过独立属性进行分别设置，也可通过简写属性来设置。下面是两个示例。

margin-top：100px；

margin-bottom：100px；

margin-right：50px；

margin-left：50px；

简写属性可以含有若干个属性值，值的应用指向与边框样式值的指向一致。如下几例所示：

margin：25px 50px 25px 100px；

四值情形，是指上外边距是 25px，右外边距是 50px，下外边距是 25px，左外边距是 100px。

margin：25px 50px 75px；

三值情形，是指上外边距是 25px，左右外边距都是 50px，下外边距是 75px。其中，中间的值应用于左右外边距。

margin：25px 50px；

二值情形，是指上下外边距是 25px，左右外边距都是 50px。其中，第一个值应用于上下外边距，第二个值应用于左右外边距。

margin：25px；

一值情形，应用于四个方向上，即四个方向上的外边距都是 25px。

10.3.6 尺寸属性

CSS 尺寸属性（dimension properties）用于控制元素的高度和宽度。CSS 尺寸属性如表 10-8 所示。

表 10-8   CSS 尺寸属性

属性	描述	值
height	设置元素高度	auto，长度，百分比，inherit
max-height	设置元素的最大高度	none，长度，百分比，inherit
max-width	设置元素的最大宽度	none，长度，百分比，inherit
min-height	设置元素的最小高度	长度，百分比，inherit
min-width	设置元素的最小宽度	长度，百分比，inherit
width	设置元素宽度	auto，长度，百分比，inherit

10.3.7 定位属性

CSS 定位属性可用于设定元素在平面上的位置，也可用于设置元素重叠时的叠放顺序，以及决定当元素内容太多时的显示方式。

1. CSS 定位方式

CSS 的定位方式有四种：

- 静态定位：HTML 元素的默认定位方式。静态定位的元素，出现在文档流中，按正常方式显示。静态定位的元素不受 top、bottom、left 和 right 等属性的影响。
- 固定定位：固定定位的元素，以浏览器窗口为参照进行定位。窗口滚动不会改变元素位置。IE7 和 IE8 仅当有 DOCTYPE 声明时才支持 fixed 属性值。固定定位的元素，不在文档流中，也不影响文档流中元素的定位。固定定位的元素可与其他元素重叠。
- 相对定位：相对定位的元素，以元素正常位置为参照进行定位。相对定位的元素可以移动或者与其他元素重叠，但该元素在文档流中的位置仍被保留。相对定位的元素常被用作容器块，以便其内部元素以它为参照进行绝对定位。
- 绝对定位：绝对定位的元素，以最近一个的非静态定位的上层元素为参照进行定位。如不存在这样的元素，就以<html>元素为参照进行定位。绝对定位的元素，不在文档流中，也不影响文档流中元素的定位。绝对定位的元素可与其他元素重叠。元素可以通过 top、bottom、left 和 right 属性来定位。不过，只有为 position 属性提供了属性值，这四个属性才有效。这四个属性的实际效果还取决于定位的方式。

2. 重叠的元素

脱离文档流的元素可能会与其他元素重叠。z-index 属性用于指定元素的叠放顺序（stack order），即哪个元素显示在前，哪个元素显示在后。z-index 属性值可以为正数，也可以为负数，z-index 值大的元素出现在 z-index 值小的元素前面。如果两个重叠的元素没有指定 z-index 属性，那么后出现的元素将显示在前。

3. 所有 CSS 定位属性

表 10-9 列出了所有 CSS 定位属性。

表 10-9 　　　　　　　　　　　　　　　CSS 定位属性

属性	描述	值
bottom	设置元素的下边缘位置	auto，长度，百分比，inherit
clip	设置元素的形状	形状，auto，inherit
cursor	指定光标类型	url，auto，crosshair，default，pointer，move，e-resize，ne-resize，nw-resize，n-resize，se-resize，sw-resize，s-resize，w-resize，text，wait，help
left	设置元素的左边缘位置	auto，长度，百分比，inherit
overflow	设置元素内容溢出时的处理方式	auto，hidden，scroll，visible，inherit
position	指定元素的定位方式	absolute，fixed，relative，static，inherit
right	设置元素的右边缘位置	auto，长度，百分比，inherit
top	设置元素的上边缘位置	auto，长度，百分比，inherit
z-index	设置元素的叠放顺序	数字，auto，inherit

4. CSS 漂浮

页面元素从占有的区域大小来说，可以分为行元素和块级元素两种。行元素的内容一般是字符，元素区域的高度是一个字符的高度。可以通过设置字符大小来改变行元素的高度，但其高度始终是由字符高度决定，不能用参数来改变。块级元素的内容可以是多行字符、表格、图像、窗口等，元素高度不再局限于内容，可以用参数设定。块级元素布局在页面布局设计中也具有很大作用。块级元素将占用页面全部可用宽度，并且前后都有换行。这意味着文档流中两个相邻的块级元素，如果不做任何布局设计，后一个元素自动放在前一个元素的下一行，如图 10-6 所示是三个块级元素的自动布局方式。

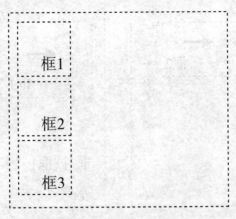

图 10-6 块级元素的自动布局方式

通过 CSS 漂浮(float)，可以将元素置于左侧或右侧，以便被其他元素环绕。漂浮经常用于图像，不过也可以用于其他布局用途。元素的漂浮方式是水平漂浮。元素只能向左或向右漂浮，而不能向上或向下漂浮。漂浮元素将紧左或紧右边停靠，这意味着漂浮元素位于容器元素的最左侧或最右侧。图 10-7 左图中，只有框 1 被设置为向右漂浮，右图中三个框都被设置为向左漂浮。

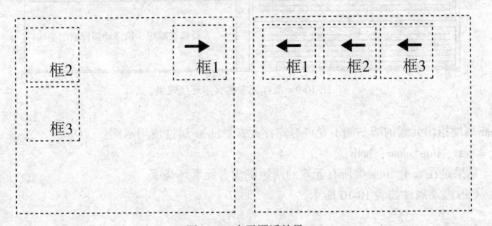

图 10-7 水平漂浮效果

如果容器太窄，无法容纳水平排列的三个浮动元素，那么其他浮动块向下移动，直到有足够的空间；如果浮动元素的高度不同，那么当它们向下移动时可能被其他浮动元素"卡住"。如图 10-8 所示。

漂浮元素将被(文档中)之后的元素环绕，(文档中)漂浮元素之前的元素不受影响。若图像向右漂浮，那么环绕它的文本将向左漂浮。如有若干漂浮元素相邻，它们将停靠在相邻元素的旁边(如果有空间的话)。如图 10-9 所示。

漂浮元素将被(文档中)之后的元素环绕起来，要避免这样，可以使用 clear 属性。

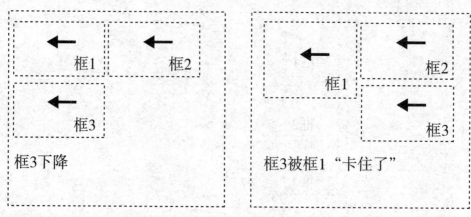

图 10-8　水平漂浮效果

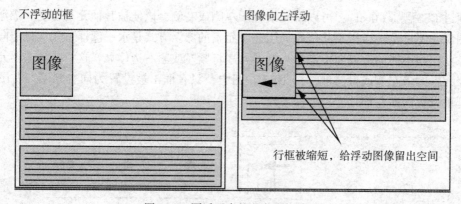

图 10-9　漂浮元素的文字环绕效果

clear 属性指出元素的哪一侧不允许有漂浮元素。clear 属性使用示例：

　　. text_ line{clear：both；}

　　结果是在 text_ line 类所有元素的两边都没有元素环绕了。

　　CSS 漂浮属性如表 10-10 所示。

表 10-10　　　　　　　　　　　　　　　　**CSS 定位属性**

属性	描述	值
clear	指出元素的哪一侧不允许有漂浮元素	left，right，both，none，inherit
float	指定元素的漂移方式	left，right，none，inherit

在 CSS 中，有多个属性可用来设置元素的水平对齐方式。

5. 浮动应用实例

(1)带标题的图像浮动于右侧

相关代码如下：

```
<html>
    <head>
        <style type="text/css">
            div
                {float:right;width:120px;margin:0 0 15px 20px;
padding:15px;border:1px solid black;text-align:center;}
        </style>
    </head>
    <body>
        <div>
        <img src="/i/eg_cute.gif" /><br />
            CSS is fun!
        </div>
        <p>
          This is some text. This is some text. This is some text.
          This is some text. This is some text. This is some text.
          This is some text. This is some text. This is some text.
          This is some text. This is some text. This is some text.
          This is some text. This is some text. This is some text.
          This is some text. This is some text. This is some text.
          This is some text. This is some text. This is some text.
          This is some text. This is some text. This is some text.
          This is some text. This is some text. This is some text.
        </p>
        <p>
        在上面的段落中,div 元素的宽度是 120 像素,它其中包含图像。div 元素
浮动到右侧。我们向 div 元素添加了外边距,这样就可以把 div 推离文本。同
时,我们还向 div 添加了边框和内边距。
        </p>
    </body>
</html>
```

代码运行结果如图 10-10 所示。

(2)创建水平菜单

使用具有一栏超链接的浮动来创建水平菜单。相关代码如下：

```
<html>
```

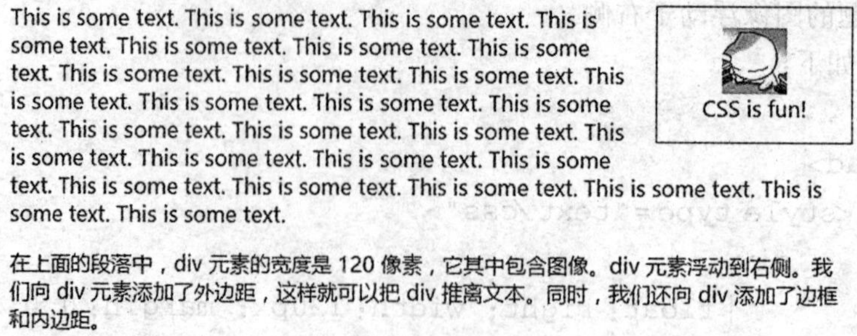

This is some text. This is some text.

CSS is fun!

在上面的段落中，div 元素的宽度是 120 像素，它其中包含图像。div 元素浮动到右侧。我们向 div 元素添加了外边距，这样就可以把 div 推离文本。同时，我们还向 div 添加了边框和内边距。

图 10-10　CSS 浮动效果实例

```
<head>
<style type="text/css">
ul{float:left;width:100%;padding:0;margin:0;list-style-
type:none;}
    a{float:left;width:7em;text-decoration:none;color:
white;background-color:purple;padding:0.2em 0.6em;border-right:
1px solid white;}
    a:hover{background-color:#ff3300}
    li{display:inline}
</style>
</head>
<body>
<ul>
<li><a href="#">Link one</a></li>
<li><a href="#">Link two</a></li>
<li><a href="#">Link three</a></li>
<li><a href="#">Link four</a></li>
</ul>
<p>
    在上面的例子中，我们把 ul 元素和 a 元素浮向左浮动。li 元素显示为行内
元素(元素前后没有换行)。这样就可以使列表排列成一行。ul 元素的宽度是
100%,列表中的每个超链接的宽度是 7em(是当前字体尺寸的 7 倍)。我们添加
了颜色和边框,以使其更漂亮。
    </p>
</body>
</html>
```

代码运行结果如图 10-11 所示。

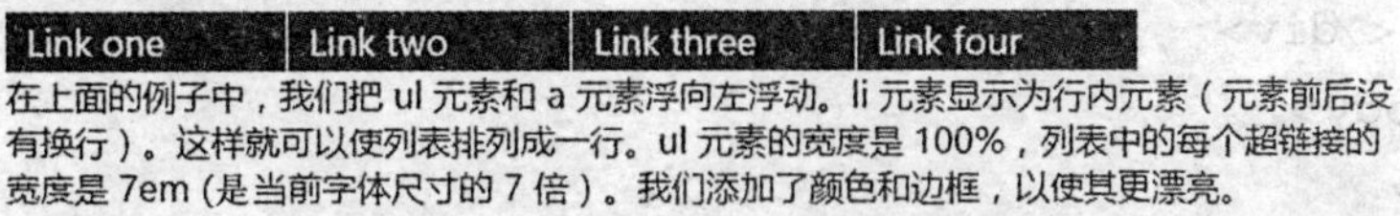
Link one
Link two
Link three
Link four
在上面的例子中，我们把 ul 元素和 a 元素浮向左浮动。li 元素显示为行内元素（元素前后没有换行）。这样就可以使列表排列成一行。ul 元素的宽度是 100%，列表中的每个超链接的宽度是 7em（是当前字体尺寸的 7 倍）。我们添加了颜色和边框，以使其更漂亮。

图 10-11 CSS 浮动效果实例

(3)创建无表格的页面

使用浮动来创建拥有页眉、页脚、左侧目录和主体内容的页面。相关代码如下：

```
<html>
  <head>
    <style type="text/css">
      div.container{width:100%; margin:0px; border:1px solid gray; line-height: 150%;}
      div.header,div.footer{padding:0.5em; color:white;background-color:gray; clear:left;}
      h1.header{padding:0; margin:0;}
      div.left {float: left; width: 160px; margin: 0; padding:1em;}
      div.content{margin-left:190px; border-left:1px solid gray; padding:1em;}
    </style>
  </head>
  <body>
    <div class="container">
      <div class="header"><h1 class="header">W3School.com.cn</h1></div>
      <div class="left"><p>"Never increase,beyond what is necessary,the number of entities required to explain anything." William of Ockham (1285-1349)</p></div>
      <div class="content">
        <h2>Free Web Building Tutorials</h2>
        <p>At W3School.com.cn you will find all the Web-building tutorials you need,from basic HTML and XHTML to advanced XML,XSL,Multimedia and WAP.</p>
        <p>W3School.com.cn - The Largest Web Developers Site On The Net! </p>
      </div>
        < div class = " footer " > Copyright 2008 by YingKe
```

```
Investment.</div>
        </div>
    </body>
</html>
```

代码运行结果如图 10-12 所示。

图 10-12 CSS 浮动效果实例

本章作业

在计算机上实际操作本章涉及的各个例子。

第 11 章　ASP. NET 简介

11. 1　ASP. NET 概述

web 信息以网页为基础，所有信息都要以网页的形式显示出来。网页包括静态网页和动态网页两种，静态网页由 html 标记构成，是一种固化了的网页，内容由编制者事先写好。如果仅有静态页面，所有页面都需要事先制作好，这对于信息量庞大的门户网站是无法承载之重。动态网页由后台采用数据库技术动态生成，先制作一些网页框架，通过向网页框架中充实不同的数据库内容，形成不同的网页。这不仅大幅减少了网页制作工作量，还可以保证网页具有同样的风格。asp，jsp，php 等语言可以镶嵌在 html 文件中，拓展一些附加特征，在浏览器上解释和显示，是编写动态网页的利器。这些语言功能和编程方法类似，只要掌握一个就可以容易地掌握其他类似语言。本书以 asp 为例。

asp(active server pages，动态服务器页面)是 Microsfot 公司 1996 年 11 月推出的 web 应用程序开发技术。严格地说，它既不是一种程序语言，也不是一种开发工具，而是一种技术框架，不必使用微软的产品就能编写它的代码，能产生和执行动态、交互式、高效率的网站服务器应用程序。但 asp 有自己的代码体系和使用规则，与计算机程序语言十分类似，因此人们常常将它们称为语言。本书为了叙述方便，也称它们为语言。

运用 asp 将 VBscript、javascript 等脚本语言嵌入到 html 中，便可快速完成网站的应用程序，无需编译，可在服务器端直接执行，且容易编写，使用普通的文本编辑器编写，如记事本就可以完成。由脚本在服务器上而不是客户端运行，asp 所使用的脚本语言都在服务器端上运行，用户端的浏览器不需要提供任何别的支持，这样大大提高了用户与服务器之间的交互速度。此外，它可通过内置的组件实现更强大的功能，如使用 ado 可以轻松地访问数据库。

之后，微软又推出 asp. net。这不是 asp 的简单升级，而是全新一代的动态网页实现系统，用于一台 web 服务器建立强大的应用程序，由服务器生成组成 web 页面的 html 文档，发给客户端浏览器，由浏览器根据 html 文档生成 web 页面呈现给用户。asp. net 是微软发展的新体系结构 . net 的一部分，是 asp 和 . net 技术的结合。它提供基于组件、事件驱动的可编程网络表单，大大简化了编程。asp. net 还可以用来建立网络服务。

asp 与 asp. net 具有明显的区别：

(1)开发语言不同

asp 仅局限于使用 VBscript、javascript 等脚本语言，用户用在 html 文档中添加 asp 代码的方法来形成页面。asp. net 允许用户选择并使用功能完善的 vb. net、C++、C#、Perl、Nemerle 与 Python 等编程语言，也允许使用潜力巨大的 . NET Framework。

（2）运行机制不同

asp 是解释性的编程框架，所以执行效率比较低。ASP. NET 是编译性的编程框架，运行的是服务器上编译好的公共语言运行时库代码，可以利用早期绑定，实时编译来提高效率。

（3）开发方式不同

asp 把界面设计和程序设计混在一起，维护和重用困难。ASP. NET 把界面设计和程序设计以不同的文件分离开，复用性和维护性得到了提高。

11.2 基于 ASP. NET 的网站建设方法

ASP. NET 的网站或应用程序通常使用 Microsoft 公司的 IDE（集成开发环境）产品 Visual Studio（简称为 VS）进行开发。在开发过程中可以进行 WYSIWYG（what you see is what you get，所见即为所得）的编辑。还有一些其他开发工具：Adobe Dreamweaver，SharpDevelop，MonoDevelop，Microsoft Expression Web，Microsoft WebMatrix，Notepad++，EditPlus。asp. net 开发的首选语言是 C#及 vb. net。

Microsoft. NET 是微软公司开发的一种面向网络、支持各用户终端的新一代开发平台环境，其核心目标之一就是搭建新一代因特网平台，解决网络之间的协同合作问题，最大限度地获取信息，提供尽可能全面的服务。

C#语言是微软公司专门为 . NET 平台设计的开发语言之一。C#是从 C 和 C++派生出来的一种简单、现代、面向对象和类型安全的编程语言。微软宣称：C#是开发 . NET 框架应用程序的最好语言。C#运行于 . NET 之上，其特性与 . NET 紧密相关，它本身没有运行库，其强大的功能有赖于 . NET 平台的支持。

Visual Studio 是微软提供的集成开发环境，用于创建、运行和调试各种 . NET 编程语言编写的程序。Visual Studio 提供了若干种模板，帮助用户使用 . NET 编程语言（包括 C#，vb. net，Java 语言）开发 Windows 窗体程序、控制台程序、WPF 程序等多种类型的应用程序，建立网站等。其中，Windows 窗体程序是在 Windows 操作系统中执行的程序，通常具有图形用户界面。本书以 Visual Studio 为软件开发平台，以 C#语言为开发工具，介绍建立 web 网站、开发 web 服务的基本方法，Windows10 为操作系统环境，使用 Visual Studio 2010 版本作为集成开发环境。

11.2.1 空 ASP. NET 网站框架的实现

打开 Visual Studio 2010，可以看到图 11-1 所示界面。

如图 11-2 所示，依次点击"文件"→"新建"→"网站"；

图 11-1　开发界面

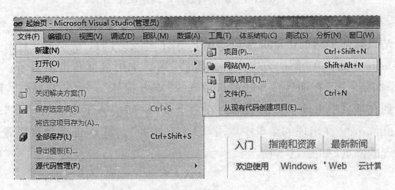

图 11-2　新建网站

在出现的画面(图 11-3)中,已安装的模板选"Visual C#",在框架版本下拉菜单中选择".Net Framework 3.5",在选定的保存目录下输入网站名"news"。

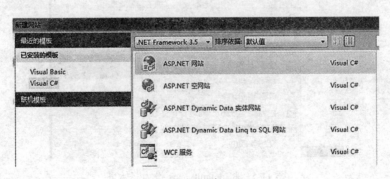

图 11-3　网站建立画面

按"确认"键后，系统中一个空的网站建立起来，如图 11-4 所示。

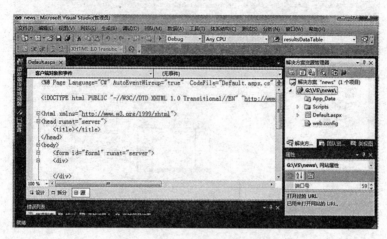

图 11-4　系统自动建立网站框架

此时网站只有一个网页 default. aspx。ASP. NET 开发的网页为 aspx 文档。如果要为网站添加新的 aspx 页面，在"解决方案资源管理器"窗口中用鼠标右击项目名，在出现的菜单中点击"添加新项"，在随后打开的窗口中选择"Web 窗体"，命名新页面，按"确定"按键，可以看到在项目中出现了新的页面。在右上窗口"解决方案资源管理器"中，鼠标右击网页 Default. aspx，在出现的菜单中点击"设为起始页"，将 Default 网页设置成网站启动后第一个出现的网页(如图 11-5 所示)。

图 11-5　将 default. aspx 设为起始页

如图 11-6 所示，点击 Default 网页左侧的小三角，页面后台程序 Default. aspx. cs 显现，这就是 ASP. NET 的页面设计和程序设计以不同的文件分离的组织管理方式。鼠标点击它，将其打开(如图 11-7 所示)。

解决方案资源管理器
D:\myVS\news\
App_Data
Scripts
Default.aspx
Default.aspx.cs
web.config

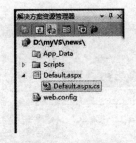

图 11-6　页面对应的程序位置

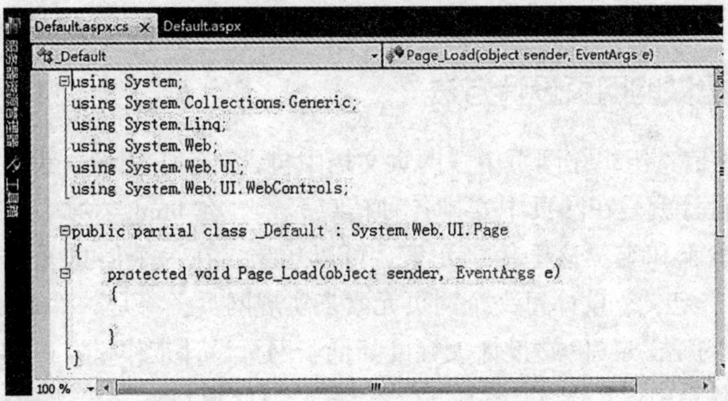

Default.aspx.cs
Default.aspx
_Default
Page_Load(object sender, EventArgs e)
using System;
using System.Collections.Generic;
using System.Linq;
using System.Web;
using System.Web.UI;
using System.Web.UI.WebControls;
public partial class _Default : System.Web.UI.Page
{
protected void Page_Load(object sender, EventArgs e)
{
}
}
100 %

图 11-7　页面对应的源程序

可以看到，函数是空的。因为系统只是完成了网站框架建立，网站的具体内容需要开发者根据设计需要，向框架中填充必要的内容。按 F5 键，调试、运行该网站。系统在编译网站过程中，显示表单如图 11-8 所示，要求对 web. config 文件进行必要的修改。点击“确定”键同意修改。因为现在还只是一个空网站，系统运行结果为一个空白网页。

未启用调试
由于未在 Web.config 文件中启用调试，因此无法在调试模式下运行该页。您希望做什么?
修改 Web.config 文件以启用调试(M)。
在生产环境中部署网站之前，应在 Web.config 文件中禁用调试。
不进行调试直接运行(R)。(等同于 Ctrl+F5)
确定
取消

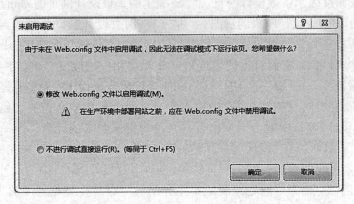

图 11-8　允许修改 web. config 文件

关闭空白网页，点击菜单"调试"，在下拉子菜单中点击"停止调试"，使系统终止调试状态(如图 11-9 所示)。

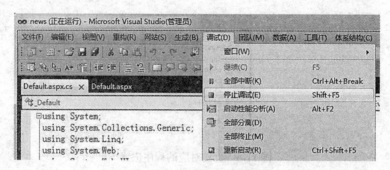

图 11-9　终止调试方法

11. 2. 2　系统提供的网页设计方法

web 网将各种信息组织在网页中，网页文档中包含文字、图像、表格、超链接等各种信息元素，网页设计就是在网页中安排各种信息元素。在 html 学习中已经介绍了如何用超文本标记语言表示和定位这些信息元素。可以想象，在一个信息元素数量很多的网页上，直接用 html 来定义、设计每一个网页元素来实现网页，将是一件十分繁杂的工作。

基于 vs 平台的 asp. net 网站设计大幅度降低了网页设计工作量。vs 将信息元素制作成控件，放置在工具箱中。在图 11-4 中可以看到 vs 平台窗口左边框上有一个"工具箱"标记，鼠标悬停在该标记上就会显示如图 11-10 所示的菜单，其中包含了已经分门别类安排好的所有可用控件。如果在窗口左边框上看不到"工具箱"标记或者不小心将其关闭了，可以通过鼠标点击菜单项"视图"→"工具箱"→"自动隐藏"来恢复"工具箱"标记。对于网页中需要的信息元素，只要对对应的控件用鼠标进行双击，vs 平台自动将该元素添加到网页中。

再看图 11-4，网页框左下角有"设计""拆分""源"三个标签，它们所指定的三个窗口，分别从不同角度表示了被设计网页。"源"表示的是被设计网页的 xhtml 标记语言源程序，"设计"表示的是被设计网页的视图，"拆分"将网页设计窗口分割成两个子窗口，分别表示网页的源程序和设计视图。三个窗口是同步的，在任何一个窗口中做出的改变，都立即在另外两个窗口，以它们自己的表现形式体现出相应的改变。例如，在"设计"窗口中加入一个元素控件，在"源"窗口的网页 xhtml 标记语言源程序中就会自动加入确定该元素属性的程序段；同样，在"源"窗口中加入定义一个元素内容、位置、属性等各种要素的程序段，在"设计"窗口中就会同步出现一个符合定义要求的元素形象。三个窗口的同步联动使得网页设计可以在"设计"窗口以安排、调整控件的直观方式来完成。vs 平台"所见即所得"的特点，是指在运行时，网页的表现形式与"设计"窗口中的设计形式完全一样(当然，由于不同浏览器兼容问题或者版本差异问题，在某些浏览器中的表现形式与"设计"窗口中的形式可能会出现某些差异)。在"设计"窗口上操作，不仅可以加速页面设计

图 11-10 vs 控件工具箱

过程，设计者理论上可以在对 html 语言一无所知的情况下完成网页设计，因为相应的
html 程序由系统自动生成了。不过，并不是所有设计都能够方便地在"设计"窗口中操作，
有一些设计在"源"窗口更容易。作为一名网络应用开发程序员，应该较熟练地掌握 html
语言。

网页上的元素都是对象，都具有各自的数据成员和函数成员。数据成员决定了元素的
各种属性，函数成员决定了元素的各种动作，函数框架就放在了与页面相关的 cs 文档中。
网站的运行过程取决于各个网页之间、网页元素之间、网页元素与后台数据和服务之间建
立了什么方式的联系，联系的建立又取决于对网页元素各种动作的定义。例如，点击一个
网页上的超链接，应该完成的动作就是打开另一个页面；在登录表单上进行登录，应该完
成的系列动作是连接数据库，将输入用户名、口令与数据库保存的用户名、口令对比，对
比结果通过则接纳该用户并赋予其一定权限，否则拒绝其进入系统。面向对象程序设计的
重要工作就是按照事先设计的思路，为不同对象之间建立联系，方法是通过编程用计算机
语言程序实现对象的各个函数。

11.3 ADO 简介

ADO 在字义上是指 ActiveX 数据对象(ActiveX data objects)，具体来说是一个微软的
Active-X 组件。ADO 又指一项微软的技术，是一个访问数据库的编程接口，它在自身内
部处理消化了各类数据库的操作差异，为用户提供了一个简单、统一的数据库操作方法。

从一个 asp 面内部访问数据库的通常的方法或步骤是：①创建一个到数据库的 ADO 连接；②打开数据库连接；③创建 ADO 记录集；④从记录集提取需要的数据；⑤关闭记录集；⑥关闭连接。常用的数据库都属于 access 和 sql server 为代表的两类数据库，例如，著名的 orcale 数据库在连接方法上与 access 相同。access 的数据库连接、打开，需要引用两个名字空间：

using System. Data；

using System. Data. OleDb；

连接与打开方法：

string strConnection = " Provider = Microsoft. ACE. OLEDB. 12. 0；Data Source = "；

strConnection+ = Server. MapPath(" * . mdb")；// * 数据库名字

OleDbConnection objConnection = new OleDbConnection(strConnection)；

objConnection. Open( )；

sql server 略有不同，它进行数据库连接、打开，同样需要引用以下名字空间：

using System. Data；

using System. Data. OleDb；

连接与打开方法有了一些不同：

string strConnection = " server = 数据库连接；uid = 用户名；pwd = 密码；database = 数据库名字"；

SqlConnection objConnection = new SqlCOnnection(strConnection)；

objConnection. Open( )；

在数据库连接与打开之后，则无论数据库的种类、差异，ADO 为用户提供了统一的操作方法。

数据库是由许多具有内部逻辑联系的二维数据表组成，数据存在于数据表中，要读取、写入数据还要确定具体的数据表。在明确数据表后，可使用 sql 访问数据库指定表格中的数据，完成以下常规的数据库处理：

- 查询：使用 SQL 语言 SELECT 命令，可以将符合指定条件的记录数据显示处理。
- 排序：使用 SQL 语言 SELECT...ORDER BY 命令，可以将符合条件的记录数据以指定字段的数据大小进行排序处理。
- 添加：使用 SQL 语言 INSERT INTO 命令，可以将一条记录添加在指定表的指定位置。
- 更新：使用 SQL 语言 UPDATE 命令，可以将指定表中的一条记录用新数据覆盖。
- 删除：使用 SQL 的 DELETE 命令来删除数据库表中的某条记录。

在完成数据库操作以后，必须使用 Close 命令关闭数据库。

11. 4 Ajax 技术简介

不使用 Ajax 的浏览器显示的每一个网页，都由服务器生成并传递给浏览器。网页如果需要更新内容，必须重载整个页面。当页面更新内容很少时，如果仍然由服务器重新生成整个页面并传输整个页面数据给浏览器显示，重复性工作太大，效率不高。如果对于少量更新的页面部分，浏览器有能力进行局部自我更新，或者只由服务器生成更新部分的页面数据，就可以减轻服务器负载，减少网络中重复数据的传输，大幅度缩短网络响应延迟时间。针对这一目标，Ajax 应运而生。

Ajax 是异步的 JavaScript 和 XML(Asynchronous JavaScript and XML)。Ajax 不是新的编程语言，而是一种使用现有标准的新方法。Ajax 是一种用于创建快速动态网页的技术，通过在后台与服务器进行少量数据交换，可以使网页实现异步更新。这意味着可以在不重新加载整个网页的情况下，对网页的某部分进行更新。

对于需要运用 Ajax 技术的页面，具体做法如下：

①在页面头部<head>…</head>之间，定义一个 Java 脚本的节<script>…</script>，在该节中，放置实现 Ajax 技术的 Java 函数，该函数由事先定义在页面上的用户操作触发。其结构如下所示：

```
<html>
  <head>
    <script type="text/javascript">
      Java 语言实现的函数
    </script>
  </head>
  <body>
    ……
  </body>
</html>
```

②实现 Ajax 技术的 Java 函数必须有这些步骤：a. 创建 XMLHttpRequest 对象；b. 编制该对象的成员函数 onreadystatechange，并在其中定义 Ajax 技术需要完成的工作；c. 向服务器发出请求。该函数总体框架如下所示：

```
function loadXMLDoc()
{
var xmlhttp;
xmlhttp=new XMLHttpRequest();
xmlhttp.onreadystatechange=function()
{
    ……
}
xmlhttp.open("GET","/ajax/demo_get.asp",true);
xmlhttp.send();
}
```

下面我们分别介绍每一个步骤：

1. 创建 XMLHttpRequest 对象

XMLHttpRequest 是 Ajax 的基础，所有现代浏览器均内建 XMLHttpRequest 对象，均支持 XMLHttpRequest 对象（IE5 和 IE6 不支持，它们使用 ActiveXObject）。XMLHttp Request 用于在后台与服务器交换数据，这意味着可以在不重新加载整个网页的情况下，对网页的某部分进行更新。

创建 XMLHttpRequest 对象的语法：

variable = new XMLHttpRequest( )；

对于老版本的 Internet Explorer（IE5 和 IE6）使用 ActiveX 对象：

variable = new ActiveXObject("Microsoft. XMLHTTP")；

为了应对所有的现代浏览器，包括 IE5 和 IE6，应该事先检查浏览器是否支持 XMLHttp Request 对象。如果支持，就创建 XMLHttpRequest 对象。如果不支持，则创建 ActiveX Object。方法如下：

```
var xmlhttp;
if ( window.XMLHttpRequest )  // code for IE7 +, Firefox, Chrome,
Opera,Safari
   xmlhttp=new XMLHttpRequest();
else    //code for IE6,IE5
   xmlhttp=new ActiveXObject("Microsoft.XMLHTTP");
```

2. 向服务器发送请求

XMLHttpRequest 对象用于和服务器交换数据。如需将请求发送到服务器，使用 XML HttpRequest 对象的 open( ) 和 send( ) 方法，具体的参数设置全部在 open( ) 函数中完成。open(method，url，async) 规定请求的类型、URL 以及是否异步处理请求，三个参数意义如下：

- method：请求的类型；GET 或 POST。
- url：文件在服务器上的位置。
- async：true（异步）或 false（同步）。

GET 与 POST 请求类型的区别：与 POST 相比，GET 更简单也更快，并且在大部分情况下都能用。然而，在以下情况中必须使用 POST 请求：①无法使用缓存文件（更新服务器上的文件或数据库）；②向服务器发送大量数据（POST 没有数据量限制）；③发送包含未知字符的用户输入时，POST 比 GET 更稳定也更可靠。

URL 参数是服务器上文件的地址。Async 参数是规定该函数的执行是以异步方式还是同步方式。使用 Ajax 当然是采用异步方式，因此该参数应该取 true，但该参数也提供了选择 false（同步）的机会。如果该参数取 false，意味着服务器将采用同步工作方式完成当前这项工作，JavaScript 会等到服务器响应就绪才继续执行。如果服务器繁忙或缓慢，应用程序会挂起或停止。

对于 web 开发人员来说，发送异步请求是一个巨大的进步。很多在服务器执行的任务都相当费时，Ajax 出现之前，这可能会引起应用程序挂起或停止。通过 Ajax，JavaScript 无需等待服务器的响应，而执行其他脚本，这就是使用 Ajax 页面响应显得更快的原因。

使用 async=true 时，需要定义一个函数，以响应 onreadystatechange 事件处于就绪状态时执行的动作。下面的例子说明了这种函数的固定格式和可以采用的一种动作：将服务器响应返回的字符串赋给 div 元素的页面内容，或者说在名为 myDiv 的 div 元素中显示服务器返回的字符串。

```
xmlhttp.onreadystatechange=function()
{
  if(xmlhttp.readyState==4 && xmlhttp.status==200)
  {
    document.getElementById("myDiv").innerHTML=xmlhttp. respon-
seText;
  }
}
```

服务器的响应有字符串形式的响应数据和 XML 形式的响应数据。服务器的响应，依据响应数据的形式，分别放进 XMLHttpRequest 对象的 responseText 或 responseXML 属性变量中。responseText 属性返回字符串形式的响应，responseXML 属性的响应是 XML，需要作为 XML 对象进行信息解析。当请求被发送到服务器时，系统需要执行一些基于响应的任务。每当 readyState 改变时，就会触发 onreadystatechange 事件。readyState 属性存有 XMLHttpRequest 的状态信息。表 11-1 是 XMLHttpRequest 对象的三个重要属性：

表 11-1   **XMLHttpRequest 对象属性**

属性	描　　述
onreadystatechange	存储函数(或函数名)，每当 readyState 属性改变时，就会调用该函数
readyState	存有 XMLHttpRequest 的状态。从 0 到 4 发生变化。 0：请求未初始化 1：服务器连接已建立 2：请求已接收 3：请求处理中 4：请求已完成，且响应已就绪
status	200："OK" 404：未找到页面

在 onreadystatechange 事件中，规定当服务器响应已做好被处理的准备时所执行的任务。当 readyState 等于 4 且状态 status 为 200 时，表示响应已就绪。

下面是一个 Ajax 简单、完整的例子。页面包含一个 div 和一个按钮，当用户用鼠标点击"请求数据"按键后，触发异步响应，响应字符串在 div 元素中显示出来。

```
<html>
  <head>
    <script type="text/javascript">
```

```
        function loadXMLDoc()
        {
         var xmlhttp;
         if (window.XMLHttpRequest)
         {//code for IE7+,Firefox,Chrome,Opera,Safari
           xmlhttp=new XMLHttpRequest();
         }
         else
         {//code for IE6,IE5
           xmlhttp=new ActiveXObject("Microsoft.XMLHTTP");
         }
           xmlhttp.onreadystatechange=function()
         {
           if(xmlhttp.readyState==4 && xmlhttp.status==200)
           {
             document.getElementById("myDiv").innerHTML=xmlhttp.
response Text;
           }
         }
           xmlhttp.open("GET","/ajax/demo_get.asp",true);
           xmlhttp.send();
         }
      </script>
    </head>
    <body>
      <h2>AJAX</h2>
       <button type="button" onclick="loadXMLDoc()">请求数据
</button>
      <div id="myDiv"></div>
    </body>
  </html>
```

在该例子中，点击页面中的"请求数据"按键所触发的函数 loadXMLDoc( ) 以及 onreadystatechange 事件的响应函数都是在页面内部定义的。实际上，它们也可以在 cs 文档中用 c#语言定义。如果在网站上存在多个 Ajax 任务，那么在页面内部定义函数就需要编制不同条件下不同响应函数的选择机制，使每一个响应函数实现。如果这样做，页面文档会显得凌乱不堪，可读性大幅降低。这时，最好的方法应该是为创建 XMLHttpRequest 对象编写一个标准的函数(例如，命名为 MyFunction( ))，如果该函数仍为按键触发，可用如下指令：

```
<button type="button" onclick=" MyFunction ()">请求数据</button>
```

这个标准的触发函数可以安排在 cs 文档，用 c#实现。如下所示：

```
function myFunction()
{
    if (条件1满足)
    loadXMLDoc(URL1,function1);
  if (条件2满足)
    loadXMLDoc(URL2,function2);
    ......
}
```

因为有了针对不同页面的多个 Ajax 任务，loadXMLDoc 必须带有参数了，以指定哪个函数对哪个页面完成一个 Ajax 任务。在这个例子中，loadXMLDoc 的第一个参数是指网页在服务器上的地址，第二个参数是一个函数名。这种以参数形式传递给另一个函数的函数叫做 Callback 函数。Callback 函数在具有多个 Ajax 任务的网站中有着广泛的应用。

本章作业

Ajxa 是提高网页响应速度的常用技术。总结 Ajxa 技术的应用方法和步骤。

第 12 章 新闻更新网站实例

网站建设是网络程序开发与应用的一种重要方式。本章以一个简单的"新闻更新网站"为例，介绍网站建设的全过程，目的是让大家了解网站建设的方法与步骤，了解具体的网络应用开发需要做什么、需要什么技术。

12.1 新闻更新网站系统设计

12.1.1 B/S 结构模式的确定

互联网上使用较多的两种数据库应用模式分别是 Client/Server(C/S) 模式与 Browser/Server(B/S) 模式。B/S 模式也是一种 C/S 模式，但它的客户端程序使用通用的浏览器，其好处是不再需要专门开发客户端程序。

在线新闻更新网站利用 B/S 结构，实现在线的新闻内容查看，在线的新闻添加、删除和修改等功能。这种系统的优势在于系统简单、功能强大、扩展能力良好以及能够方便地跨地域操作等性能。图 12-1 是本新闻网站系统的网络应用原理示意图。

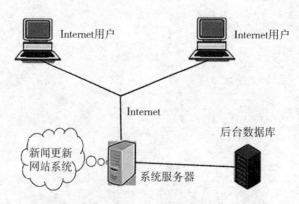

图 12-1 B/S 结构的新闻网站原理示意图

12.1.2 功能目标设计和具体页面确定

新闻更新网站系统所要实现的功能如下：
（1）查看新闻功能

226

(2)管理网站功能

该功能又分为以下几个子功能：①身份验证功能；②添加新闻功能；③删除新闻功能；④修改新闻功能。

根据系统功能的要求，新闻更新网站可以分成两个子模块：查看新闻系统和后台新闻管理系统。图 12-2 是整个系统的页面逻辑结构示意图。

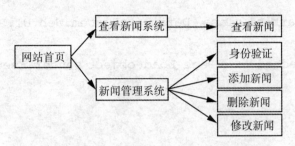

图 12-2　新闻更新系统页面更新逻辑结构图

12.1.3　数据库需求分析与数据库结构设计

整个更新网站系统，可以列出以下数据项和数据结构：

①新闻内容表：标题、发表时间、内容、作者、点击数目、新闻类型编号。

②新闻类型表：新闻类型编号、新闻类型名称。

系统不分用户类型，因而不设用户类型表，只通过 web.config 文件为系统管理员设置一个登录密码，这是为了演示 web.config 文件的这种功能。一个实际的应用系统，还是应该将用户分成不同类型，并通过用户类型表提供用户注册功能，记录注册用户名和密码，在用户登陆时进行合法的用户检查，并赋予相应的访问权限。

12.2　为网站建立命名空间

运用 11.2 节的方法，建立一个名为 news 的子网站。在 Default.aspx.cs 程序中添加几个后续需要的引用空间，并为本系统建立 news 命名空间。程序中的正体符号为原有程序部分，在此基础上添加的程序指令，用斜体符号表示。在输入指令的过程中，可以看到 VS 平台具有提示功能和自动调节功能。初学者应该好好利用这一功能，避免输入错误。

```
using System;
using System.Data;
using System.Data.OleDb;
using System.Collections.Generic;
using System.Linq;
using System.Web;
using System.Web.UI;
```

```
using System.Web.UI.WebControls;
using System.Web.UI.HtmlControls;

namespace news
{

    public partial class _Default :System.Web.UI.Page
    {
        protected void Page_Load(object sender,EventArgs e)
        {


        }
    }
}
```

在 Default. aspx 页面中也要在 Inherits 属性中，添加 news 命名空间信息。

```
<%@ Page Language="C#" AutoEventWireup="true" CodeFile="Default. aspx.cs" Inherits="news._Default" %>


<!DOCTYPE html PUBLIC "-//W3C//DTD XHTML 1.0 Transitional//EN"
"http://www.w3.org/TR/xhtml1/DTD/xhtml1-transitional.dtd">

<html xmlns="http://www.w3.org/1999/xhtml">
  <head runat="server">
    <title></title>
  </head>
  <body>
    <form id="form1" runat="server">
    <div>

    </div>
    </form>
  </body>
</html>
```

12.3　建立网站数据库

本章采用 Microsoft office 2010 版本中的 Access 建立网站数据库。打开 Access，在网站
目录下建立数据库 news，如图 12-3 所示。点击"创建"，news 空数据库在网站目录下

建成。

图 12-3　建立名为 news 的空数据库

依次点击"创建""表"，表1、表2建好，如图 12-4 所示。

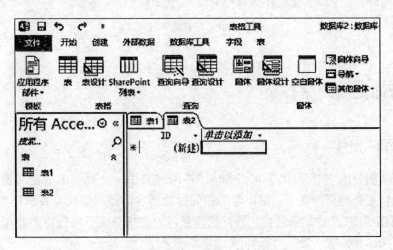

图 12-4　建立所需的数据表

将表1、表2名称分别改为"Contents""Types"，并按照 12.1.3 小节要求为 Contents 表和 Types 表建立字段，如图 12-5 所示。

其中，Contents 表的 shijian 字段默认值设为"＝Data $ ( )"，click 字段设置为"＝0"。其他参数不用修改。

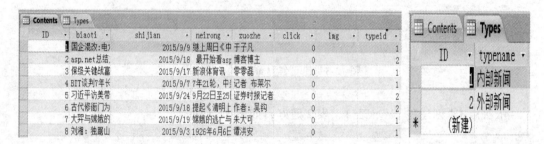

图 12-5 为数据表建立字段

如图 12-6 所示，在 Contents 表中各字段添加一些内容，而 Types 表中的添加"内部新闻"和"外部新闻"如图所示。保存数据库，退出 Access。

ID	biaoti	shijian	neirong	zuozhe	click	img	typeid
1	国企混改:电	2015/9/9	继上周日《中于子凡		0		1
2	asp.net总结	2015/9/18	最开始看asp	博客博主	0		2
3	保级关键战富	2015/9/17	新浪体育讯	零零磊	0		1
4	BIT谈判7年长	2015/9/7	7年21轮，中	记者 布莱尔	0		1
5	习近平访美带	2015/9/24	9月22日至25	证券时报记者	0		2
6	古代修衙门为	2015/9/18	提起《清明上	作者:吴钧	0		2
7	大开与嫦娥的	2015/9/19	嫦娥的逃亡	朱大可	0		1
8	刘湘·独麓山	2015/9/3	1926年6月6日	谭洪安	0		1

ID	typename
1	内部新闻
2	外部新闻
*	(新建)

图 12-6 表中添加内容

12.4 新闻更新网站首页

12.4.1 页面示例

首页将新闻分成"内部新闻"和"外部新闻"两种类型，分别给出最近的新闻标题等信息。如果用户想查询新闻细节，可以单击新闻标题所含的超级链接。首页还给出了"新闻管理"和"更多新闻"两种超级链接，新闻管理是进入管理登录页面，更多新闻是显示同类型的所有新闻标题信息。设计页面如图 12-7 所示。

首页需要访问数据库中的 Contents 表和 Tpyes 表两张表格，从 Types 表中取出新闻类型，从 Contents 表找出相应的内容，取出前 12 条，显示给用户。

12.4.2 源代码分析

ASP.NET 的代码绑定技术有一个优点，就是可以很容易地将可见层(HTML 代码和服务器端控件)与表现代码(可以是 VB、C#或者其他任何.NET 支持的语言)分离开来。

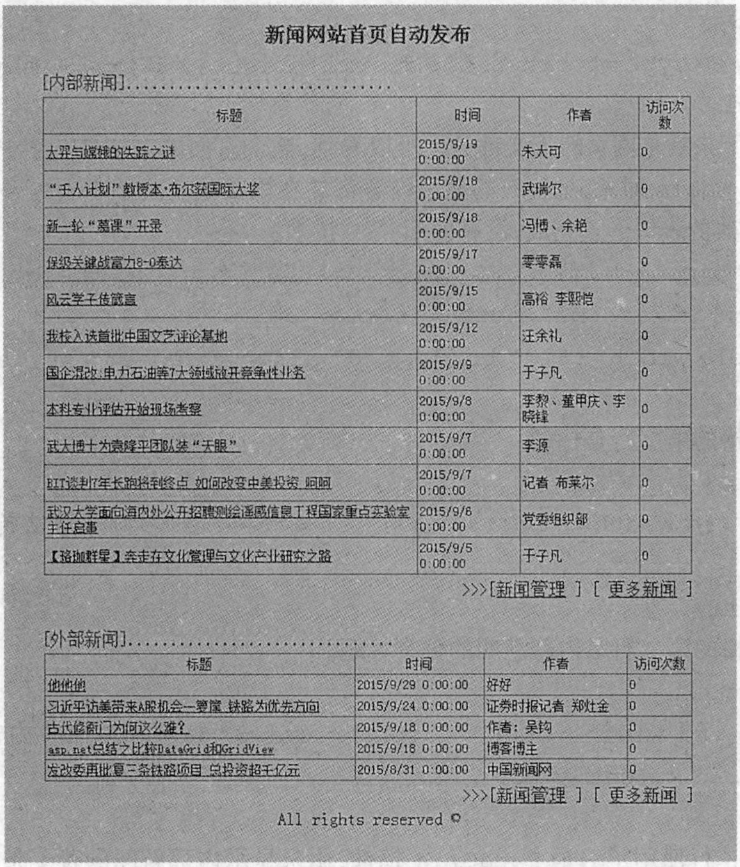

图 12-7　新闻更新网站首页设计

　　首先来看看 Default. aspx 文件源代码。Visual Studio 平台为页面设计窗口提供了页面设计左下角的 3 个窗口标签，用于打开三个分窗口。源窗口用于显示页面设计代码，设计窗口用于显示页面设计效果，拆分窗口将源窗口和页面设计窗口合成在一个窗口内，使得设计者能够及时看到页面设计参数的显示效果。在打开的页面中，点击源窗口标签，就能进行代码输入和修改。下面列出了 Default. aspx 文件源代码，为了便于理解，将解释性语言插在代码之间。

<! --首先指定代码绑定文件的文件名,以及需要继承的类名称,说明网页标题.-->

<%@ Page Language="C#" AutoEventWireup="true" CodeFile="Default.aspx.cs" Inherits="news._Default" %>

<! DOCTYPE html PUBLIC "-//W3C//DTD XHTML 1.0 Transitional//EN" "http://www.w3.org/TR/xhtml1/DTD/xhtml1-transitional.dtd">

<html xmlns="http://www.w3.org/1999/xhtml">

<head runat="server">

<title>新闻网站首页自动发布</title>

<meta http-equiv="Content-Type" content="text/html; charset

```
=gb2312" />
    <style type="text/css"> #form1{height:492px;} </style>
  </head>
```

<!--接下来就是网页的正文部分。可以看到,这个页面的主体是一个 Form 表单,里面装载了一个 Table 对象,把所有的显示内容都放在里面了。由于本页内容简单,页面布局仍然使用经典的表格形式完成,没有使用 CSS 技术。-->

```
  <body bgcolor="#99CCFF" text="#000000" style="height:503px">
    <form id="form1" runat="server">
    <table width="610" border="0" align="center" style="height:430px">
```

<!--表格的第 1 行是标题。-->

```
      <tr>
        <td width="608"><h3 align="center">新闻网站首页自动发布</h3></td>
      </tr>
```

<!--表格的第 2 行是内部新闻的分类标题。-->

```
      <tr>
        <td width="608"><font color="#FF0000">[内部新闻]......
...........................</font></td>
      </tr>
```

<!--第 3 行使用了一个 DataGrid 控件,用来显示内部新闻的若干条标题,同时给每条新闻标题加上一个超级链接。用户单击该超级链接就能查看新闻的具体内容。这个 DataGrid 控件的 ID 被定义成"MyList",供表现代码程序部分使用。-->

```
      <tr>
        <td width="608">
          <div align="center">
            <asp:DataGrid ID="MyList"
                          runat="server"
                          width="600"
                          ShowFooter="false"
                          CellPadding="2"
                          CellSpacing="1"
                          Font-Name="宋体"
                          Font-Size="8pt"
                          EnableViewState="false"
                          AutoGenerateColumns="false">
            <Columns>
```

<!--只显示标题、时间、作者、访问次数 4 个字段。-->

```
                    <asp:TemplateColumn HeaderText="标题" HeaderStyle-
HorizontalAlign="Center">
                        <ItemTemplate>
                            <asp:HyperLink Text='<% # FormatString(Dat-
aBinder.Eval(Container.DataItem,"biaoti").ToString()) % >'
    NavigateUrl = ' <% #" Shownews.aspx? id = " + DataBinder.Eval
(Container.DataItem,"id").ToString() % >'
                                    runat="server" />
                        </ItemTemplate>
                    </asp:TemplateColumn>
                    <asp:TemplateColumn HeaderText="时间" HeaderStyle-
HorizontalAlign="Center">
                        <ItemTemplate>
                            <% #DataBinder.Eval(Container.DataItem,"shi-
jian") % >
                        </ItemTemplate>
                    </asp:TemplateColumn>
                    <asp:TemplateColumn HeaderText="作者" HeaderStyle-
HorizontalAlign="Center">
                        <ItemTemplate>
                            <% # DataBinder.Eval(Container.DataItem,"
zuozhe") % >
                        </ItemTemplate>
                    </asp:TemplateColumn>
                    <asp:TemplateColumn HeaderText="访问次数" Header-
Style-HorizontalAlign="Center">
                        <ItemTemplate>
                            <% # DataBinder.Eval(Container.DataItem,"
click") % >
                        </ItemTemplate>
                    </asp:TemplateColumn>
                </Columns>
            </asp:DataGrid>
        </div>
    </td>
</tr>
<! --第 4 行是两个超级链接,排列方式是向右排放。-->
    <tr>
```

```
        <td width = "608" height = "13">
          <div align = "right">
            &gt;&gt;&gt;[ <a href = "login.aspx" target = "_blank">新
闻管理</a> ] [ <a href = "morenews.aspx">更多新闻</a> ]
          </div>
        </td>
      </tr>
```
<! --第 5 行是个空行,用来隔离两类新闻。-->
```
      <tr><td width = "608" height = "10"> </td></tr>
```
<! --第 6 行是外部新闻的分类标题。外部新闻的显示设计与内部新闻类似。-->
```
      <tr>
        <td width = "608" height = "10"><font color = "#FF0000">[外部新
闻]..................................:</font></td>
      </tr>
      <tr>
        <td width = "608" height = "13">
          <div align = "center">
            <asp:DataGrid ID = "MyList1"
                        runat = "server"
                        width = "600px"
                        ShowFooter = "false"
                        CellPadding = "2"
                        CellSpacing = "1"
                        Font -Name = "宋体"
                        Font -Size = "8pt"
                        EnableViewState = "false"
                        AutoGenerateColumns = "false"
                        >
          <Columns>
            <asp:TemplateColumn HeaderText = "标题" HeaderStyle-
HorizontalAlign = "Center">
                <ItemTemplate>
                  <asp:HyperLink ID = "HyperLink1" Text = '<% # For-
matString (DataBinder.Eval (Container.DataItem,"biaoti") .ToString
()) % >'
        NavigateUrl = '<% #"Shownews.aspx? id = " +DataBinder.Eval (Con-
```

```
tainer.DataItem,"id").ToString() % >'
                                    runat="server" />
            </ItemTemplate>
        </asp:TemplateColumn>
        <asp:TemplateColumn HeaderText="时间" HeaderStyle-
HorizontalAlign="Center">
            <ItemTemplate>
                <% #DataBinder.Eval(Container.DataItem,"shi-
jian") % >
            </ItemTemplate>
        </asp:TemplateColumn>
        <asp:TemplateColumn HeaderText="作者" HeaderStyle-
HorizontalAlign="Center">
            <ItemTemplate>
                <% #DataBinder.Eval(Container.DataItem,"
zuozhe") % >
            </ItemTemplate>
        </asp:TemplateColumn>
        <asp:TemplateColumn HeaderText="访问次数" Header-
Style-HorizontalAlign="Center">
            <ItemTemplate>
                <% #DataBinder.Eval(Container.DataItem,
"click") % >
            </ItemTemplate>
        </asp:TemplateColumn>
        </Columns>
    </asp:DataGrid>
  </div>
 </td>
</tr>
<tr>
 <td width="608" height="13">
  <div align="right">
    &gt;&gt;&gt;[<a href="login.aspx" target="_blank">新
闻管理</a>][<a href="morenews.aspx">更多新闻</a>]
  </div>
```

```
            </td>
        </tr>

    </table>
    <div>
<!--首页中还有另一个 Table,用来显示版权提示信息。-->
        <div align="center">
            All rights reserved <font color="#FF0000">&copy;
</font>
        </div>
    </div>
    </form>
    </body>
</html>
```

页面设计窗口的 3 个标签提供的 3 个窗口具有同步功能,在设计窗口对元素、控件的各种属性进行调整,立即引起源窗口中程序参数作相应的变化。因此,可以在设计窗口通过对页面进行元素、控件添加、布局的方式完成页面设计,与设计结果对应的程序、参数,在源窗口中自动生成。

下面来介绍 Default. aspx 页面绑定的 . cs 文件的源代码,它包含了访问数据库和处理事件的方法。点击解决方案资源管理器中的 Default. aspx. cs 项目,打开源程序窗口。下面展示的是已经完成的 Default. aspx. cs 源代码,其间同样插入了解释说明。

```
//加载文件需要的系统命名空间
using System;
using System.Data;
using System.Data.OleDb;
using System.Collections.Generic;
using System.Linq;
using System.Web;
using System.Web.UI;
using System.Web.UI.WebControls;
using System.Web.UI.HtmlControls;
//定义本网站命名空间和类
namespace news
{
    public partial class_Default :Page
    {
```

```
//Page_Load()是响应本页面打开事件的函数,规定本页面打开时系统需要做的事情
//根据逻辑流程,这里需要建立数据库连接,读取数据库数据,将数据显示在页面上
        protected void Page_Load(object sender,EventArgs e)
        {
//确认页面不是回滚
            if (! IsPostBack)
            {
//建立数据库连接
                OleDbConnection myConnection = new OleDbConnection
("Provider=Microsoft.ACE.OLEDB.12.0;Data Source=" + Server.MapPath
("news. accdb"));
```

//设置读取数据库的命令:从 contents 表中读取最多 12 个记录的所有
//字段,它们的类型是内部新闻,以时间字段进行排序

```
                OleDbDataAdapter myCommand = new OleDbDataAdapter ("
select top 12 contents. * FROM contents WHERE typeid = 1 order by
shijian desc",myConnection);
```

//设置命令,读取最多 12 个外部新闻记录的所有字段

```
                OleDbDataAdapter myCommand1 = new OleDbDataAdapter
("select top 12 contents. * FROM contents WHERE typeid=2 order by shi-
jian desc",myConnection);
```

//定义 DataSet 对象,将查询结果填充到对象中

```
                DataSet ds = new DataSet();
                myCommand.Fill(ds,"contents");
                myCommand1.Fill(ds,"types");
```

//将 DataSet 对象绑定在页面中定义的 DataGrid 对象中,
//DataGrid 对象的显示工作,由页面中的下述指令完成

```
                    MyList.DataSource = ds.Tables [ " contents " ]
.DefaultView;
                    MyList1.DataSource = ds.Tables [ " types " ]
.DefaultView;
                MyList.DataBind();
                MyList1.DataBind();
            }
        }
```

//FormatString 函数的作用是将页面指令系统中回避的、并且在显示中用到的
//"空格"、"小于"、"大于"3 个符号变回正常形式
//FormatString 函数在页面显示程序中被用到。可查看上面的页面程序段

```
    public string FormatString(string str)
    {
        str=str.Replace("  ","  ");
        str=str.Replace("<","&lt;");
        str=str.Replace(">","&gt;");
        str=str.Replace("\n".ToString(),"<br>");
        return str;
    }
  }
}
```

　　按 F5 键，运行，看效果。

12.5　查看新闻页面

12.5.1　页面示例

　　用户在首页看到感兴趣的内容时，通过点击新闻标题的超级链接来查看具体的新闻内容。具体的新闻内容用网页 Shownews 来显示。需要设计的 Shownews. aspx 网页如图 12-8 所示。

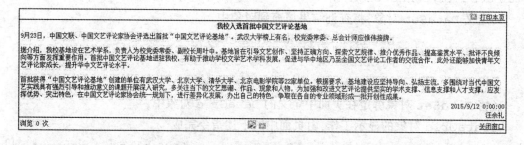

图 12-8　新闻显示页面设计

12.5.2　页面用到的数据库信息

　　查看新闻页面主要访问了 Contents 表。该页面从表中找出指定编号的新闻具体内容，包括标题、内容、发表时间、作者、浏览次数等。

12.5.3　添加页面

　　如图 12-9 所示，在解决方案资源管理器中，鼠标右击项目名；在出现的下拉菜单中点击"添加新项"，出现添加窗口，如图 12-10 所示。

　　选择"Visual C#""Web 窗体"，在名称栏键入"Shownews. aspx"，点击"添加"键，一个

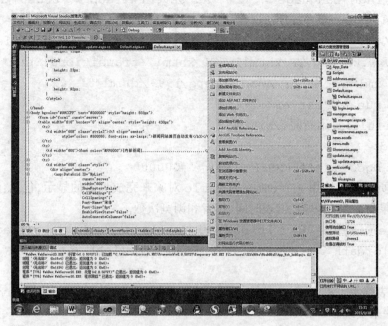

图 12-9　添加页面操作

图 12-10　添加页面操作

空的新页面 Shownews. aspx 在解决方案资源管理器中出现。

12.5.4　源代码分析

新闻显示页面也包括了. aspx 文件和. cs 文件。下面是已经完成的. aspx 文件源代码。

源代码：Shownews. aspx

```
<% @  Page Language = " C #" AutoEventWireup = " true " CodeFile =
"Shownews.aspx.cs" Inherits = "news.Shownews" % >
<! DOCTYPE html PUBLIC " -//W3C//DTD XHTML 1.0 Transitional//EN"
"http://www.w3.org/TR/xhtml11/DTD/xhtml11-transitional.dtd">
<html xmlns = "http://www.w3.org/1999/xhtml">
<head runat = "server">
    <title>显示新闻</title>
</head>
<body bgcolor = "#FFFFFF" text = "#000000">
<! --页面的主体用一个 HTML 的 Table 对象来完成页面的显示,包括:新闻标题、新
闻图片(如果有)、新闻内容、发表时间、作者和浏览次数。-->
<table width = "98%" border = "1" cellspacing = "0" cellpadding = "0"
bordercolordark = " # FFFFFF " bordercolorlight = " 006B9F " align =
"center">
<! --表格第 1 行显示一个打印本页的超级链接,其中打印功能由 Javascript 的
print 方法来实现。-->
        <tr>
         <td>
           <table width = "100%" border = "0">
     <tr>
                <td>
                 <div align = "right">
                  <img src = "printer.gif" width = "16" height = "14" />
                  <a href = "Javascrpt:window.print()">打印本页</a>
                 </div>
                </td>
              </tr>
           </table>
         </td>
        </tr>
<! --表格的第 2 行又设置了一个子表格。-->
        <tr>
         <td height = "35">
           <table width = "100%" border = "0">
<! --子表格第 1 行用于显示新闻标题。-->
             <tr>
              <td>
                <div align = "center">
```

```
                              <font size="3">
                               <b>
                                      <% = FormatString(dr["biaoti"].ToString
()).ToString()%>
                               </b>
                              </font>
                          </div>
                         </td>
                       </tr>
```

<!--如果有新闻图片,在子表格第 2 行显示。-->
```
                       <tr>
                        <td>
                         <div align="center">
                          <% if (dr["img"].ToString()!="")
                           {%>
                          <img src='file/<% =dr["img"]%>' /><%}%>
                         </div>
                        </td>
                       </tr>
```

<!--子表格第 3 行用于显示新闻内容。-->
```
                       <tr>
                        <td>
                              <% = FormatString(dr["neirong"].ToString())
.ToString()%>
                        </td>
                       </tr>
```

<!--子表格第 4 行用于显示发表时间。-->
```
                      <tr>
                       <td>
                        <div align="right">
                         <% =dr["shijian"]%>
                        </div>
                       </td>
                      </tr>
```

<!--子表格第 5 行用于显示作者名。-->
```
                      <tr>
                       <td>
                        <div align="right">
```

```
                <% = FormatString ( dr [ " zuozhe " ] .ToString ( ) )
.ToString ( ) % >
                    </div>
                </td>
            </tr>
          </table>
        </td>
      </tr>
<! --表格第 3 行又插入一个子表格,该表格只有一行,但有 3 个表项。-->
      <tr>
        <td>
          <table width ="100% " border ="0">
          <tr>
<! --第 1 个表项中显示浏览次数。-->
            <td  width ="24% ">
              <font color ="#0000FF">浏览</font>
              <font color ="red"><% =dr [ "click" ] % ></font>
              <font color ="#0000FF">次</font>
            </td>
<! --第 2 个表项中显示两个图片,它们带有超级链接才有意义,但本例中缺乏。-->
            <td  width ="50% ">
              <div align ="center">
                <img src ="emaill.gif">
                <img src ="g.gif" width ="17" height ="13">
              </div>
            </td>
<! --第 3 个表项中用超级链接返回网站首页的方法关闭本页。-->
            <td  width ="26% ">
              <div align ="right">
                <a href ="Default.aspx">关闭窗口</a>
              </div>
            </td>
          </tr>
          </table>
        </td>
      </tr>
    </table>
  </body>
```

```
</html>
```
接下来查看本页面的代码绑定文件。

源代码：Shownews. aspx. cs

```
using System;
using System.Collections.Generic;
using System.Linq;
using System.Data;
using System.Data.OleDb;
using System.Web;
using System.Web.UI;
using System.Web.UI.WebControls;
using System.Web.UI.HtmlControls;


namespace news
{
    public partial class Shownews : System.Web.UI.Page
    {
        //定义变量
        public DataRow dr;
        public String newsid;
        protected void Page_Load(object sender,EventArgs e)
        {
            //获取新闻 ID 编号
            newsid=Request.Params["id"];
            //建立数据库连接
            OleDbConnection myConnection = new OleDbConnection
("Provider=Microsoft.Ace.Oledb.12.0;Data Source=" + Server.MapPath
("news.accdb"));
            //创建 OleDbDataAdapter 对象,按照指定的方式查询、获取结果
            OleDbDataAdapter myCommand=new OleDbDataAdapter("se-
lect * FROM contents WHERE id="+newsid,myConnection);
            //将结果填充到一个 DataSet 对象中
            DataSet ds=new DataSet();
            myCommand.Fill(ds,"contents");
            dr=ds.Tables["contents"].Rows[0];
            //创建 OleDbDataAdapter 对象,获取新闻访问次数
            OleDbCommand myCommand2 = new OleDbCommand("select
click FROM contents WHERE id="+newsid,myConnection);
```

```
        myCommand2.Connection.Open();
        OleDbDataReader reader = myCommand2.ExecuteReader();
        reader.Read();
        //将访问次数转化为整数,然后加 1
        int i = reader.GetInt32(0);
        i++;
        reader.Close();
        //重新定义 SQL 语句,更新访问次数
        myCommand2.CommandText = "update contents SET click = " +
i.ToString() + " WHERE id = " + newsid;
        myCommand2.ExecuteNonQuery();
        myCommand2.Connection.Close();
    }
    //本页面的显示也需要转换 3 个特殊符号
    public string FormatString(string str)
    {
        str = str.Replace("  ","  ");
        str = str.Replace("<","&lt;");
        str = str.Replace(">","&gt;");
        str = str.Replace("\n".ToString(),"<br>");
        return str;
    }
  }
}
```

按 F5 键, 运行, 看效果。

12.6 新闻管理登录

12.6.1 页面示例

新闻更新网站最重要的功能还是要对新闻进行添加、删除、修改之类的管理。只有管理员有权进行管理, 要想进入管理系统, 必须通过身份验证。在网站首页面点击"新闻管理"超级链接, 就进入图 12-11 所示的管理登录页面, 管理员需要在文本框中输入管理密码, 如果通过身份验证, 就会出现图 12-12 所示的功能选择页面。

12.6.2 页面用到的数据库信息

新闻管理登录页面没有访问数据库。本实习展示一种简单的、通过读取 web.config 文件中配置的管理员密码, 完成身份验证。

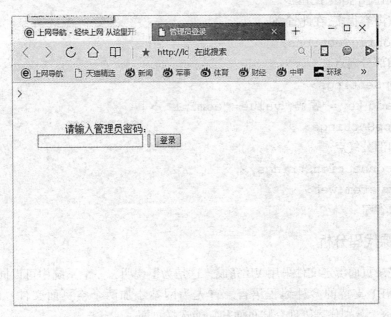

图 12-11　管理登录页面设计

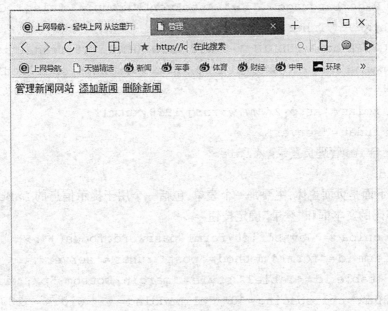

图 12-12　功能选择页面设计

在解决方案资源管理器中点击 web. config 文件，打开它。只需要在 configSections 节后添加如下所示的、完整的 appSettings 节，并且记住这里设置的密码为 admin1。该文件中其他部分皆为系统自动设置，千万不要改。下面展示了完成后的 web. config 文件添加部分。

```
    <configSections>
//此节内容很多,在此省略
    </configSections>
//增加部分起点
    <appSettings>
      <add key = "密码" value = "admin1"/>
    </appSettings>
//增加部分终点
    <connectionStrings/>
    <system.web>
//后面省略
```

12.6.3　源代码分析

管理登录页面绑定文件采用 VB 完成，这是为了说明，一个系统中可以同时存在多种不同的、.NET 支持的多种编程语言。首先为网站添加两个空页面文件：login. aspx 和 manager. aspx，分别代表管理登陆页面和功能选择页面。

源代码：login. aspx

```
<% @ Page Language = "VB" AutoEventWireup = "false" CodeFile =
"login.aspx.vb" Inherits = "login" % >
<! DOCTYPE html PUBLIC "-//W3C//DTD XHTML 1.0 Transitional//EN"
"http://www.w3.org/TR /xhtml1/DTD/xhtml1-transitional.dtd">


<html xmlns = "http://www.w3.org/1999/xhtml">
<head runat = "server">
    <title>管理员登录</title>
</head>
<! --下面是页面主体,主要是一个表单,包括一个用于提示信息的 Label 对象,一个
用于输入密码的文本框和"登录"确定按钮-->
<body onload = "Javascript:form1.password.focus()">>
    <form id = "form1" method = "post" runat = "server">
      <table id = "Table3" style = "margin-bottom:5px; width:300px;
height:100px" cellspacing = "0" cellpadding = "1" width = "200" border =
"0">
        <tr>
          <td>
            <p align = "center">
              <asp:Label ID = "Label1" runat = "server" ForeColor =
"Red"></asp:Label><br />
```

请输入管理员密码:`<br />`

```
              <asp:TextBox ID = "password" runat = "server" TextMode
= "Password"> </asp:TextBox>
              <asp:TextBox ID = "TextBox1" runat = "server" Width =
"0px"></asp:TextBox>
              <asp:Button id = "Button1" runat = "server" Text = "登录"
/>
          </p>
        </td>
      </tr>
    </table>
  </form>
</body>
</html>
```

源代码:login. aspx. vb

//加载需要引用的系统命名空间

```
Imports System
Imports System.ComponentModel
Imports System.Data
Imports System.Web
Imports System.Web.SessionState
Imports System.Web.UI
Imports System.Web.UI.WebControls
Imports System.Configuration
Imports Microsoft.VisualBasic
```

//定义类

```
Partial Class login Inherits System.Web.UI.Page
    <System.Diagnostics.DebuggerStepThrough()> Private Sub Ini-
tializeComponent()
    End Sub
```

//初始化页面组件

```
    Private Sub Page_Init(ByVal sender As System.Object,ByVal e As
System.EventArgs) Handles MyBase.Init
        InitializeComponent()
    End Sub
```

//Button_Click()方法,处理"登录"按钮事件。它从web.config文件中获取"密码"这一项的值,同

//password 文本框输入值进行比较,如果错误,显示提示信息,如果密码正确,将 Name Session 对

//象设定为"manager",同时将页面定向到 manager.aspx 页面。

```
    Private Sub Button1_Click(ByVal sender As System.Object,ByVal
e As System.EventArgs) Handles Button1.Click
        If password.Text <> ConfigurationManager.AppSettings("密
码") Then
            Label1.Text = "密码错误,请重新输入"
        Else
        Session("name")= "manager"
        Response.Redirect("manager.aspx")
        End If
    End Sub
```

//Page_Load()方法,每个页面都必须重载的方法。在这里,该方法判断 session 对象 name

//是否为空,如果不为空,将页面重定向到 default.aspx 页面。

```
    Private Sub Page_Load(ByVal sender As System.Object,ByVal e As
System.EventArgs) Handles MyBase.Load
        If Session("name") <> "" Then
        Session.Abandon()
        Response.Redirect("default.aspx")
        End If
    End Sub
End Class
```

下面是功能选择页面 manager.aspx 的源代码,这个页面只有两个超级链接,供管理员选择。

源代码: manager.aspx

```
<%@ Page Language="VB" AutoEventWireup="false" CodeFile="man-
ager.aspx.vb" Inherits="manager" %>
<!DOCTYPE html PUBLIC "-//W3C//DTD XHTML 1.0 Transitional//EN"
"http://www.w3.org/TR/xhtml1/DTD/xhtml1-transitional.dtd">
<html xmlns="http://www.w3.org/1999/xhtml">
<head runat="server">
    <title>管理</title>
</head>
```

管理新闻网站

```
<a href="addnews.aspx" target="_parent">添加新闻</a>
<a href="update.aspx" target="_parent">删除新闻</a>
```

```
<body>
    <form id="form1" runat="server">
    <div>
    </div>
    </form>
</body>
</html>
```
按 F5 键，查看效果。

12.7 添加新闻页面

12.7.1 页面示例

在功能选择页面点击了"添加新闻"超级链接，系统跳转到添加新闻页面。完成后的页面如图 12-13 所示。

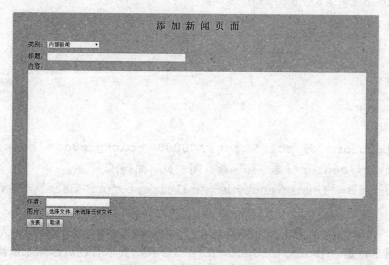

图 12-13 添加新闻页面设计

其中，标题、内容、作者皆为输入文字，图片为图片文件的选择，这需要打开一个选择文件对话框，从中选择图片文件。

12.7.2 页面用到的数据库信息

添加新闻页面访问了 Contents 表和 Types 表。从 Types 表中读取新闻的所有类型，供用户选择，然后将用户输入的新闻内容写入 Contents 表中。

12.7.3　源代码分析

首先添加 addnews 空页面。页面的主体是一个 Form 表单,里面只有一个 HTML 的 Table 对象,按照指定的格式要求管理员输入该条新闻的所有内容,包括类别、标题、内容、作者和附加的照片等。完成后的相关源代码如下:

源代码:addnews.aspx

```
<% @  Page Language = " C #" AutoEventWireup = " true" CodeFile =
"addnews.aspx.cs" Inherits = "news.addnews" % >


<! DOCTYPE html PUBLIC "-//W3C//DTD XHTML 1.0 Transitional//EN"
"http://www.w3.org/TR/xhtml1/DTD/xhtml1-transitional.dtd">


<html xmlns = "http://www.w3.org/1999/xhtml">
<head runat = "server">
    <title>添加新闻</title>
    <style type = "text/css">
        .style1
        {
            height: 25px;
        }
    </style>
</head>
<body bgcolor = "#99ccff" text = "000000" background = "back.jpg">
<h2 align = "center">添 加 新 闻 页 面</h2>
    <form id = "form1" enctype = "multipart/form-data" runat = "server">
        <table border = "0" align = "center" style = "width: 71%">
<! --第 1 行是一个<asp:DropDownList />对象,要求管理员选择该条新闻的类型,
供选择的是内部新闻和外部新闻两种。-->
    <tr>
            <td colspan = "2" class = "style1">
类别:<asp:DropDownList id = "DropDownList2" runat = "server"
                Height = "17px" Width = "131px" />
            </td>
        </tr>
<! --第 2 行是一个<asp:Label />对象,用于显示页面的处理信息,这里一般显示的
是错误信息,如果添加新闻无误,则页面重新定位到前页。-->
        <tr>
```

```
            <td colspan = "2">
                    <div align = "center">
                            <asp:Label ID = "Label1" ForeColor = "Red"
runat = "server" />
                    </div>
            </td>
        </tr>
```

<!--第 3 行是<asp:textbox/>对象,用于输入新闻标题。-->

```
        <tr>
                <td colspan = "2">标题:<asp:TextBox ID = "biaoti"
runat = "server" Height = "16px"
                        Width = "342px" /></td>
        </tr>
```

<!--第 4 行是一个<asp:textbox/>对象,用于输入新闻内容。-->

```
        <tr>
                <td colspan = "2">内容:<asp:TextBox ID = "neirong"
TextMode = "MultiLine" Height = "300px"
                        Width = "839px" runat = "server" /></td>
        </tr>
```

<!--第 5 行是一个<asp:textbox/>对象,用于输入新闻作者。-->

```
        <tr>
                <td colspan = "2">作者:<asp:TextBox ID = "zuozhe"
runat = "server" /></td>
        </tr>
```

<!--第 6 行是一个 HTML 的<input/>对象,管理员可以选择是否添加新闻图
片。-->

```
        <tr>
                <td width = "73%">图片:<input ID = "File1" type =
"file" accept = "Image/*" runat = "server" /></td>
        </tr>
```

<!--第 7 行是一个<asp:Label/>对象,它提示的内容是有关上传文件的错误信息,
例如"文件太大了"。-->

```
        <tr>
                <td width = "73%"><asp:label ID = Span1 runat =
"server" /></td>
        </tr>
```

<!--第 8 行是两个按钮,一个"发表"按钮,一个"取消"按钮。-->

```
        <tr>
```

```
                    <td colspan = "2">
                         <input type = "button" id = "Button1" value = "发表"
OnServerClick = "Button1_Click" runat = "server" />
                         <asp:button ID = "button2" Text = "取消" OnClick =
"reset_Click" runat = "server" />
                    </td>
               </tr>
          </table>
     <div>


     </div>
     </form>
</body>
</html>
```

接下来看看页面绑定的源代码，它负责处理添加新闻的事件，包括检查新闻内容是否齐全，上载图片是否合法，以及将通过检查的新闻插入到数据库中。

源代码：addnews. aspx. cs

```
using System;
using System.Data;
using System.Data.OleDb;
using System.IO;
using System.Collections.Generic;
using System.Linq;
using System.Web;
using System.Web.UI;
using System.Web.UI.WebControls;
using System.Web.UI.HtmlControls;


namespace news
{
    public partial class addnews :System.Web.UI.Page
    {
```

//Page_Load()方法是每个页面都必须重载的方法。在这里，该方法首先建立数据库连接，然后从

//Types 表中获取新闻的类型信息，将这些信息填充到一个 DataSet 对象中，并绑定到

//DropDownList,供用户选择。

```
        protected void Page_Load(object sender,EventArgs e)
```

```
                {
                    if (! IsPostBack)
                    {
                        OleDbConnection MyConnection = new OleDbConnection
("Provider = Microsoft.Ace.Oledb.12.0;Data Source = " + Server.MapPath
("news.accdb"));
                        OleDbDataAdapter MyCommand = new OleDbDataAdapter
("Select id,typename FROM types ",MyConnection);
                        DataSet ds = new DataSet();
                        MyCommand.Fill(ds,"types");
                        DropDownList2.DataSource = ds.Tables [ " types " ]
.DefaultView;
                        DropDownList2.DataTextField = "typename";
                        DropDownList2.DataValueField = "id";
                        DropDownList2.DataBind();
                    }
                }
        //Button1_Click()方法,处理"发表"按钮的单击事件。
            public void Button1_Click(Object sender,EventArgs e)
                {
        //创建上传文件的路径字符串
                    string filepath = Server.MapPath ( " file/" +
Path.GetFileName (File1.PostedFile .FileName));
        //检查新闻标题、内容、作者是否为空
                    if ((biaoti.Text = = "") || (neirong.Text = = "") ||
(zuozhe.Text = = ""))
                    {
                        Label1.Text = "标题、内容、作者等不能为空! ";
                    }
        //检查新闻标题长度
            else if (biaoti.Text.Length >= 50)
                    {
                        Label1.Text = "你的标题太长了! ";
                    }
        //检查上传图片大小
            else if (File1.PostedFile.ContentLength>153600)
                    {
                        Span1.Text = "上传的文件不能超过70kb! ";
```

253

```
            return;
        }
```

// 检查上传文件是否同名

```
        else if (File.Exists(filepath))
        {
            Span1.Text = "上传文件重名,请改名后再上传! ";
            return;
        }
```

// 通过了检查,则上传文件,将新闻写入数据库

```
        else
        {
            if (File1.PostedFile ! = null)
            {
                try
                {
                    File1.PostedFile.SaveAs(filepath);
                }
                catch (Exception exc)
                {
                    Span1.Text = "保存文件时出错<b>" + filepath +
"</b><br>" + exc.ToString();
                }
```

// 建立数据库连接

```
                OleDbConnection MyConnection = new OleDbConnec-
tion ( "Provider = Microsoft.Ace.Oledb.12.0; Data Source = " + Serv-
er.MapPath("news.accdb"));
```

// 创建 OleDbDataAdapter 对象,按照指定的 SQL 语句将新闻插入到数据库中

```
                OleDbCommand MyCommand = new OleDbCommand
("insert into
contents(biaoti,neirong,zuozhe,shijian,click,img,typeid) values
('" + biaoti.Text.ToString() +"','" +neirong.Text.ToString() +"','" +
zuozhe.Text.ToString()+ "','"+ DateTime.Now.ToString()+"',0,'" +Path.
GetFileName(File1.PostedFile.FileName)+"','"+DropDownList2.Select-
edItem.Value+"')",MyConnection);
                MyCommand.Connection.Open();
                MyCommand.ExecuteNonQuery();
                MyCommand.Connection.Close();
                Response.Redirect("default.aspx");
```

```
                }
            }
        }
```

//Reset_Click()方法,处理"取消"按钮事件。该方法比较简单,仅仅把新闻标题、内容、作者这3

//个文本框清空。

```
        public void reset_Click(Object sender,EventArgs e)
        {
            biaoti.Text = "";
            neirong.Text = "";
            zuozhe.Text = "";
        }
    }
}
```

按 F5 键,查看效果。

12.8 删除新闻页面

12.8.1 页面示例

与添加新闻相对的是删除新闻。图 12-14 所示为删除新闻的 update. aspx 页面, 在这个页面中可以实现按照指定新闻类型显示、删除某条新闻、修改新闻等功能。

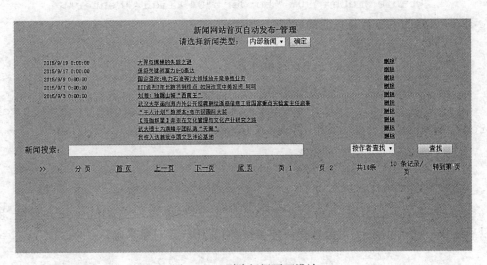

图 12-14 删除新闻页面设计

12.8.2 页面用到的数据库信息

删除新闻页面也要访问 Contents 表和 Types 表。从 Types 表读取新闻的所有类型，然后从 Contents 表中查询该类型的所有新闻，列出标题，供用户选择。

12.8.3 源代码分析

添加空页面 update. aspx。完成后的页面源代码和绑定代码如下所示。

源代码：update. aspx

```
<% @ Page Language = " C #" AutoEventWireup = " true" CodeFile =
"update.aspx.cs" Inherits = "news.update" % >


<! DOCTYPE html PUBLIC " -//W3C//DTD XHTML 1.0 Transitional//EN"
"http://www.w3.org/TR/xhtml1/DTD/xhtml1-transitional.dtd">


<html xmlns = "http://www.w3.org/1999/xhtml">
<head runat = "server">
    <title>新闻网站管理</title>
</head>
<! --页面的主体是一个 Form 表单，里面包含一个 HTML 的 Table 对象，用来组织、
显示内容，并完成一定的功能。-->
<body bgcolor = "#99ccff" text = "#000000" background = "back.jpg">
    <form id = "form1" runat = "server">
        <table width = "90%" border = "0" align = "center">
<! --表格的第 1 行是页面的标题。-->
            <tr>
                <td width = "808">
                    <div align = "center">
                    <font color = "#ff0000"><b><font size = "3" color
= "red">新闻网站首页自动发布-管理</font></b></font>
                    </div>
                </td>
            </tr>
<! --表格的第 2 行是<asp:DropDownList />对象和<asp:Button />对象，用户
可以通过 DropDownList 对象选择新闻类型，用 Button 对象来确认。-->
                <tr>
                    <td width = "808" height = "3">
                        <div align = "center">请选择新闻类型：
                            <asp:DropDownList ID = "DropDownList2" runat
```

```
="server" />
                                <asp:Button ID="Button3" Text="确定" runat
="server" />
                        </div>
                    </td>
                </tr>
```
<!--表格的第 3 行是显示一种类型的新闻的表格。这里使用了一个\<asp:data-grid/\>对象来显示新闻的指定内容:发表时间、标题、是否删除等。-->
```
                <tr>
                    <td width="808">
                        <div align="center">
                            <asp:DataGrid ID="MyList"
                                allowpaging="true"
                                pagesize="10"
                                onpageindexchanged="MyList_Page"
                                pagerstyle-visible="false"
                                runat="server"
                                width="800px"
                                gridlines="None"
                                showfooter="false"
                                cellpadding="2"
                                cellspacing="1"
                                font-name="宋体"
                                font-size="8pt"
                                enableviewstate="false"
                                autogeneratecolumns="false"
                                datakeyfield="id"
                                ondeletecommand="MyDataGrid_Delete">
                                <Columns>
                                    <asp:BoundColumn ItemStyle-Width=
"150px" HeaderText="" DataField="shijian" />
                                    <asp:HyperLinkColumn ItemStyle-
Width="400px" HeaderText="" DataNavigateUrlField="id"
                                        DataNavigateUrlFormatString="xiu.
aspx?id={0}" DataTextField="biaoti" Target="_new" />
                                    <asp:ButtonColumn ItemStyle-Width=
"100px" Text="删除" CommandName="Delete" />
                                </Columns>
```

```
                    </asp:DataGrid>
                </div>
            </td>
        </tr>
```

<!--表格的第4行提供了新闻搜索的功能。这一行内嵌了两层 Table 对象,里层 Table 包含了3列,内容分别是:输入关键的文本框、查找类型的 DropDownList 下拉列表框和名为"查找"的按钮。-->

```
        <tr>
            <td width = "808" height = "13">
                <div align = "center">
                    <table width = "98%" border = "0" align = "center">
                        <tr>
                            <td width = "70%">
                                <div align = "center" style = "width: 556px">新闻搜索:
                                    <asp:TextBox ID = "TextBox1" runat = "server" class = "input"
                                        title = "请输入关键字!!" Width = "461px" Height = "17px"/>
                                </div>
                            </td>
                            <td width = "14%">
                                <div align = "center">
                                    <asp:DropDownList ID = "DropDownList1" runat = "server">
                                        <asp:ListItem Value = "zuozhe">按作者查找</asp:ListItem>
                                        <asp:ListItem Value = "biaoti">按主题查找</asp:ListItem>
                                        <asp:ListItem Value = "neirong">按内容查找</asp:ListItem>
                                    </asp:DropDownList>
                                </div>
                            </td>
                            <td width = "14%">
                                <div align = "center">
```

```
                                    <asp:Button Text="查找"
OnClick="SubmitBtn_Click" ID="Button1" class="input1" Width="70"
Height="19" runat="server" />
                                </div>
                            </td>
                        </tr>
                    </table>
                </div>
            </td>
        </tr>
```

<!--下面一行是用来显示分页提示的。内容众多,请对照图 8-1 来逐条理解所有列的含义。-->

```
        <tr>
            <td width="808" height="13">
                <div align="center">
                    <table width="98%" border="0" align="cen-
ter">
                        <tr>
                            <td width="50" height="11">
                                <div align="center">
                                    <font size="2">>></font>
                                </div>
                            </td>
                            <td width="50" height="11">
                                <div align="center">
                                    <font size="2" color="#0000A0">分 页</font>
                                </div>
                            </td>
                            <td width="50" height="11">
                                <div align="center">
                                    <asp:LinkButton ID="btnFirst" runat="serv-
er" text="首    页" CommandName="Pager" CommandArgument="First"
                                    ForeColor="Navy" Font-Names="verdana" Font
-Size="10pt" OnCommand="PagerButtonClick" />
                                </div>
                            </td>
                            <td width="50" height="11">
                                <div align="center">
```

```
                            <asp:LinkButton ID = " btnPrev " runat =
"server" text = "上一页" CommandName = "Pager" CommandArgument = "Prev"
                    ForeColor = "Navy" Font-Names = "verdana" Font
-Size = "10pt" OnCommand = "PagerButtonClick" />
                </div>
            </td>
            <td width = "50" height = "11">
                <div align = "center">
                            <asp:LinkButton ID = " btnNext " runat =
"server" text = "下一页" CommandName = "Pager" CommandArgument = "Next"
                    ForeColor = "Navy" Font-Names = "verdana" Font
-Size = "10pt" OnCommand = "PagerButtonClick" />
                </div>
            </td>
            <td width = "50" height = "11">
                <div align = "center">
                            <asp:LinkButton ID = " btnLast " runat =
"server" text = "尾　页" CommandName = "Pager" CommandArgument = "Last"
                    ForeColor = "Navy" Font-Names = "verdana" Font
-Size = "10pt" OnCommand = "PagerButtonClick" />
                </div>
            </td>
            <td width = "50" height = "11">
                <div align = "center">
                    <font color = "#0000A0" size = "2">页</font>
                    <font color = "#FF0000" size = "2"><asp:Label
ID = "lblCurrentPage" runat = "server" /></font>
                </div>
            </td>
            <td width = "50" height = "11">
                <div align = "center">
                    <font color = "#0000A0" size = "2">页</font>
                    <font color = "#FF0000" size = "2"><asp:Label
ID = "lblPageCount" runat = "server" /></font>
                </div>
            </td>
            <td width = "50" height = "11">
                <div align = "center">
```

```
                    <font color = "#0000A0" size = "2">共<font
color = "#FF0000" size = "2"><asp:Label ID = "lblRecordCount" runat =
"server" /></font>条</font>
                </div>
            </td>
            <td width = "50" height = "11">
                <div align = "center">
                    <font color = "#FF0000" size = "2">10</font>
                    <font color = "#0000A0" size = "2">条记录/页</
font>
                </div>
            </td>
            <td width = "50" height = "11">
                <div align = "center">
                    <font color = "#0000A0" size = "2">转到第<asp:
TextBox class = "input" ID = "txtIndex" runat = "server" width = "2"
Height = "1"
                        Columns = "2" Font -Size = "1px" ForeColor = "#
0000A0" OnTextChanged = "txtIndex_Changed" />页</font>
                </div>
            </td>
            </td>
        </tr>
        </table>
        </div>
        </td>
    </tr>
    </table>
    <p align = "center"> </p>
    </form>
</body>
</html>
```

源代码:update.aspx.cs

```
using System;
using System.Data;
using System.Data.OleDb;
using System.Collections.Generic;
```

```
using System.Linq;
using System.Web;
using System.Web.UI;
using System.Web.UI.WebControls;
using System.Web.UI.HtmlControls;

namespace news
{
    public partial class update : System.Web.UI.Page
    {
        //定义变量
        public int PageCount, RecordCount;
```

//Page_Load()方法是每个页面都要重载的方法。在这里,该方法先建立数据库连接,从 Types 表中

//检索出新闻类型的编号及名称,将它们填充到 DataSet,并绑定在 DropDownList 上。

```
        protected void Page_Load(Object sender, EventArgs e)
        {
            if (! IsPostBack)
            {
                OleDbConnection myConnection = new OleDbConnection
("Provider = Microsoft.ACE.OLEDB.12.0;Data Source = " + Server.MapPath
("news.accdb"));
                OleDbDataAdapter myCommand = new OleDbDataAdapter
("select id,typename FROM types ",myConnection);
                DataSet ds = new DataSet();
                myCommand.Fill(ds,"types");
                    DropDownList2.DataSource = ds.Tables [ " types "]
.DefaultView;
                DropDownList2.DataTextField = "typename";
                DropDownList2.DataValueField = "id";
                DropDownList2.DataBind();
                DataBind();
            }
            DataBind();
        }
```

//CreateDataSource()方法,按照不同的新闻类型检索该类型的所有新闻,将结果填充到一个

//DataSet 上,并返回 DataView 对象。

```
DataView CreateDataSource()
{
    //建立数据库连接
    OleDbConnection myConnection = new OleDbConnection
("Provider=Microsoft.ACE.OLEDB.12.0;Data Source=" + Server.MapPath
("news.accdb"));
    //创建 OleDbDataAdapter 对象,根据 ID 确定的新闻类型,在 Contents 表
    //中查找所有新闻,并按照时间字段进行排序
    OleDbDataAdapter myCommand = new OleDbDataAdapter("se-
lect * FROM contents WHERE typeid = "+DropDownList2.SelectedItem.
Value+" order by shijian desc",myConnection);
    //查找结果填充到 ds 中
    DataSet ds = new DataSet();
    myCommand.Fill(ds,"contents");
    return ds.Tables["contents"].DefaultView;
}
```

//DataBind()方法,将 CreateDataSource()方法获得的数据绑定到 DropDown-
List 上。

```
void DataBind()
{
    DataView source = CreateDataSource();
    if (!IsPostBack)
    {
        RecordCount = source.Count;
        PageCount = RecordCount /MyList.PageSize;
        if ((RecordCount % MyList.PageSize)!=0) Page
Count++;
        lblRecordCount.Text = RecordCount.ToString();
        lblPageCount.Text = PageCount.ToString();
        lblCurrentPage.Text = "1";
    }
    MyList.DataSource = source;
    MyList.DataBind();
}
```

//MyList_Page(),处理分页事件。

```
    public void MyList _ Page (Object sender, DataGrid-
PageChangedEventArgs e)
```

```
            {
                MyList.CurrentPageIndex=e.NewPageIndex;
                DataBind();
            }
```

　　//txtIndex_Changed()方法,处理分页事件,这个分页是指管理员直接在分页文本框中输入需要查

　　//看的新闻页面数字。

```
        public void txtIndex_Changed(Object sender,EventArgs e)
        {
            btnFirst.Enabled=true;
            btnLast.Enabled=true;
            btnNext.Enabled=true;
            btnPrev.Enabled=true;
```

　　//获取分页文本框的字符串,并转化成整型数字。

```
            int index=Int32.Parse(txtIndex.Text.ToString());
              PageCount = Int32.Parse ( lblPageCount.Text.ToString
());
            if(index>=1&&index<=PageCount)
            {
                MyList.CurrentPageIndex=index-1;
                DataBind();
                lblCurrentPage.Text=index.ToString();
                if(index==1)
                {
                    btnFirst.Enabled=false;
                    btnNext.Enabled=false;
                }
                else if(index==PageCount)
                {
                    btnLast.Enabled=false;
                    btnNext.Enabled=false;
                }
                else
                {
                    txtIndex.Text="";
                }
                DataBind();
            }
```

```
            }
```

//PagerButtonClick()方法,也是处理分页事件,这个分页是指管理员单击了"首页""上一//页""下一页""末页"这些超级链接按钮以后的处理。

```
        public void PagerButtonClick(Object sender,CommandEven-
tArgs e)
        {
            btnFirst.Enabled=true;
            btnLast.Enabled=true;
            btnNext.Enabled=true;
            btnPrev.Enabled=true;
            //由外部分页 UI 使用
            String arg=e.CommandArgument.ToString();

            PageCount = Int32.Parse(lblPageCount.Text.ToString
());
            int pageindex = Int32.Parse(lblCurrentPage.Text. ToS-
tring())-1;
            //对按钮的标签进行处理
            switch (arg)
            {
                case "Next":  //下一页
                    if (pageindex < (PageCount - 1))
                        pageindex++;
                    break;
                case "Prev":  //上一页
                    if (pageindex >0)
                        pageindex--;
                    break;
                case "Last":  //末页
                    pageindex=(PageCount-1);
                    break;
                case "First":  //首页
                    pageindex=0;
                    break;
            }

            //如果是首页,则上一页和首页按钮不能用
```

```
                    if (pageindex = = 0)
                    {
                        btnFirst.Enabled=false;
                        btnPrev.Enabled=false;
                    }
                        //如果是末页,则下一页和末页按钮不能用
                    else if(pageindex = =PageCount-1)
                    {
                        btnLast.Enabled=false;
                        btnNext.Enabled=false;
                    }
                        //重新获得页面的 Index,并绑定数据
                    MyList.CurrentPageIndex=pageindex;
                    DataBind();
                        lblCurrentPage.Text = (MyList.CurrentPageIndex + 1)
.ToString();
            }
```

//SubmitBtn_Click()方法,处理查询按钮的事件,首先获得查询关键字类型,然后用 SOL 语句的

//匹配查询从数据库中检索结果。

```
            public void SubmitBtn_Click(Object sender,EventArgs e)
            {
                //建立数据库连接
                OleDbConnection myConnection = new OleDbConnection
("Provider=Microsoft.ACE.OLEDB.12.0;Data Source=" + Server.MapPath
("news.accdb"));
                //创建 OleDbDataAdapter 对象,查询数据库记录
                OleDbDataAdapter myCommand=new OleDbDataAdapter("se-
lect * FROM contents WHERE " + DropDownList1.SelectedItem.Value +
"like '% " + TextBox1.Text.ToString() + "%'",myConnection);
                //定义 DataSet 对象,将查询结果填充到这个对象中
                DataSet ds=new DataSet();
                myCommand.Fill(ds,"Contents");
                MyList.DataSource = ds.Tables["Contents"]. Default-
View;
                MyList.DataBind();
```

```
}
//MyDataGrid_Delete()方法,处理删除新闻事件。
    public void MyDataGrid_Delete(Object sender,DataGridCom-
mandEventArgs e)
    {
        //建立数据库连接
        OleDbConnection myConnection = new OleDbConnection
("Provider=Microsoft.ACE.OLEDB.12.0;Data Source=" + Server.MapPath
("news.accdb"));
        //定义删除 SQL 语句
        String deleteCmd="DELETE from contents where id=@Id";
        OleDbCommand myCommand=new OleDbCommand(deleteCmd,my-
Connection);
        myCommand.Parameters.Add(new OleDbParameter("@Id",
OleDbType.Char,11));
        myCommand.Parameters["@Id"].Value=MyList.DataKeys
[(int)e.Item.ItemIndex];
        myCommand.Connection.Open();
        try
        {
            myCommand.ExecuteNonQuery();
        }
        catch (OleDbException)
        {
        }
        myCommand.Connection.Close();
        //重新绑定数据,并显示
        DataBind();
    }
//FormatString(string str)方法。改变那三个特殊字符的方法。
    protected string FormatString(string str)
    {
        str=str.Replace(" ","  ");
        str=str.Replace("<","&lt;");
        str=str.Replace(">","&gt;");
        str=str.Replace("\n".ToString(),"<br>");
        return str;
    }
```

```
        }
    }
```
按 F5 键，查看效果。

12.9　修改新闻页面

12.9.1　页面示例

在更新页面上可以删除新闻。如果直接点击新闻标题，则可以出现修改新闻页面，进行修改新闻操作。修改新闻页面如图 12-15 所示。

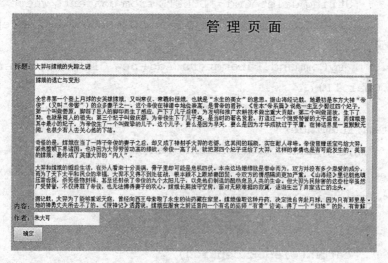

图 12-15　修改新闻页面设计

这个页面和添加新闻页面相似，页面不能添加图片，只能修改文字内容。

12.9.2　页面用到的数据库信息

修改页面访问了数据库中的 Types 表和 Contents 表，从 Types 表中找出新闻类型，根据新闻类型从 Contents 表中检索出该类的所有新闻，查出用户指定的新闻所有内容，显示给用户。用户修改完毕，点击"确认"键后，将修改页面各个文本框中的内容写入 Contents 表中该新闻对应的字段中。

12.9.3　源代码分析

添加空页面 xiu. aspx，完成后的页面源代码和绑定代码如下所示：
源代码：xiu. aspx
```
<% @ Page Language = "C#" AutoEventWireup = "true" CodeFile = "xiu.
aspx.cs" Inherits = "news.xiu" % >
```

```
<! DOCTYPE html PUBLIC " -//W3C//DTD XHTML 1.0 Transitional//EN"
"http://www.w3.org/TR/xhtml1/DTD/xhtml1-transitional.dtd">

<html xmlns ="http://www.w3.org/1999/xhtml">
<head runat ="server">
    <title>无标题文档</title>
</head>
<! --修改新闻页面的主体是一个 Form 表单,它含有一个 HTML 的 Table 对象,用来
组织页面。-->
<body bgcolor ="#99ccff" text ="#000000" background ="back.jpg">
    <form id="form1" enctype ="multipart/form-data" runat ="serv-
er">
        <table border ="0" align ="center" style ="width: 89%">
<! --第 1 行是标题。
            <tr>
                <td colspan ="2">
                    <div align ="center" style ="height: 44px">
                        <b style ="font-size: xx-large; font-weight:
bold; font-family:黑体; color: #FF0000">管 理 页 面</b>
                    </div>
                </td>
            </tr>
<! --第 2 行是一个提示的 Label。-->
            <tr>
                <td colspan ="2">
                    <div align ="center" style ="height: 46px; width:
1096px"><asp:Label ID ="Label1" ForeColor ="Red" runat ="server" />
</div>
                </td>
            </tr>
<! --第 3 行是输入新的标题。-->
            <tr>
                <td colspan ="2">
                    标题:<asp:TextBox ID ="biaoti"
                        runat ="server" Height ="29px" Width =
"797px" />
                </td>
            </tr>
```

269

```
<! --第 4 行是输入新的内容。-->
        <tr>
            <td colspan = "2">
                内容:<asp:TextBox
                    ID = "neirong" TextMode = "MultiLine" Height
= "300px" Width = "800px" runat = "server" />
            </td>
        </tr>
    <! --第 5 行是输入新的作者名。-->
        <tr>
            <td colspan = "2">
                作者:<asp:TextBox ID = "zuozhe"
                    runat = "server" Height = "27px" />
            </td>
        </tr>
    <! --第 6 行是"确定"按钮。-->
        <tr>
            <td colspan = "2">
                <asp:button ID = "button2" text = "确定" OnClick =
"Button1_Click" runat = "server"
                    Height = "34px" Width = "70px" />
            </td>
        </tr>
    </table>
</form>
</body>
</html>
```

该页面的.cs 文件负责装载指定编号的新闻信息,在初始化时,将它们放入文本框中,供修改。还要负责将修改后的新闻信息写入数据库保存起来。

源代码:xiu. aspx. cs

```
using System;
using System.Data;
using System.Data.OleDb;
using System.IO;
using System.Collections.Generic;
using System.Linq;
using System.Web;
using System.Web.UI;
```

```
using System.Web.UI.WebControls;
using System.Web.UI.HtmlControls;

namespace news
{
    public partial class xiu :System.Web.UI.Page
    {
        //定义变量
        public String newsid;
        public DataRow dr;
//Page_Load()方法按照指定的新闻号从数据库中检索这条新闻记录,并填充到
//DataSet 对象中。
        protected void Page_Load(Object sender,EventArgs e)
        {
            if (! IsPostBack)
            {
                //获取新闻编号
                newsid=Request.Params["id"];
                //建立数据库连接
                 OleDbConnection myConnection =new OleDbConnection
("Provider=Microsoft.ACE.OLEDB.12.0;Data Source =" + Server.MapPath
("news.accdb"));
    //创建 OleDbDataAdapter 对象,按照指定的 SQL 查询语句获取结果
                OleDbDataAdapter myCommand =new OleDbDataAdapter
("select * FROM contents WHERE id=" +newsid,myConnection);
                //定义 DataSet 对象,将查询结果填充到这个对象中
                DataSet ds=new DataSet();
                myCommand.Fill(ds,"contents");
                //将 DataSet 对象绑定到 DataRow 上
                dr=ds.Tables["contents"].Rows[0];
//将新闻内容放置到文本框中
                biaoti.Text=dr["biaoti"].ToString();
                neirong.Text=dr["neirong"].ToString();
                zuozhe.Text=dr["zuozhe"].ToString();
            }
        }
//Button1_Click()方法处理点击"确定"按钮事件,将管理员更改后的信息重新
写入
```

//数据库,并重定向到 update.aspx 页面。

```
public void Button1_Click(Object Source,EventArgs e)
{
    newsid=Request.Params["id"];
    //建立数据库连接
    OleDbConnection myConnection = new OleDbConnection
("Provider=Microsoft.ACE.OLEDB.12.0;Data Source=" + Server.MapPath
("news.accdb"));
    //创建 OleDbDataAdapter 对象,按照指定的 SQL 语句更新数据库
记录
    OleDbCommand myCommand=new OleDbCommand("UPDATE con-
tents set biaoti='"+biaoti.Text+"',neirong='"+neirong.Text+"',zuozhe
='"+zuozhe.Text+"'WHERE id=" + newsid,myConnection);
    myCommand.Connection.Open();
    myCommand.ExecuteNonQuery();
    myCommand.Connection.Close();
    Response.Redirect("update.aspx");
    }
  }
}
```

按 F5 键，查看效果。

本章作业

1. 按照本章说明，实现新闻更新网站，并体会每一个步骤的作用。
2. 设法美化新闻更新网站的每一个网页。

第 13 章　访问 Internet

web 网站建设是目前互联网应用的重要形式，但不是唯一的形式。利用网络底层提供的基本功能，人们可以在互联网上自行开发满足自身需求的数据传输方式。本章将讨论通过 . NET 基类提供的工具，使用各种网络协议访问网络。

在 . NET Framework 环境中，两个命名空间 System. Net 和 System. Net. Sockets 与网络有关。System. Net 与较高层的操作有关，使用 HTTP 和其他协议进行 Web 请求等。该空间主要提供了 Dns、WebClient、WebRequest 以及 WebResponse 等类，供编程者以较为方便的方式使用网络。System. Net. Sockets 与较低层的操作有关，要直接使用套接字(Socket)或 TCP、UDP 之类的协议，这个命名空间中的类是非常有用的。

本章从实用角度出发，结合示例讨论相关理论和相应的网络概念，介绍如何使用 . NET Framework 进行网络通信。还将介绍 Windows 窗体环境中 web 浏览器控件的使用，以及如何更方便地完成某些 Internet 访问任务。

13.1　Dns 类

Dns 类是一个静态类，它从 Internet 域名系统(DNS)检索特定主机的信息。Dns 类所在的命名空间为 System. Net。下面的编程通过实例来说明 Dns 类的一些重要功能和使用方法。

13.1.1　获取本机名称和 IP 地址

打开 Visual Studio 2010，创建一个新项目，选择"Visual C#"模板和"控制台应用程序"(如图 13-1 所示)，并输入项目名 IpAndName。

点击"确认"，系统建立一个应用框架。在框架中增加"using System. Net;"引用，在 static void Main(string[ ] args)空函数中输入程序，完成的程序如下所示：

```
using System;
using System.Net;
using System.Text;


namespace IpAndName
{

    class IpAndName
```

图 13-1　C#控制台应用程序建立方法

```
    {
        static void Main(string[] args)
        {
            DnsPermission DnsP=new DnsPermission (System. Security.
Permissions. PermissionState.Unrestricted);
            DnsP. IsUnrestricted();
            string ComputerName=Dns.GetHostName();
            IPHostEntry myHost=new IPHostEntry();
            myHost=Dns.GetHostEntry(ComputerName);
            Console. WriteLine ( "本计算机的名称为:{0}", Computer-
Name);

            Console.WriteLine("本计算机的 IP地址是:");
            for (int i=0; i<myHost.AddressList.Length; i++)
            {
                Console.WriteLine ( "{0}",myHost.AddressList[i]
.ToString());
            }
            Console.ReadKey();
        }
    }
}
```

从程序中可以看到，在引用了 System. Net 空间后，就可以直接使用 Dns 类中的 GetHostName 方法获得本机名称，并通过这个名称直接使用 Dns 类中的 GetHostEntry 方法解析得到主机的 IP 列表，使用列表是因为主机的 IP 地址可能不止一个。得到主机信息需要权限，DNSPermission 类通过应用不同方法改变 DNS 的权限，本程序通过 DnsPermission 类的 IsUnrestricted 方法设置使得 DNS 没有任何限制。DNSPermission 类中还有 Deny 方法用于拒绝任何 DNS 的使用，PermitOnly 方法用于允许经过授权的对象获得 DNS 相关信息。

按 F5 键，运行程序结果如图 13-2 所示。可以看到该机器有 IPv6 地址一个，IPv4 地址两个。

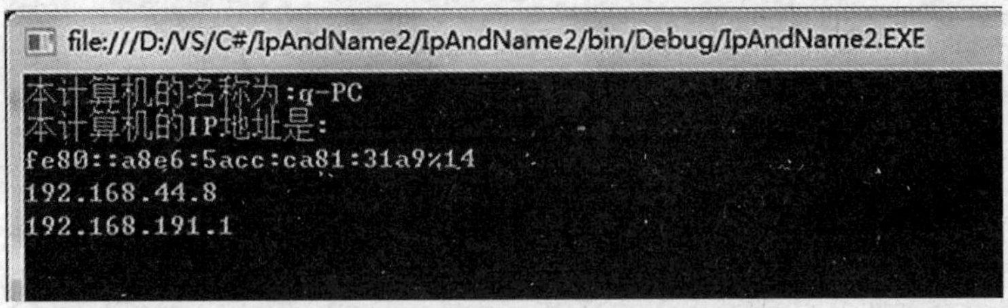

图 13-2　获取本机名和本机 IP 地址

13.1.2　通过 IP 获得主机信息

一个 IP 地址对应一台主机，通过 IP 地址可以获得对应主机的信息。用与上例相同的方法编制 C#控制台程序 IPToInformation，其中增添内容后的 IPToInformation.cs 程序文件如下：

```csharp
using System;
using System.Net;
using System.Text;

namespace IpToInformation
{
    class Program
    {
        static void Main(string[] args)
        {
            int i=0;
            string IpString;
            Console.Write("请输入一个 IP地址：");
            IpString=Console.ReadLine();
            try
            {
                IPAddress myIP=IPAddress.Parse(IpString);
                IPHostEntry myHost=new IPHostEntry();
                myHost=Dns.GetHostByAddress(myIP);
                string HostName=myHost.HostName.ToString();
                Console.WriteLine("主机名是：{0}",HostName);
                Console.WriteLine("相关的 IP地址是：");
```

275

```
            for ( i = 0; i < myHost.AddressList.Length; i++)
            {
                Console.WriteLine(myHost.AddressList[i]);
            }
            if ( myHost.Aliases.Length > 0)
            {
                Console.WriteLine( "主机别名是: ");
                for ( i = 0; i < myHost.Aliases.Length; i++)
                {
                    Console.WriteLine(myHost.Aliases[i]);
                }
            }
            else
            {
                Console.WriteLine( "本机没有别名! ");
            }
        }
    catch ( Exception ee)
    {
        Console.WriteLine( ee.Message);
    }
    Console.ReadKey( );
        }
    }
}
```

Dns 类的方法 GetHostByAddress 可以通过 IP 地址参数获得对应主机的信息。IPHost Entry 类的属性包含了主机相关信息，如 HostName 属性可以获取或设置主机 DNS 名称，AddressList 属性可以获取或设置与主机相关的 IP 地址列表，Aliases 属性可以获取或设置主机关联的别名列表。在 IPHostEntry 类的实例中返回来自 DNS 查询的主机信息。如果指定的主机有多个 IP 地址，则 IPHostEntry 包含多个 IP 地址和别名。

在编制网络程序时，应该只与本机打交道，这样编程效果可以看得见，只有程序成熟了，才可以使用真实的、其他主机的 IP 地址。在这里，输入的 IP 地址为代表本机的 127.0.0.1。按 F5 键，执行结果如图 13-3 所示。

13.1.3 Dns 其他方法

除了以上介绍的方法外，Dns 类还有以下方法，如表 13-1 所示。可以借助帮助文档进一步了解这些方法的应用套路。

图 13-3　根据 IP 地址查询主机信息

表 13-1　　　　　　　　　　　　　　　**Dns 方法**

名　　称	说　　明
BeginGetHostAddresses	异步返回指定主机的 Internet 协议（IP）地址
BeginGetHostByName	开始异步请求关于指定 DNS 主机名的 IPHostEntry 信息
BeginGetHostEntry（IPAddress，AsyncCallback，Object）	将 IP 地址异步解析为 IPHostEntry 实例
BeginGetHostEntry（String，AsyncCallback，Object）	将主机名或 IP 地址异步解析为 IPHostEntry 实例
BeginResolve	开始异步请求将 DNS 主机名或 IP 地址解析为 IPAddress 实例
EndGetHostAddresses	结束对 DNS 信息的异步请求
EndGetHostByName	结束对 DNS 信息的异步请求
EndGetHostEntry	结束对 DNS 信息的异步请求
EndResolve	结束对 DNS 信息的异步请求
GetHostAddresses	返回指定主机的 Internet 协议（IP）地址
GetHostByAddress（IPAddress）	根据指定的 IPAddress 创建 IPHostEntry 实例
GetHostByAddress（String）	根据 IP 地址创建 IPHostEntry 实例
GetHostByName	获取指定 DNS 主机名的 DNS 信息
GetHostEntry（IPAddress）	将 IP 地址解析为 IPHostEntry 实例
GetHostEntry（String）	将主机名或 IP 地址解析为 IPHostEntry 实例
GetHostName	获取本地计算机的主机名
Resolve	将 DNS 主机名或 IP 地址解析为 IPHostEntry 实例

13.2　WebClient 类

如果只想从特定的 URI 请求文件，则可以使用最简单 . NET 基类：System. Net. Web Client。这个类是非常高层的类，它主要用于执行带有一两个命令的操作。. NET 框架目前支持以 http：、https：和 file：标识符开头的 URI。

13.2.1　下载文件

使用 WebClient 类下载文件有两种方法，一种是以文件为单位的读写方式，另一种是数据流读写方式，具体使用哪一种方法取决于文件内容的处理方式。如果只想把文件保存到磁盘上，就应该调用 DownloadFile 方法。这个方法有两个参数：即文件的 URI 和保存下载文件的位置（路径和文件名）。例如：

WebClient Client＝new WebClient( )；

Client. DownloadFile(“http：//www. reuters. com/”，“ReutersHomepage. htm”)；

更为常见的是数据流读写方式。要使用 OpenRead 方法，这个方法返回一个代表数据流的 Stream 引用。然后，根据数据文件格式把数据从数据流中提取到内存中：

WebClient Client＝new WebClient( )；

Stream strm＝Client. OpenRead(“http：//www. reuters. com/”)；

1. 基本的 Web 客户示例

（1）WebClient 类中的 OpenRead 方法

示例将说明怎样使用 WebClient. OpenRead 方法。在这个示例中，我们将把下载的页面显示在 ListBox 控件中。首先，创建一个标准的 C# Windows 窗体应用程序，添加一个名为 listBox1 的列表框，将其 dock 属性设置为 Fill。在文件的开头，需要在 using 指令中添加 System. Net 和 System. IO 命名空间引用，然后对主窗体的构造函数改动。完成后的构造函数如下所示：

```
public Form1()
{
    InitializeComponent();
    System.Net.WebClient Client=new WebClient();
    Stream strm=Client.OpenRead("http://www.whu.edu.cn");
    StreamReader sr=new StreamReader(strm);
    string line;
    while ((line=sr.ReadLine())! = null)
    {
        listBox1.Items.Add(line);
    }
    strm.Close();
}
```

在这个示例中，把 System. IO 命名空间的 StreamReader 类与网络数据流关联起来。这样，就可以使用高层方法，例如 ReadLine 方法，从数据流中以文本的形式读取数据。这个示例的运行结果如图 13-4 所示。

（2）WebClient 类中的 OpenWrite 方法

在 WebClient 类中还有一个方法 OpenWrite，它可以返回一个可写的数据流，并把数

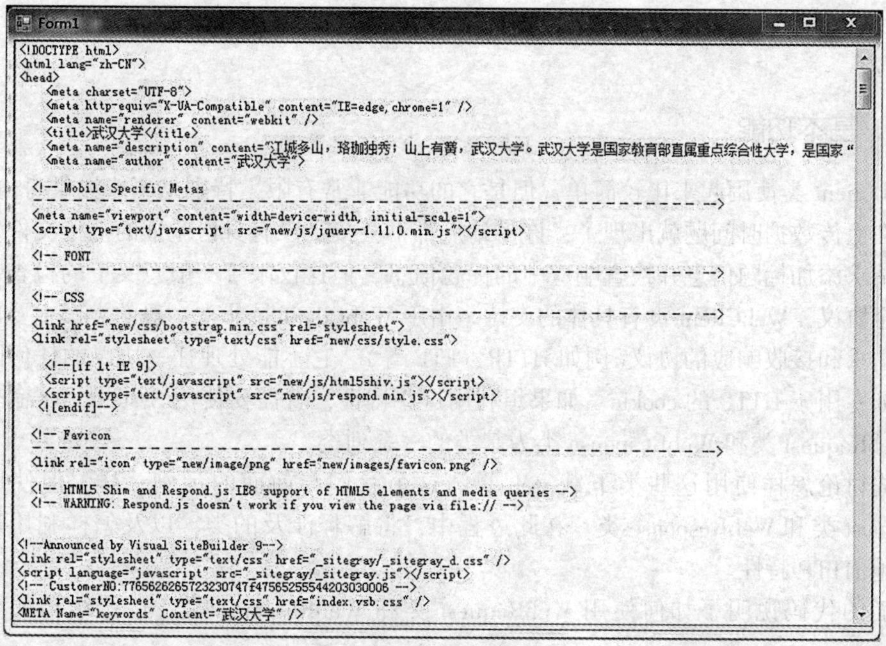

图 13-4 运行结果

据发送给 URI。下面的代码段假定在本地机器上有一个可写的目录 accept，这段代码在该目录下创建文件 newfile. txt，其内容为"Hello World"：

```
WebClient webClient = new WebClient();
Stream stream = webClient.OpenWrite("http://localhost/accept/new
file.txt","PUT");
StreamWriter streamWriter = new Stream Writer(stream);
streamWriter.WriteLine("Hello World");
streamWriter.Close();
```

（3）WebClient 类中的 UploadFile 方法和 UploadData 方法

WebClient 类还提供了 UploadFile 方法和 UploadData 方法。UploadFile 方法用于把指定的文件上传到指定的位置，其中的文件名已经给出；而 UploadData 方法用于把二进制数据上传至指定的 URI，那些二进制数据是作为字节数组提供的。

```
WebClient client = new WebClient();
client.UploadFile("http://www.ourwebsite.com/NewFile.htm","C:\\
WebSiteFiles\\NewFile. htm");
byte [ ] image;
```

然后，在数组 image 中准备好数据

```
client.UploadData(http://www.ourwebsite.com/NewFile.jpg,image);
```

13.3　WebRequest 类和 WebResponse 类

13.3.1　基本功能

WebClient 类使用起来比较简单，但是它的功能非常有限，特别是不能提供身份验证。这样，在上传数据时问题就出现了，许多站点都不会接受没有身份验证的上传文件。尽管可以给请求添加标题信息并检查响应中的标题信息，但这仅限于一般意义上的检查，对于任何一个协议，WebClient 没有具体的支持。由于 WebClient 是非常一般的类，主要用于处理发送请求和接收响应的协议（例如 HTTP、FTP 等）。它不能处理任一协议的任何附加特性，例如专用于 HTTP 的 cookie。如果想利用这些特性，就需要使用 System. Net 命名空间中以 WebRequest 类和 WebResponse 类为基类的一系列类。

首先讨论怎样使用这些类下载 web 页。这个示例与前面的示例一样，但使用的是 WebRequest 类和 WebResponse 类。在此过程中，将解释涉及的类，以及怎样利用这些类支持其他 HTTP 特性。

下面的代码说明了如何使用 WebRequest 类和 WebResponse 类，运行结果如图 13-5 所示。

```
public Form1()
{
    InitializeComponent();
    WebRequest wrq = WebRequest.Create ( " http://news.sina.com.
cn");
    WebResponse wrs = wrq.GetResponse();
    Stream strm = wrs.GetResponseStream();
    StreamReader sr = new StreamReader(strm);
    string line;
    while ((line = sr.ReadLine()) ! = null)
    {
        listBox1.Items.Add(line);
    }
    strm.Close();
}
```

在这段代码中，依次创建一个与 web 页面关联的请求实例，创建一个与请求实例关联的响应实例，创建一个与响应实例关联的数据流通道，创建一个与数据流通道关联的读取实例。这一系列的关联将 web 网中一个指定页面与读取实例联系起来，通过读取实例就可以读取 web 页面数据了。再建立一个字符串变量，以一次读一行的方式，将整个 web 页面数据通过网络传输过来了。

WebResponse 类代表从服务器获取的数据。调用 WebRequest. GetResponse 方法，实际

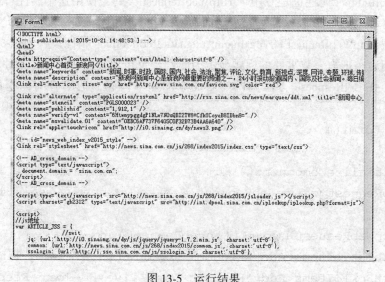

图 13-5 运行结果

上是把请求发送给 web 服务器，创建一个 Response 对象，检查返回的数据。与 WebClient 对象一样，可以得到一个代表数据的数据流，但是，这里的数据流是使用 WebResponse. GetResponseStream 方法获得的。

下面将讨论 WebRequest 和 WebResponse 的其他特性。我们将会看到 WebRequest 和 WebResponse 以及其他相关类所能提供的良好支持。

13.3.2 HTTP 标题信息

HTTP 协议的一个重要方面就是能够利用请求和响应数据流发送扩展的标题信息。标题信息可以包括 cookies、以及发送请求的浏览器（用户代理）的一些详细信息。WebRequest 类和 WebResponse 类提供了读取标题信息的一些支持，它们的派生类 HttpWebRequest 类和 HttpWebResponse 类提供了其他 HTTP 特定的信息。

可以在 GetResponse 方法调用之前添加如下代码，检查标题属性：

WebRequest wrq=WebRequest.Create("http://rsgis.whu.edu.cn");

HttpWebRequest hwrq=(HttpWebRequest)wrq;

listBox1.items.Add("Request Timeout (ms) = " + wrq.Timeout);

listBox1.items.Add("Request Keep Alive = " + hwrq.KeepAlive);

listBox1.items.Add("Request AllowAutoRedirect = " + hwrq.Allow AutoRedirect);

Timeout 属性的单位是毫秒，其默认值是 100000。可以设置这个属性，以控制 Web Request 对象发生异常时的等待响应时间。异常响应内容包括超时状态码、连接失败、协议错误等。

KeepAlive 属性是对 HTTP 协议的特定扩展属性。该属性允许多个请求使用同一个连接，在后续的请求中节省关闭和重新打开连接的时间。

AllowAutoRedirect 属性也是专用于 HttpWebRequest 类的，使用这个属性可以控制 Web 请求是否应自动跟随 Web 服务器上的重定向响应，其默认值是 true。如果只允许有限的重定向，可以把 HttpWebRequest 的 MaximumAutomaticRedirections 属性设置为想要的数值。

请求和响应类把大多数重要的标题显示为属性，也可以使用 Headers 属性本身显示标题的总集合。在 GetResponse 方法调用的后面添加如下代码，把所有的标题都放在列表框中：

```
public Form1()
{
    InitializeComponent();
    WebRequest wrq = WebRequest.Create ( " http://rsgis.whu.edu.
cn");
    HttpWebRequest hwrq =(HttpWebRequest)wrq;
    listBox1.Items.Add("Request Timeout (ms)= " + wrq.Timeout);
    listBox1.Items.Add("Request Keep Alive = " + hwrq.KeepAlive);
    listBox1.Items.Add( "Request AllowAutoRedirect =" + hwrq. Al-
lowAutoRedirect);
    listBox1.Items.Add( "============================
=======");
    WebResponse wrs =wrq.GetResponse();
    WebHeaderCollection whc =wrs.Headers;
    for (int i =0; i < whc.Count; i++)
    {
        listBox1.Items.Add("Header   " + whc.GetKey(i) + " :" + whc
[i]);
    }
}
```

这个示例代码会产生如图 13-6 所示的标题列表。

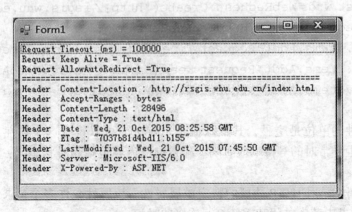

图 13-6 运行程序显示的标题列表信息

13.3.3 身份验证

WebRequest 类中的另一个属性是 Credentials。如果需要把身份验证证书附带在请求中，就可以用用户名和密码创建 NetworkCredential 类(也在 System. Net 命名空间中)的一个实例。在调用 GetResponse 之前，添加下述代码：

```
NetworkCredential myCred = new NetworkCredential ( " myusename ",
"mypassword");
    wrq.Credentials =myCred;
```

13.3.4 异步页面请求

在 C/S 经典模式下，页面所有元素都由服务器组织好，然后将所有元素作为一个整体(即以页面为单位)，发送给客户，由客户端浏览器根据所有页面元素将整个页面显示出来。如果新旧两个页面变化很小，两个页面大部分元素相同，两次传输的页面存在大量重复数据。这会降低信息传输效率，导致数据传输延迟时间长，给人以网络速度慢的不良感觉。如果只传输页面中发生变化的部分元素，将大大减少重复数据的传输量，从而缩短延迟时间。异步页面传输技术就是专门解决这类问题的技术。

WebRequest 类的一个特性是可以异步请求页面，它使用 BeginGetResponse 方法和 EndGetResponse 方法。BeginGetResponse 方法可以异步工作。在底层，运行库会异步管理一个后台线程，从服务器上接收响应。BeginGetResponse 方法不返回 WebResponse 对象，而是返回一个执行 IAsyncResult 接口的对象。使用这个接口可以选择或等待可用的响应，然后调用 EndGetResponse 方法搜集结果。

也可以把一个回调委托发送给 BeginGetResponse 方法。该回调委托的目的地是一个返回类型为 void 并把 IAsyncResult 引用作为参数的函数，当工作线程完成了搜集响应的任务后，运行库就调用该回调委托，通知用户工作已完成。如下面的代码所示，在回调函数中调用 EndGetResponse 可以接收 WebResponse 对象：

```
public Form1()
{
    InitializeComponent();
     WebRequest wrq = WebRequest.Create ( " http://rsgis.whu. edu.
cn/");
    wrq.BeginGetResponse(new AsyncCallback(OnResponse),wrq);
}
protected void OnResponse( IAsyncResult ar)
{
    WebRequest wrq =(WebRequest)ar.AsyncState;
    WebResponse wrs =wrq.EndGetResponse(ar);
    //以下是处理异步响应结果信息
    WebHeaderCollection whc =wrs.Headers;
```

```
        String text = "";
        for (int i = 0; i < whc.Count; i++)
        {
            text += "Header  " + whc.GetKey(i) + " : " + whc[i] + "\n";
        }
        MessageBox.Show(text);
    }
```

该演示程序显示了页面异步请求的套路。首先创建一个与指定页面关联的请求实例，然后用 BeginGetResponse 方法发出对该页面的异步请求。该方法的第二个参数就是关联了该页面的请求实例，第一个参数指定了一个页面异步请求响应函数。异步请求响应机制将页面的变化信息放在该响应函数的参数中，可以根据需要在该函数中完成对页面变化信息的处理。在本例中，处理方法是取出该页面的标题信息，并显示出来。运行结果如图 13-7 所示。

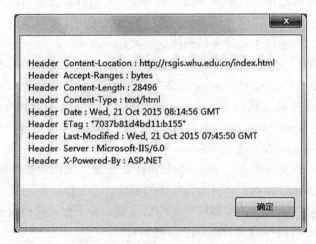

图 13-7　异步页面请求运行结果

13. 3. 5　把输出结果显示为 HTML 页面

前面的示例说明了 . NET 基类可以从 Internet 上上传下载和处理数据。但是，迄今为止，从 Internet 上下载的文件都是以纯文本显示的。人们总是希望以 Internet Explorer 的界面样式查看 HTML 文件，以便可以看到 web 文档的实际面貌。. NET Framework 2. 0 以后的版本中，就可以在 Windows 窗体应用程序中使用内置的 WebBrowser 控件。WebBrowser 控件封装了 COM 对象，可以方便地完成这类任务。除了使用 WebBrowser 控件之外，另一个选项是使用编程功能，在代码中调用 Internet Explorer 实例。

如果不使用 WebBrowser 控件，可以使用 System. Diagnostics 命名空间中的 Process 类，用下面的语句编程打开 Internet Explorer 浏览器，导航到给定的 web 页。

```
Process myProcess = new Process();
```

```
myProcess.StartInfo.FileName="iexplore.exe";
myProcess.StartInfo.Arguments="http://rsgis.whu.edu.cn";
myProcess.Start();
```

但是，上面的代码会把 IE 作为单独的窗口打开，而应用程序并没有与新窗口相连接，因此不能控制浏览器。

使用 WebBrowser 控件，可以把浏览器作为应用程序的一个集成部分来显示和控制。WebBrowser 控件相当复杂，提供了许多方法、属性和事件。下面以示例来说明。

1. 在应用程序中进行简单的 Web 浏览

首先创建一个 Windows 窗体应用程序 WebBrowser1，它只有一个 TextBox 控件和一个 WebBrowser 控件。先从工具箱中将 TextBox 控件拖入窗口，在控件属性窗口中选择"属性"窗口，将 Dock 属性值设置为 Top(如图 13-8(a)所示)；然后选择"事件"窗口，用鼠标双击 KeyPress 事件右边的表格项，系统自动建立事件响应函数 textBox1_ Key Press(如图 13-8(b)所示)，目前，该函数是一个空函数。建立该应用程序，让最终用户在文本框中输入一个 URL，按下回车键，WebBrowser 控件就会提取 web 页面，显示得到的文档。

(a)   (b)

图 13-8   设置方法

在这个应用程序中，最终用户输入 URL，按下回车键后，这个键就会注册到应用程序中，WebBrowser 控件就会开始检索请求的页面，然后显示在该控件中。

该应用程序的代码如下所示：

```
using System;
using System.Collections.Generic;
using System.ComponentModel;
using System.Data;
using System.Drawing;
```

```
using System.Linq;
using System.Text;
using System.Windows.Forms;

namespace WebBrowser1
{
    public partial class Form1 :Form
    {
        public Form1()
    {
        InitializeComponent();
    }
        private void textBox1_KeyPress(object sender,KeyPressEv-
entArgs e)
        {
            if (e.KeyChar = = (char)13)
            {
                webBrowser1.Navigate(textBox1.Text);
            }
        }
    }
}
```

在这个示例中，最终用户在文本框中按下的每个键都会被 textBox1_ KeyPress 事件捕获，如果输入的字符是一个回车键(按下回车键，其键码是(char)13)，就用 WebBrowser 控件采取行动。使用 WebBrowser 控件的 Navigate 方法，通过 textBox1. Text 属性指定 URL。最终结果如图 13-9 所示。

图 13-9 在应用程序中进行简单的 Web 浏览示例结果

2. 启动 Internet Explorer 实例

读者可能对上一节描述的把浏览器放在应用程序内部不感兴趣，只对让用户在一般的浏览器中查找 web 站点感兴趣(例如，单击应用程序中的一个链接)。为了演示这个功能，将上面的 textBox 控件换成 LinkLabel 控件，并增加一个点击事件响应函数，在这个函数中添加语句如下：

```
private void linkLabel1_LinkClicked(object sender,LinkLabelLink-
ClickedEventArgs e)
{
    webBrowser1.Navigate("http://www.whu.edu.cn",true);
}
```

在这个示例中，用户单击 LinkLabel 控件时，就会创建 WebBrowser 类的一个新实例。然后使用 WebBrowser 类的 Navigate 方法，代码指定了 web 页面的位置和一个布尔值，该布尔值表示是在 Windows 窗体应用程序内部打开这个端点(值为 false)，还是在一个单独的浏览器中打开这个端点(值为 true)，它默认设置为 false。

3. 给应用程序提供更多的 IE 类型特性

直接在 Windows 窗体应用程序中使用 WebBrowser 控件时，单击链接，TextBox 控件中的文本不会更新显示浏览过程的站点 URL，窗口标题也不会像浏览器那样随着页面内容发生变化。要更正这个错误，应监听 WebBrowser 控件中的事件，给控件添加处理程序。WebBrowser 控件提供了许多方法和事件，运用这些方法和事件，可以使我们的 Windows 窗口更像一个正规的浏览器。本小节用一个实例，来介绍 WebBrowser 控件中的一些方法和事件。

首先，创建一个 Windows 窗体应用项目，在窗体设计界面为窗体添加 6 个 Button 控件，1 个 TextBox 控件和 1 个 WebBrowser 控件。它们的分布如图 13-10 所示。

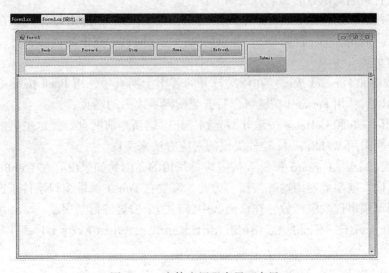

图 13-10 窗体应用程序界面布局

为了实现这种布局，还需要添加 3 个 Panel 控件。将 Back，Forward，Stop，Home，Refresh 等 5 个 Button 控件拖入 Panel1 控件；将 Panel1 控件，textBox1 控件和 Submit 控件拖入 Panel2 控件；在 Panel2 控件属性窗口，将 Dock 属性值设置为 Top；将 WebBro wser1 控件拖入 Panel3 控件，在 Panel3 控件属性窗口，将 Dock 属性值设置为 Fill。

在设计窗口上分别用鼠标双击 Back，Forward，Stop，Home，Refresh，Submit 等 6 个 Button 控件，为它们建立鼠标点击响应函数。可以在"Form1.cs"代码查看窗口看到系统自动建立的 6 个响应函数，但它们目前是空函数。

在 WebBrowser1 控件属性窗口的事件子窗口，分别找到 DocumentCompleted、Navigating、Navigated 事件，鼠标双击事件名后面的空格，系统分别建立相应的事件响应空函数。

创建 3 个事件：DocumentTitleChanged，CanGoBackChanged，CanGoForward Changed。创建方法是在 Form1 函数中添加如下语句：

```
public Form1()
{
    InitializeComponent();
    webBrowser1.CanGoBackChanged +=
        new EventHandler(webBrowser1_CanGoBackChanged);
    webBrowser1.CanGoForwardChanged +=
        new EventHandler(webBrowser1_CanGoForwardChanged);
    webBrowser1.DocumentTitleChanged +=
        new EventHandler(webBrowser1_DocumentTitleChanged);
}
```

然后在 Form1 类中手动添加三个相应的响应函数。

现在把各个响应函数的功能叙述如下：

Submit 按键：用户在 textBox1 空间中输入网站 URL 后，点击该按键，在 Windows 窗口中(也就是 WebBrowser 控件中)打开该网页；在该网页中点击超链接，可以进一步打开相关的子网页。

Back 按键和 Forward 按键：在依次打开的若干个网页中，用 Back 按键可以打开当前网页之前的网页；用 Forward 按键可以打开当前网页之后的网页。

Stop、Refresh 和 GoHome 按键分别起到停止、刷新当前网页、显示主页的作用。这些按键功能分别采用 WebBrowser 控件提供的对应方法来实现。

开始时，Back、Forward 和 Stop 按键应是禁用的，因为如果没有在 WebBrowser 控件中加载初始页面，就不能使用这些按钮。为此，需要在 Form1 属性窗口事件子窗口中，再增加初始页面调用事件响应函数，在该函数中，对 3 个按键进行禁用。

```
private void Form1_Load(object sender,EventArgs e)
{
    buttonBack.Enabled = false;
    buttonForward.Enabled = false;
```

```
            buttonStop.Enabled=false;
    }
```

以后应告诉应用程序，根据在页面堆栈的位置，何时启用和禁用 Back 和 Forward 按钮。这需要根据 WebBrowser 控件中的 CanGoBackChanged 和 CanGoForwardChanged 事件，在相应的响应函数中进行设置。

另外，在加载页面时，需要启用 Stop 按钮，在页面加载完毕后，需要禁用 Stop 按钮。它们的处理方法在 WebBrowser 控件中的 Navigating 和 Navigated 事件响应函数中进行处理。

DocumentTitleChanged 事件响应函数用 HTML 页面的标题更新窗体的标题。只需创建更新窗体的 Text 属性即可：

```
private void webBrowserl _ DocumentTitleChanged ( object sender,
EventArgs e)
    {
            this. Text=webBrowser l.DocumentTitle. ToString();
    }
```

在这个示例中，WebBrowser 控件注意到页面的标题发生了变化(因为查看的页面有变化)，就触发 DocumentTitleChanged 事件。这里根据所查看页面的完整 URL 改变窗体的文本框。为此，可以使用 WebBrowser 控件的 Navigated 事件：

```
private void webBrowser1_Navigated(object sender,WebBrowserNavi-
gatedEventArgs e)
    {
            textBoxl.Text=webBrowser1.Uri.ToString();
    }
```

在 WebBrowser 控件下载完请求的页面后，触发 Navigated 事件。我们只需把 textBoxl 控件的 Text 值更新为页面的 URL 即可。也就是说，页面加载到 WebBrowser 控件的 HTML 容器后，如果 URL 在这个过程中发生变化(例如，有一个重定向过程)，新的 URL 就会显示在文本框中。

该应用程序功能简单，而实用的页面，其设置参数、功能可能超越了该应用程序的处理能力，这会导致警告消息框弹出。为了避免这种情况出现，将 WebBrowser 控件的 ScriptErrors Suppressed 属性设置为 True。

本实例还设置了用回车键打开网页的方法。

具体程序如下所示。

```
using System;
using System.Collections.Generic;
using System.ComponentModel;
using System.Data;
using System.Drawing;
using System.Linq;
using System.Text;
```

```csharp
using System.Windows.Forms;
namespace WebBrowser3
{
    public partial class Form1 :Form
    {
        public Form1()
        {
            InitializeComponent();
            webBrowser1.CanGoBackChanged +=
                new EventHandler(webBrowser1_CanGoBackChanged);
            webBrowser1.CanGoForwardChanged +=
                new EventHandler (webBrowser1 _ CanGoForward-
Changed);
            webBrowser1.DocumentTitleChanged +=
                new EventHandler (webBrowser1 _ DocumentTi-
tleChanged);
        }
        private void textBox1 _ KeyPress _1 ( object sender, Key-
PressEventArgs e)
        {
            if (e.KeyChar == (char)13)
                webBrowser1.Navigate(textBox1.Text);
        }
        private void buttonBack_Click(object sender,EventArgs e)
        {
            webBrowser1.GoBack();
            textBox1.Text =webBrowser1.Url.ToString();
        }
        private void buttonForward _ Click ( object sender, Event
Args e)
        {
            webBrowser1.GoForward();
            textBox1.Text =webBrowser1.Url.ToString();
        }
        private void buttonStop_Click(object sender,EventArgs e)
        {
            webBrowser1.Stop();
        }
```

```
        private void buttonHome_Click(object sender,EventArgs e)
        {
            webBrowser1.GoHome();
            textBox1.Text =webBrowser1.Url.ToString();
        }
        private void buttonRefresh _ Click ( object sender, Event
Args e)
        {
            webBrowser1.Refresh();
        }
        private void webBrowser1_DocumentCompleted(object sender,
WebBrowserDocumentCompletedEventArgs e)
        {
            buttonStop.Enabled=false;
        }
        private void webBrowser1 _Navigating(object sender,Web-
BrowserNavigatingEventArgs e)
        {
            buttonStop.Enabled=true;
        }
        private void Form1_Load(object sender,EventArgs e)
        {
            buttonBack.Enabled=false;
            buttonForward.Enabled=false;
            buttonStop.Enabled=false;
        }
        private void webBrowser1 _Navigated(object sender,Web-
BrowserNavigatedEventArgs e)
        {
            textBox1.Text =webBrowser1.Url.ToString();
        }
        private void buttonSubmit _ Click ( object sender, Event
Args e)
        {
            webBrowser1.Navigate(textBox1.Text);
        }
        private void webBrowser1_CanGoBackChanged(object sender,
EventArgs e)
```

```
            {
                if(webBrowser1.CanGoBack = = true)
                    buttonBack.Enabled=true;
                else
                    buttonBack.Enabled=false;
            }
        private void webBrowser1_CanGoForwardChanged(object send-
er,EventArgs e)
            {
                if (webBrowser1.CanGoForward = = true)
                    buttonForward.Enabled=true;
                else
                    buttonForward.Enabled=false;
            }
         private void webBrowser1 _DocumentTitleChanged ( object
sender,EventArgs e)
            {
                this.Text =webBrowser1.DocumentTitle.ToString();
            }
        }
    }
```

本程序只是为了显示 WebBrowser 控件自带的功能和方法，程序本身功能并不完备，功能能否实现，还取决于对方网站对网页的设置方法。

4. 使用 WebBrowser 控件显示文档

在 WebBrowser 控件中不仅可以使用 web 页面，还可以让最终用户查看许多不同类型的文档，例如 Word、Excel、PDF 文档等。WebBrowser 控件还允许使用绝对路径，定义文件的端点。例如，可以使用下面的代码：

```
webBrowser1.Navigate("C:\Financial \Report.doc");
```

图 13-11 和图 13-12 分别显示了 PDF 文件和 TXT 文件显示效果。

5. 使用 WebBrowser 控件打印

用户不仅可以使用 WebBrowser 控件查看页面和文档，还可以使用 WebBrowser 控件把这些页面和文档发送到打印机上，进行打印。要打印在 WebBrowser 控件中查看的页面或文档，只需使用下面的构造代码：

```
webBrowser1.Print();
```

不必查看页面或文档，就可以打印它。例如，可以使用 WebBrowser 类加载 HTML 文档，并打印它，而无需显示加载的文档，其代码如下所示：

```
WebBrowser wb =new WebBrowser();
wb.Navigate("http://www.sohu.com");
```

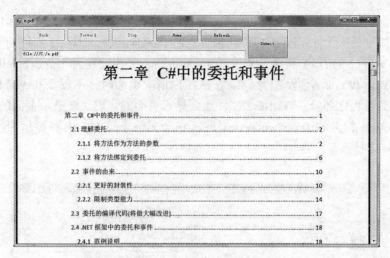

图 13-11　显示 PDF 格式文件

图 13-12　显示文本格式文件

```
wb.Print();
```

6. 显示请求页面的代码

前面，我们使用 WebRequest 和 Stream 类获得一个远程页面，显示所请求页面的代码。引入了 WebBrowser 控件后，这个任务就更容易完成。只需修改本章前面开发的浏览器应用程序，在 Document_ Completed 事件中添加一行代码，如下所示：

```
private void webBrowser1_DocumentCompleted(object sender,Web-
BrowserDocumentCompletedEventArgs e)
{
    buttonStop.Enabled=false;
    textBox2.Text=webBrowser1.DocumentText.ToString();
```

```
}
```

在设计窗口中，将包含在 WebBrowser 控件的 Panel3 控件 Dock 属性改为 Left，同时调整其大小；添加另一个 TextBox2 控件和包含它的 Panel4 控件。Panel3 控件的 Dock 属性设为 Right，TextBox2 的 Dock 属性设置为 Fill，Multiline 属性设置为 True，ScrollBars 属性设置为 Both，WorldWrap 属性设置为 False。在用户请求页面时，不仅要在 WebBrowser 控件中显示页面的可视化部分，TextBox2 控件还要显示页面的代码。要显示页面的代码，只需使用 WebBrowser 控件的 DocumentText 属性，它会把整个页面的内容显示为一个字符串。结果如图 13-13 所示。

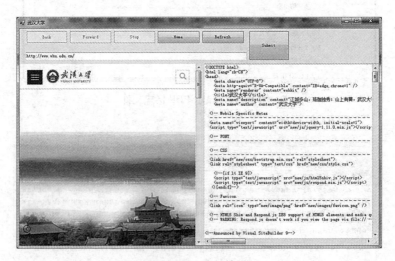

图 13-13　显示结果

13.4　进程之间的数据传输

13.4.1　简述

用户进程之间的数据传输服务只有 TCP 服务和 UDP 服务两种，应用程序可以通过相应的 TcpClient、TcpListener 和 UdpClient 协议类使用这两类服务，这些协议类构建于 System. Net. Sockets. Socket 类的基础之上，负责数据传输的具体事项。Socket 类的进程之间数据传输分为同步和异步两大类。同步方法提供对网络服务的简单直接的访问，没有维护状态信息的系统开销，也不需要了解协议特定的套接字的设置细节。异步方法可以使用 NetworkStream 类所提供的异步方法。

TcpClient 和 TcpListener 使用 NetworkStream 类表示网络，使用 GetStream 方法返回网络流，然后调用流的 Read 和 Write 方法进行数据的输入和输出。UdpClient 类使用字节数组保存 UDP 数据报文，使用 Send 方法向网络发送数据，使用 Receive 方法接收传入的数据报。

13.4.2 使用 TCP 服务

一个 TCP 管道连接两个端点，为两个进程之间进行数据传输，端点是 IP 地址和端口号的组合。两个进程中，一个发送数据，另一个接收数据，必须相互配合，共同完成 TCP 数据传输。TCP 管道的建立由发送进程完成，发送进程首先申请一个端口号，根据接收端主机的 IP 地址和接收端公布的端口号确定接收端点，建立 TCP 管道，然后向接收进程发送数据，数据发送完毕后，关闭 TCP 管道和端口。接收进程事先完成接收端点设置，然后监听端口，随时准备接收数据。

TcpClient 类封装了 TCP 连接，提供了许多属性来控制连接，包括缓存、缓存器的大小和超时，通过 GetStream 方法请求 NetworkStream 对象时可以附带读写功能。发送进程使用 TcpClient 类提供的方法和 NetworkStream 对象完成管道建立和数据发送工作。

TcpListener 类用 Start 方法监听传入的 TCP 连接。当连接请求到达时，可以使用 AcceptSocket 方法返回一个套接字，以与远程机器通信，或使用 AcceptTcpClient 方法通过高层的 TcpClient 对象进行通信。其工作过程封装在 TcpListener 类提供的方法中。接收进程使用 TcpListener 类提供的方法完成数据接收工作。

为了说明这两个类，建立两个应用程序。第一个应用程序是 TcpSend，这个应用程序建立一个到接收端的 TCP 连接，并为它发送一个 C#源代码。这是一个 C# Windows 应用程序，其中的窗体包含两个文本框(txtHost 和 txtPort)，分别用于输入接收主机名和端口；该窗体还有一个按钮(btnSend)，单击它可以启动连接，传输数据。TcpSend 窗口布局如图 13-14(a)所示。在连接的另一端，TcpReceive 应用程序显示传输完成后接收到的文件，该窗体只包含一个 TextBox 控件 textBox1，窗口布局如图 13-14(b)所示。为了便于观察程序运行结果，接收端主机同为本机，缺省的主机名为 localhost，IP 地址为 127.0.0.1；接收端端口号为一大于 1024 的任意端口号，这里确定为 2112。

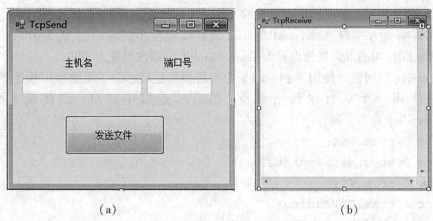

(a)   (b)

图 13-14 TCP 传输发送、接收程序窗口布局

TcpSend 程序实现。首先，确保包含相关的命名空间：

```
using System.Net;
```

```
using System.Net.Sockets;
using System.IO;
```

按钮的单击事件处理程序如下所示：

```
private void btnSend_Click(object sender,EventArgs e)
{
    TcpClient tcpClient = new TcpClient(txtHost.Text,Int32.Parse
(txtPort.Text));
    NetworkStream ns=tcpClient.GetStream();
    FileStream fs=File.Open("..\\..\\form1.cs",FileMode.Open);
    int data=fs.ReadByte();
    while(data != -1)
    {
      ns.WriteByte((byte)data);
      data=fs.ReadByte();
    }
    fs.Close();
    ns.Close();
    tcpClient.Close();
}
```

这个示例用主机名和端口号创建了 TcpClient，设置一个文件流从源程序文件中读出数据，再通过设置的网络流将数据通过网络发给接收进程。具体过程是，在得到 NetworkStream 类的一个实例后，打开源代码文件，开始读取字节。其中，创建 NetworkStream 实例 ns 得到一个操作系统分配的端口号。ReadByte 方法以字节为单位从文件流 fs 中读取数据，返回值为-1 可以确定到达流的末尾。循环读取了所有的字节，并把它们发送给网络流后，就关闭所有打开的文件、连接和流。

TcpReceive 程序实现。将 Form1 的 Text 属性设置为 TcpReceive；将 textBox1 的 Dock 属性设置为 Fill，Multiline 属性设置为 True，ScrollBars 属性设置为 Both。

TcpReceive 应用程序使用 TcpListener 等待进程的连接。为了避免应用程序界面的冻结，我们使用一个后台线程来等待，然后从连接中读取。因此还需要包含 System.Threading 命名空间：

```
using System.Net;
using System.Net.Sockets;
using System.IO;
using System.Threading;
```

在窗体的构造函数中，添加一个后台线程：

```
public Form1()
{
    InitializeComponent();
```

```
    Thread thread=new Thread(new ThreadStart(Listen));
    thread.Start();
}
```
其他重要的代码如下所示。
```
public void Listen()
{
    IPAddress localAddr=IPAddress.Parse("127.0.0.1");
    Int32 port=2112;
    TcpListener tcpListener=new TcpListener(localAddr,port);
    tcpListener.Start();
    TcpClient tcpClient=tcpListener.AcceptTcpClient();
    NetworkStream ns=tcpClient.GetStream();
    StreamReader sr=new StreamReader(ns);
    string result=sr.ReadToEnd();
        Invoke ( new  UpdateDisplayDelegate ( UpdateDisplay ), new
object[ ] { result });
    tcpClient.Close();
    tcpListener.Stop();
}
public void UpdateDisplay(string text)
{
    textBox1.Text=text;
}
protected delegate void UpdateDisplayDelegate(string text);
```

运行时，先启动 TcpReceive，该程序处于等待状态；再启动 TcpSend，输入主机名和端口号，点击"发送文件"按键，TcpSend 将文件输入到 TcpReceive，TcpReceive 应用窗口已经显示了接收到的程序文本。如图 13-15 所示。

作为网络数据接收方，使用多线程技术是十分必要的，因为接收进程需要等待发送方随时可能发来的数据。如果只使用单线程，接收进程运行到等待阶段，只能等待数据的到来，只有数据接收完成后，才有机会做其他事。这在进程运行中，等待阶段的窗口界面体现为"冻结"状态，这显然是接收方用户无法忍受的。使用多线程技术，主线程十分简单，只要在主窗口初始化过程中创建并启动一个接收线程，就可以继续执行其他操作。等待、接收、处理数据的各种，都交给接收线程。本例中，主线程虽然不再有其他操作，但在等待数据过程中，主窗口不再是处于冻结状态。

本例显示了一种多线程编程套路。在主线程窗口初始化中，已经指定建立的后台进程所有动作在 Listen 函数中规定。首先建立接收端点，并通过开启接收端口的监听，进入接收数据等待状态。注意这里把 IP 地址 127.0.0.1 和端口号 2112 硬编码到应用程序中，因此需要在 TcpSend 程序中输入相同的端口号。使用 AcceptTcpClient( )返回的 TcpClient 对象

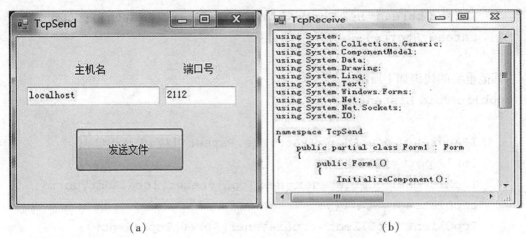

（a）　　　　　　　　　　　　　　　（b）

图 13-15　TcpSend 将文件输入到 TcpReceive

打开一个新流，进行读取；创建一个 StreamReader，把进来的网络数据转换为字符串。在关闭客户机，停止监听程序前，更新窗体的文本框。我们不想从后台线程中直接访问文本框，所以使用窗体的 Invoke 方法和一个委托，把得到的字符串作为 object 参数数组的第一个元素来传送。Invoke 方法可确保调用正确编组到主线程中，以控制用户界面上的句柄。作为后台线程和主线程的数据传输桥梁，函数 UpdateDisplay 也在程序中做了必要的设置。

13.4.3　使用 UDP 服务

与 TcpClient 相比，UdpClient 类提供了一个较小、较简单的界面，这反映出 UDP 协议相对简单的本质。TCP 和 UDP 类都在后台使用套接字，但 UdpClient 类不包含返回网络流以读写数据的方法。相反，成员函数 Send 把一个字节数组作为参数，成员函数 Receive 则返回一个字节数组。另外，因为 UDP 是一个无连接的协议，所以可以指定，把通信的端点作为 Send 和 Receive 方法的一个参数，而不是在前面的构造函数或 Connect 方法中指定，也可以在某个后续的发送或接收过程中修改端点。

下面的代码段使用 UdpClient 类完成上例中的程序传输，不同的是上例使用的是 TCP 传输方式，本例使用的是 UDP 传输方式。本例既可以说明 UDP 传输方式的编程实现方法，也可以与 TCP 传输方式编程方法做一个对比。

与上例一样，本例也由一个发送程序 UDPSend 与一个接收程序 UDPReceive 组成一个通信链接。发送程序 UPDSend 有两个 TextBox 控件用于接收用户输入的主机地址和端口号，然后点击"发送"按键将本源程序发送给接收程序。接收程序 UDPReceive 应用一个后台线程来等待接收发送段随时可能发来的数据。与 TCP 一对一的管道通信方式不同，UDP 是无连接数据报服务方式，不需要事先进行连接就可以进行数据传输；在数据传输时，又可以实现一对多或多对一的通信。例如，发送程序只需要在 Send 方法中指定、改变 IP 地址和端口号，就可以将数据同时发送给多台主机；接收程序只管到指定的端口去接收数据，这些数据可能来自不同源主机。

下面是发送程序和接收程序清单。

UDPSend. cs 程序清单

```csharp
using System;
using System.IO;
using System.Net;
using System.Net.Sockets;
using System.Collections.Generic;
using System.ComponentModel;
using System.Data;
using System.Drawing;
using System.Linq;
using System.Text;
using System.Windows.Forms;
namespace UDPSend
{
    public partial class Form1 : Form
    {
        public Form1()
        {
            InitializeComponent();
        }
        private void button1_Click(object sender, EventArgs e)
        {
            UdpClient udpClient = new UdpClient();
            StringBuilder sb = new StringBuilder();
            FileStream fs = File. Open ( " .. \ \ .. \ \ form1.cs ",
FileMode.Open);
            int data = fs.ReadByte();
            sb.Append(data);
            while (data ! = -1)
            {
                data = fs.ReadByte();
                sb.Append((char)data);
            }
            fs.Close();
            string sendMsg = sb.ToString();
            byte[] sendBytes = Encoding.ASCII.GetBytes(sendMsg);
            udpClient.Send ( sendBytes, sendBytes.Length, "127.
0.0.1",2112);
```

```
                }
            }
    }
UDPReceive. cs 程序清单:
using System;
using System.IO;
using System.Net;
using System.Net.Sockets;
using System.Threading;
using System.Collections.Generic;
using System.ComponentModel;
using System.Data;
using System.Drawing;
using System.Linq;
using System.Text;
using System.Windows.Forms;
namespace UDPReceive1
{
    public partial class Form1 :Form
    {
        public Form1()
        {
            InitializeComponent();
            Thread thread=new Thread(new ThreadStart(Listen));
            thread.Start();
        }
        public void Listen()
        {
            IPAddress localAddr=IPAddress.Parse("127.0.0.1");
            Int32 port=2112;
            UdpClient listener=new UdpClient(port);
            IPEndPoint groupEP=new IPEndPoint(localAddr,port);
            byte[] bytes=listener.Receive(ref groupEP);
            string result = System.Text.Encoding.ASCII.GetString
(bytes);
            Invoke(new UpdateDisplayDelegate(UpdateDisplay),new
object[] { result });
            listener.Close();
```

```
        }
        public void UpdateDisplay(string text)
        {
            textBox1.Text = text;
        }
        protected delegate void UpdateDisplayDelegate(string
text);
    }
}
```

先运行 UDPReceive 程序，再运行 UDPSend 程序，在发送程序中输入 IP 地址 "127.0.0.1" 和端口号 "2112"，点击 "发送文件" 按键，接收程序立即收到传输结果。运行过程和运行结果如图 13-16 所示。

图 13-16　运行过程和运行结果

Encoding.ASCII 类常常用于把字符串转换为字节数组，或把字节数组转换为字符串。还要注意，IPEndPoint 应按引用传送给 Receive 方法。UDP 不是一个面向连接的协议，所以对 Receive 的每次调用都会从不同的端点读取数据，Receive 会用发送主机的 IP 地址和端口填充该参数。

UdpClient 和 TcpClient 在最低层的类 Socket 上提供了一个抽象层。

13.4.4　Socket 类

Socket 类提供了网络编程的最高级控制。说明该类的最简单方式是用 Socket 类重新编写 TcpReceive 应用程序。更新后的 Listen 方法如下所示：

```
public void Listen()
{
```

```
    Socket listener=new Socket (AddressFamily.lnterNetwork,Socket
Type.Stream,ProtocolType.Tcp);
    listener.Bind(new IPEndPoint(lPAddress.Any,2112));
    listener.Listen();
    Socket socket=listener.Accept();
    Stream netStream=new NetworkStream(socket);
    StreamReader reader=new StreamReader(netStream);
    string result=reader.ReadToEnd();
    Invoke(new UpdateDisplayDelegate(UpdateDisplay),new object[]
{result});
    socket.Close();
    listener.Close();
  }
```

Socket 类需要再编写几行代码来完成相同的任务。对于初学者来说，构造函数的参数需要为使用 TCP 协议的流套接字指定 IP 寻址模式。这些参数只是可用于 Socket 类的许多组合中的一个，TcpClient 类会配置这些设置。接着把监听器的套接字绑定到一个端口上，开始监听传入的连接。当传入一个连接时，就可以使用 Accept 方法创建一个新的套接字，来处理该连接。最后为套接字创建一个 StreamReader 实例，来读取传入的数据，其方式与前面的大致相同。

Socket 类也包含许多方法，用于异步接收、连接、发送和接收数据。使用这些方法和回调委托的方式与前面用 WebRequest 类请求异步页面的方式相同。如果确实需要了解套接字的内部情况，可以使用 GetSocketOption 和 SetSocketOption 方法，它们允许查看和配置各种选项，包括超时、生存期和其他低级选项。

本章作业

编程实现本章说明的每一个例子。

参 考 文 献

[1]谢希仁．计算机网络(第5版)[M]．北京：电子工业出版社，2008．

[2]蔡阳，孟令奎．计算机网络原理与技术[M]．北京：国防工业出版社，2005．

[3]蔡开裕，范金鹏．计算机网络[M]．北京：机械工业出版社，2003．

[4]吴功宜．计算机网络(第2版)[M]．北京：清华大学出版社，2007．

[5]CSDN-专业IT技术专区．IPv6格式．http：//blog. csdn. net/ysu108/article/details / 8040938，2012-10．

[6]skywang12345．迪杰斯特拉算法介绍[EB]/[OL]．http：//www. cnblogs. com/skywang 12345/，2018-3．

[7]CSDN-专业IT技术专区．TCP建立连接和拆除连接的过程．http：//blog. csdn. net/ iynu17/article/details/51588201，2016-6．

[8]360百科．DHCP协议[EB]/[OL]．https：//baike. so. com/doc/5447787-5686155. html，2017．

[9]百度百科．DHCP协议的功能与工作过程[EB]/[OL]．https：//zhidao. baidu. com/ question/543587237. html，2017．

[10]红黑联盟．DES加密解密算法详解[EB]/[OL]．https：//www. 2cto. com/kf/201207 / 138943. html，2012-07-05．

[11]360百科．无线网络[EB]/[OL]．https：//baike. so. com/doc/5389552-5626133. html，2017．

[12]红黑联盟．802.11帧格式解析[EB]/[OL]．https：//www. 2cto. com/net/201202/ 119428. html. 2012-02-13．

[13]马展，李守勇．Visual C++.NET网络与高级编程范例[M]．北京：清华大学出版社，2005．

[14]梁伟．Visual C++网络编程经典案例详解[M]．北京：清华大学出版社，2010．

[15]刘好增．ASP动态网站开发实践教程(第2版)[M]．北京：清华大学出版社，2009．

[16]陈娴．ASP. NET项目开发实践(第2版)[M]．北京：中国铁道出版社，2005．

[17]徐谡．ASP. NET应用与开发案例教程[M]．北京：清华大学出版社，2005．

[18]刘廷．ASP. NET开发实例完全剖析[M]．北京：中国电力出版社，2006．

[19]顾宁．Web Services原理与研发实践[M]．北京：机械工业出版社，2006．

[20]邓丽．ASP. NET 2.0 Ajax应用程序设计[M]．北京：清华大学出版社，2009．

[21]冯曼菲．精通Ajax：基础概念、核心技术与典型案例[M]．北京：人民邮电出版

社，2008.

[22]王大远．DIV+CSS 3.0 网页布局案例精粹[M]．北京：电子工业出版社，2011.

[23]袁润非．DIV+CSS 网站布局案例精粹[M]．北京：清华大学出版社，2011.

[24]内格尔．C#高级编程[M]．北京：清华大学出版社，2008.

[25]戴特曼．C# 2008 程序员教程[M]．北京：电子工业出版社，2009.

附录1　迪杰斯特拉算法

1.1　迪杰斯特拉算法介绍

迪杰斯特拉(Dijkstra)算法是典型最短路径算法,用于计算一个节点到其他节点的最短路径。它的主要特点是以起始点为中心向外层层扩展(广度优先搜索思想),直到扩展到终点为止。

1. 基本思想

通过 Dijkstra 计算最短路径时,需要指定起点 s(即从顶点 s 开始计算)。此外,引进两个集合 S 和 U。S 记录已求出最短路径的顶点(以及相应的最短路径长度),U 记录还未求出最短路径的顶点(以及该顶点到起点 s 的距离)。

初始时,S 中只有起点 s;U 中是除 s 之外的顶点,并且顶点的路径是"起点 s 到该顶点的路径"。从 U 中找出路径最短的顶点,并将其加入到 S 中;接着,更新 U 中的顶点和顶点对应的路径。重复该操作,直到遍历完所有顶点。

2. 操作步骤

① 初始时,S 只包含起点 s;U 包含除 s 外的其他顶点,以及顶点距离起点 s 的距离。顶点 v 到 s 的距离表示为(s, v)的长度,如果 s 和 v 不相邻,则(s, v)为∞。

② 从 U 中选出距离最短的顶点 k,将顶点 k 加入到 S 中,从 U 中移除顶点 k。

③ 更新 U 中各个顶点到起点 s 的距离。之所以更新 U 中顶点的距离,是由于上一步中确定了 k 是求出最短路径的顶点,从而可以利用 k 来更新其他顶点的距离;例如,(s, v)的距离可能大于(s, k)+(k, v)的距离。

④ 重复步骤②和③,直到遍历完所有顶点。

3. 迪杰斯特拉算法图解

单纯的看上面的理论可能比较难以理解,下面通过实例来对该算法进行说明。

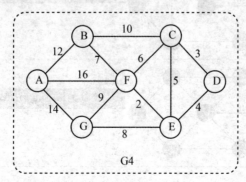

G4

以上图为例，D 为起点，进行迪杰斯特拉算法演示。

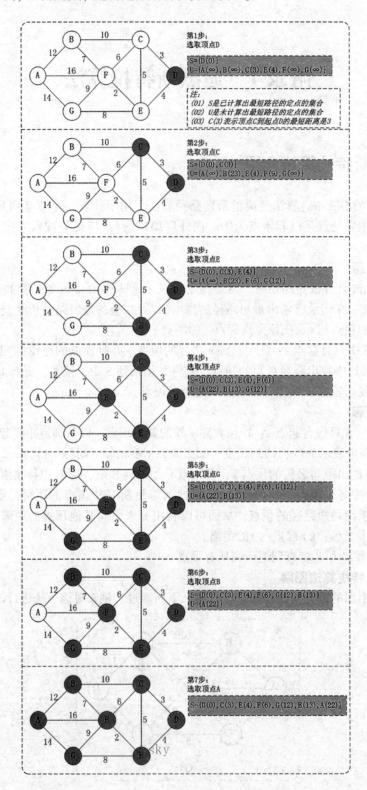

初始状态：S 是已计算出最短路径的顶点集合，U 是未计算出最短路径的顶点的集合。

第 1 步：将顶点 D 加入到 S 中。此时，S＝{D(0)}，U＝{A(∞)，B(∞)，C(3)，E(4)，F(∞)，G(∞)}。这里，C(3) 表示 C 到起点 D 的距离是 3。

第 2 步：将顶点 C 加入到 S 中，因为 C 在 U 集合里所有顶点中距离 D 点最近。将 C 加入到 S 中，就可以成为其他顶点到达 D 的中转站。以 C 为中转站，更新 U 中各顶点到 D 的距离。以顶点 F 为例，之前 F 到 D 的距离为∞；但是将 C 加入到 S 之后，F 到 D 的距离为 9＝(F，C)＋(C，D)。此时，S＝{D(0)，C(3)}，U＝{A(∞)，B(23)，E(4)，F(9)，G(∞)}。

第 3 步：将顶点 E 加入到 S 中。

上一步操作之后，U 中顶点 E 到起点 D 的距离最短；因此，将 E 加入到 S 中，同时更新 U 中顶点的距离。还是以顶点 F 为例，之前 F 到 D 的距离为 9；但是将 E 加入到 S 之后，F 到 D 的距离为 6＝(F，E)＋(E，D)。此时，S＝{D(0)，C(3)，E(4)}，U＝{A(∞)，B(23)，F(6)，G(12)}。

第 4 步：将顶点 F 加入到 S 中。此时，S＝{D(0)，C(3)，E(4)，F(6)}，U＝{A(22)，B(13)，G(12)}。

第 5 步：将顶点 G 加入到 S 中。此时，S＝{D(0)，C(3)，E(4)，F(6)，G(12)}，U＝{A(22)，B(13)}。

第 6 步：将顶点 B 加入到 S 中。此时，S＝{D(0)，C(3)，E(4)，F(6)，G(12)，B(13)}，U＝{A(22)}。

第 7 步：将顶点 A 加入到 S 中。此时，S＝{D(0)，C(3)，E(4)，F(6)，G(12)，B(13)，A(22)}。

此时，集合 U 已空，算法结束，起点 D 到各个顶点的最短距离就计算出来了：A(22) B(13) C(3) D(0) E(4) F(6) G(12)。

1.2　迪杰斯特拉算法编程思路

1. 以邻接矩阵描述网络

邻接矩阵用矩阵的形式描述了所有节点两两之间的连接距离，其中，相邻节点之间的距离为连接线权值，不相邻节点之间的距离用无穷大表示。如上图中七个节点的连接关系可以用下面的邻接矩阵表示。在程序中，无穷大可以用一个很大的数据(例如 10000，程序中用 INF 表示)来表示。

	A	B	C	D	E	F	G
A	0	12	∞	∞	∞	16	14
B	12	0	10	∞	∞	7	∞
C	∞	10	0	3	5	6	∞
D	∞	∞	3	0	4	∞	∞
E	∞	∞	5	4	0	2	8
F	16	7	6	∞	2	0	9
G	14	∞	∞	∞	8	9	0

2. 邻接矩阵的应用

确定一个起点，用迪杰斯特拉算法程序计算出该起点到各个节点的最短距离。以 F 节点为例，来说明邻接矩阵在迪杰斯特拉算法中如何应用。

①将起点 F 在邻接矩阵中对应的行向量取出，作为当前行向量，并将 F 在该行对应的单元做上标记。它也表示了目前阶段 F 到达其他节点的距离。

$$\{16, 7, 6, INF, 2, \theta, 9\}$$

②在未做标记的单元中，找到最小值 2，并将该单元做上标记，将其对应的节点 E 作为当前节点。

③从邻接矩阵中取出当前节点对应的行向量，行向量中的各个单元依次取出，加上最小值，将计算结果与当前行向量中未作标记的对应单元比较大小，如果比当前行向量对应单元小，则用该结果替换当前行向量对应单元。现在，当前行向量如下所示。它也表示了目前阶段 F 到达其他节点的距离。

$$\{16, 7, 6, 6, \bcancel{2}, \theta, 9\}$$

④重复 2、3 步骤 6 次(节点数减一次)，每一次重复得到的当前行向量依次是：

$$\{16, 7, \bcancel{6}, 6, \bcancel{2}, \theta, 9\}$$
$$\{16, 7, \bcancel{6}, \bcancel{6}, \bcancel{2}, \theta, 9\}$$
$$\{16, \bcancel{7}, \bcancel{6}, \bcancel{6}, \bcancel{2}, \theta, 9\}$$
$$\{16, \bcancel{7}, \bcancel{6}, \bcancel{6}, \bcancel{2}, \theta, 9\}$$
$$\{\bcancel{16}, \bcancel{7}, \bcancel{6}, \bcancel{6}, \bcancel{2}, \theta, 9\}$$

最后一个当前行向量就是当前节点到各个节点的最小距离。

在程序中，用一个数组 flag[7]来表示标记。flag[i]=0，表示未作标记；flag[i]=1，表示对应单元作标记。

1.3　迪杰斯特拉算法的源码

下面给出的是 VS2010 平台上运用 VC++语言 Win30 控制台应用程序编制的源程序。为了简便，网络拓扑结构已经编制在程序中。如果要针对其他网络，需要对程序数据部分做相应改变。

```
#include "stdafx.h"
#include <stdio.h>
#include <stdlib.h>
#include <malloc.h>
#include <string.h>
#define MAX      7        //矩阵最大容量
#define INF      10000    //最大值
void main()
{
```

```
    int i,j,k,min,tmp;
    int prev[MAX][MAX];//前驱顶点数组。
    //前驱顶点是源节点到目的节点的最短路径
    //所经历的全部节点中,位于目的节点之前的那个节点。
    int dist[MAX][MAX];   //记录距离
    int flag[MAX];    //标记
    int record[MAX];     //跟踪路径记录
    char vexs[]={'A','B','C','D','E','F','G'};   //节点表
    int matrix[MAX][MAX]={
            /*A*///*B*///*C*///*D*///*E*///*F*///*G*/
      /*A*/{  0, 12,INF,INF,INF, 16, 14},
      /*B*/{  12, 0, 10,INF,INF, 7, INF},
      /*C*/{ INF, 10, 0, 3, 5, 6, INF},
      /*D*/{ INF,INF, 3, 0, 4, INF, INF},
      /*E*/{ INF,INF, 5, 4, 0, 2, 8},
      /*F*/{ 16, 7, 6,INF, 2, 0, 9},
      /*G*/{ 14,INF,INF,INF, 8, 9, 0}};
    //初始化
for(i=0;i<MAX;i++)
    for(j=0;j<MAX;j++)
      {
        prev[i][j]=-1;
        dist[i][j]=0;
      }
  for(int vs=0;vs<MAX;vs++)
  {
      for (i=0; i < MAX; i++)
  {
      flag[i]=0;                  //顶点 i 的最短路径还没获取到。
      dist[vs][i]=matrix[vs][i];//顶点 i 的最短路径为"顶点 vs"到"顶
点 i"的权。
  }
      flag[vs]=1;//标记源节点
//遍历 MAX-1 次;每次找出一个顶点的最短路径。
      for (i=1; i < MAX; i++)
      {
//在 dist[vs][j]找最小,最小值记录进 min,最小值对应位置记录进 k
      min=INF;
```

```
        for (j=0; j < MAX; j++)
        {
            if (flag[j]==0 && dist[vs][j]<min)
            {
                min=dist[vs][j]; k=j;
            }
        }


    flag[k]=1;//节点 k 已经获取到最短路径,标记
    //找到节点 k 后,最小距离发生变化。
    //修改当前最短路径和前驱顶点,即当已经修改"顶点 k 的最短路径"之后,
    //更新"未获取最短路径的顶点的最短路径和前驱顶点"。
    for (j=0; j < MAX; j++)
    {
        tmp=(matrix[k][j]==INF ? INF :(min + matrix[k][j]));
        if (flag[j]== 0 && (tmp  < dist[vs][j]))
        {
            dist[vs][j]=tmp;
            prev[vs][j]=k;
        }
    }
}
//结果输出部分
for(i=0;i<MAX;i++)
{
    printf("起点:%c \n",vexs[i]);
    for(j=0;j<MAX;j++)
    {
        //遍历前驱节点数组,找到源到目的节点的完整路径
        int num=0;
        k=j;
        while(prev[i][k]! =-1)
        {
            record[num++]=prev[i][k];
            k=prev[i][k];
        }
        //输出
```

```
        printf("->%c:最短距离:%3d;中间路径:",vexs[j],dist[i][j]);
            for(k=num-1;k>=0;k--)printf("->%c",vexs[record
[k]]);
        printf("\n");
    }
    printf("\n");
}
getchar();
}
```

下面是程序运算部分结果。

附录 2　DES 加密算法编程实现

本附录用 VC++MFC 应用程序完整实现了 DES 加密算法。

软件的基本操作设计为：

在一个只含有"加密""解密""退出"的应用程序菜单中，当点击"加密"时，软件提供打开文件对话框，供用户打开一个文件进行加密；当点击"解密"时，软件提供打开文件对话框，供用户打开一个文件进行解密。存放 64 比特的密钥文件存放于 C 盘根目录下（用户也可以将其设置在其他目录中），加、解密结果均存放于同名文件中。

软件的实现过程设计为：

在加密过程中，将加密文件分成以 64 比特（8 字节）为单元的多个分组，其中最后一个分组用补 0 方式，凑成 64 比特；每个分组独立转化为密文，依次写回原文件，覆盖原来的明文内容。为了解密需要，将被加密文件实际字节长度数据用一个长整型数据记录，并将这个数据首先写在加密文件中。

在解密过程中，软件首先读出解密文件中第一个长整型数据，获取原文件的实际长度，并据此获得解密文件含有多少个密文分组；依次取出并独立转化为明文，每组明文内容依次记录在数组中；当所有分组转化完毕，将数组中前 n 个字节（n 就是首先被读出的、记录文件实际长度的长整型数据）写入原文件，覆盖原来的密文内容。

软件在 Visual Studio 2010 平台上用 VC++MFC 应用程序方式、以 des2 项目名实现，因为是基于 MFC，系统自动建立主框、视图、文档等类。本软件全部放在文档类中实现。

系统自动生成的文字一律不做任何改动，只是在文档类定义头文件 des2Doc.h 中增添 DES 算法所需要的各种矩阵、数据，相关内容如下：

```
//置换 IP
static char IP_Table[64]={
    58,50,42,34,26,18,10,2,60,52,44,36,28,20,12,4,
    62,54,46,38,30,22,14,6,64,56,48,40,32,24,16,8,
    57,49,41,33,25,17, 9,1,59,51,43,35,27,19,11,3,
    61,53,45,37,29,21,13,5,63,55,47,39,31,23,15,7
};
//逆置换 IP^-1
static char IPR_Table[64]={
    40,8,48,16,56,24,64,32,39,7,47,15,55,23,63,31,
    38,6,46,14,54,22,62,30,37,5,45,13,53,21,61,29,
```

```
    36,4,44,12,52,20,60,28,35,3,43,11,51,19,59,27,
    34,2,42,10,50,18,58,26,33,1,41, 9,49,17,57,25
};
//E扩展
static char E_Table[48]={
    32, 1, 2, 3, 4, 5, 4, 5, 6, 7, 8, 9,
    8, 9,10,11,12,13,12,13,14,15,16,17,
    16,17,18,19,20,21,20,21,22,23,24,25,
    24,25,26,27,28,29,28,29,30,31,32, 1
};
//固定置换 P
static char P_Table[32]={
    16,7,20,21,29,12,28,17,1, 15,23,26,5, 18,31,10,
    2, 8,24,14,32,27,3, 9, 19,13,30,6, 22,11,4, 25
};
//置换 PC-1
static char PC1_Table[56]={
    57,49,41,33,25,17, 9, 1,58,50,42,34,26,18,
    10, 2,59,51,43,35,27,19,11, 3,60,52,44,36,
    63,55,47,39,31,23,15, 7,62,54,46,38,30,22,
    14, 6,61,53,45,37,29,21,13, 5,28,20,12, 4
};
//置换 PC-1
static char PC2_Table[48]={
    14,17,11,24, 1, 5, 3,28,15, 6,21,10,
    23,19,12, 4,26, 8,16, 7,27,20,13, 2,
    41,52,31,37,47,55,30,40,51,45,33,48,
    44,49,39,56,34,53,46,42,50,36,29,32
};
//左循环移位 LS
static char LOOP_Table[16]={
    1,1,2,2,2,2,2,2,1,2,2,2,2,2,2,1
};
//8个 S 盒
static char S_Box[8][4][16]={
    //S1
    14, 4,13, 1, 2,15,11, 8, 3,10, 6,12, 5, 9, 0, 7,
    0,15, 7, 4,14, 2,13, 1,10, 6,12,11, 9, 5, 3, 8,
```

```
    4, 1,14, 8,13, 6, 2,11,15,12, 9, 7, 3,10, 5, 0,
   15,12, 8, 2, 4, 9, 1, 7, 5,11, 3,14,10, 0, 6,13,
   //S2
   15, 1, 8,14, 6,11, 3, 4, 9, 7, 2,13,12, 0, 5,10,
    3,13, 4, 7,15, 2, 8,14,12, 0, 1,10, 6, 9,11, 5,
    0,14, 7,11,10, 4,13, 1, 5, 8,12, 6, 9, 3, 2,15,
   13, 8,10, 1, 3,15, 4, 2,11, 6, 7,12, 0, 5,14, 9,
   //S3
   10, 0, 9,14, 6, 3,15, 5, 1,13,12, 7,11, 4, 2, 8,
   13, 7, 0, 9, 3, 4, 6,10, 2, 8, 5,14,12,11,15, 1,
   13, 6, 4, 9, 8,15, 3, 0,11, 1, 2,12, 5,10,14, 7,
    1,10,13, 0, 6, 9, 8, 7, 4,15,14, 3,11, 5, 2,12,
   //S4
    7,13,14, 3, 0, 6, 9,10, 1, 2, 8, 5,11,12, 4,15,
   13, 8,11, 5, 6,15, 0, 3, 4, 7, 2,12, 1,10,14, 9,
   10, 6, 9, 0,12,11, 7,13,15, 1, 3,14, 5, 2, 8, 4,
    3,15, 0, 6,10, 1,13, 8, 9, 4, 5,11,12, 7, 2,14,
   //S5
    2,12, 4, 1, 7,10,11, 6, 8, 5, 3,15,13, 0,14, 9,
   14,11, 2,12, 4, 7,13, 1, 5, 0,15,10, 3, 9, 8, 6,
    4, 2, 1,11,10,13, 7, 8,15, 9,12, 5, 6, 3, 0,14,
   11, 8,12, 7, 1,14, 2,13, 6,15, 0, 9,10, 4, 5, 3,
   //S6
   12, 1,10,15, 9, 2, 6, 8, 0,13, 3, 4,14, 7, 5,11,
   10,15, 4, 2, 7,12, 9, 5, 6, 1,13,14, 0,11, 3, 8,
    9,14,15, 5, 2, 8,12, 3, 7, 0, 4,10, 1,13,11, 6,
    4, 3, 2,12, 9, 5,15,10,11,14, 1, 7, 6, 0, 8,13,
   //S7
    4,11, 2,14,15, 0, 8,13, 3,12, 9, 7, 5,10, 6, 1,
   13, 0,11, 7, 4, 9, 1,10,14, 3, 5,12, 2,15, 8, 6,
    1, 4,11,13,12, 3, 7,14,10,15, 6, 8, 0, 5, 9, 2,
    6,11,13, 8, 1, 4,10, 7, 9, 5, 0,15,14, 2, 3,12,
   //S8
   13, 2, 8, 4, 6,15,11, 1,10, 9, 3,14, 5, 0,12, 7,
    1,15,13, 8,10, 3, 7, 4,12, 5, 6,11, 0,14, 9, 2,
    7,11, 4, 1, 9,12,14, 2, 0, 6,10,13,15, 3, 5, 8,
    2, 1,14, 7, 4,10, 8,13,15,12, 9, 0, 3, 5, 6,11
};
```

用 VS2010 提供的在类中添加函数的方法，在 CDes2Doc 类中依次添加以下函数，它们都由平台保存在 des2Doc. cpp 文件中。

//加密菜单响应函数

```
void Cdes2Doc::OnEncryption()
{
    Encryption();
    AfxMessageBox(_T("加密完成"),MB_OK,0);
}
```

//解密菜单响应函数

```
void Cdes2Doc::OnDecryption()
{
    Decryption();
    AfxMessageBox(_T("解密完成"),MB_OK,0);
}
```

//加密函数

```
void Cdes2Doc::Encryption()
{
    long length,len,p;
    char *Out,*In,t1[8],t2[8],*key;

    CFile gfile;
    //先打开密钥文件,准备好16 把子密钥
    CString strOpenFileType=_T("(*.*)|*.*|"),fname;
    fname=_T("C:\\1.txt");//密钥文件
    gfile.Open(fname,CFile::modeRead,NULL);
    key=new char[10];
    gfile.Read(key,8);
    gfile.Close();
    SetSubKey1(SubKey,key);
    //再打开加密文件进行加密处理
    CFileDialog FileDlg(TRUE,_T("*.*"),NULL,OFN_HIDEREADONLY |
OFN_OVERWRITEPROMPT,strOpenFileType);
    if(FileDlg.DoModal()==IDOK)
        fname=FileDlg.GetFolderPath()+_T("\\")+FileDlg.Get-
FileName();
    gfile.Open(fname,CFile::modeRead,NULL);
    length=gfile.GetLength();
    len=(length+7)/8*8;
```

```
    Out =new char[len];
    In =new char[len];
    for(int i =0;i<len;i++)Out[i]=0;
    gfile.Read(Out,length);
    gfile.Close();
    p =0;
    do
    {
        for (int i =0; i < 8; i++)
            t1[i]=Out[p +i];//取一个明文分组,即 64 比特明文
    DES(t1,t2, SubKey,true);        //DES 分组加密
        for (int i =0; i < 8; i++)
            In[p +i]=t2[i];//记录一个密文分组,即 64 比特密文
        p += 8L;
    } while (p < len);
    gfile.Open( fname,CFile::modeCreate |CFile::modeWrite,NULL);
//密文写入原文件
    gfile.Write(&length,sizeof(long));
    gfile.Write(In,len);
    gfile.Close();
}
//解密函数
void Cdes2Doc::Decryption(void)
{
    long length,len,p;
    char *Out,*In,t1[8],t2[8],*key;

    CFile gfile;
    //先打开密钥文件,准备好16 把子密钥
    CString strOpenFileType =_T("( *.* )|*.* |"),fname;
    fname =_T("C:\\1.txt");//密钥文件
    gfile.Open(fname,CFile::modeRead,NULL);
    key =new char[10];
    gfile.Read(key,8);
    gfile.Close();
    SetSubKey1(SubKey,key);
    //再打开解密文件进行解密处理
    CFileDialog FileDlg(TRUE,_T(" *.* "),NULL,OFN_HIDEREADONLY |
```

```
OFN_OVERWRITEPROMPT,strOpenFileType);
     if (FileDlg.DoModal()= = IDOK)
          fname = FileDlg.GetFolderPath()+_T("\\")+FileDlg. Get-
FileName();
     gfile.Open(fname,CFile::modeRead,NULL);
     gfile.Read(&length,sizeof(long));
     len =(length+7)/8*8;
     Out = new char[len];
     In = new char[len];
     for(int i =0;i<len;i++)Out[i]=0;
     gfile.Read(Out,len);
     gfile.Close();
     p =0;
     do
     {
         for (int i =0; i < 8; i++)
              t1[i]=Out[p + i];//取一个密文分组,即 64 比特密文
         DES(t1,t2, SubKey,false);        //DES 分组解密
         for (int i =0; i < 8; i++)
              In[p + i]=t2[i];//记录一个明文分组,即 64 比特明文
         p += 8L;
     } while (p < len);
     gfile.Open(fname,CFile::modeCreate |CFile::modeWrite,NULL);
//明文写入原文件
     gfile.Write(In,length);
     gfile.Close();
}
//根据长度为 8 的字符串 key 设置 16 个 56 比特的子密钥,存放于 SubKey 数组中
void Cdes2Doc::SetSubKey1(bool * SubKey,char * key)
{
     bool K[64], * KL =&K[0], * KR =&K[28];
     ByteToBit(K,key,64);
     Transform(K,K,PC1_Table,56);
     for(int i =0; i<16; ++i) {
         RotateL(KL,28,LOOP_Table[i]);
         RotateL(KR,28,LOOP_Table[i]);
         Transform((SubKey+i * 48),K,PC2_Table,48);
     }
```

```
}
//将字符串 byte 变成长度为 BitLen 的比特串 bit
void Cdes2Doc::ByteToBit(bool * bit,char * byte,int BitLen)
{
    for(int i = 0; i<BitLen; ++i)
        bit[i] = (byte[i>>3]>>(i&7)) & 1;
}
```

//将长度为 length 的比特串 bit2 中的比特顺序按照转置矩阵 table 进行重新排序并存放于比特串 bit1 中

```
void Cdes2Doc::Transform(bool * bit1,bool * bit2,char * table,int
length)
{
    bool Tmp[64];
    for(int i = 0; i<length; ++i)
        Tmp[i] = bit2[ table[i]-1 ];
    memcpy(bit1,Tmp,length);
}
```

//将长度为 BitLength 的比特串 BitString 循环左移 Step 位

```
void Cdes2Doc::RotateL(bool * BitString,int BitLength,int Step)
{
    bool Tmp[64];
    memcpy(Tmp,BitString,Step);
    memcpy(BitString,BitString+Step,BitLength-Step);
    memcpy(BitString+BitLength-Step,Tmp,Step);
}
```

//将 64 比特的一个分组 Out 进行加、解密,得到的 64 比特分组为 In
//所需要的 16 把密钥在数组 subkey 中,type = true 时进行加密,type = false 时进行解密

```
void Cdes2Doc::DES(char * In,char * Out,bool * subkey,bool type)
{
    bool M[64],tmp[32], * Li = &M[0], * Ri = &M[32];
    ByteToBit(M,In,64);
    Transform(M,M,IP_Table,64);
    int ii = 0;
    if(type){
        for(int i = 0; i<16; ++i) {
            memcpy(tmp,Ri,32);
            F_func(Ri,SubKey,i);
```

```
            Xor(Ri,Li,32);
            memcpy(Li,tmp,32);
        }
    }else{
        for(int i=15; i>=0; --i) {
            memcpy(tmp,Li,32);
            F_func(Li,SubKey,i);
            Xor(Li,Ri,32);
            memcpy(Ri,tmp,32);
        }
    }
    Transform(M,M,IPR_Table,64);
    BitToByte(Out,M,64);
}
```

//第 i 轮函数 f(R,key)计算
//R:32 比特长度的 Ri。key:第 i 把子密钥,48 比特长度,i:第 i 轮计算
//函数运算结果:长度为 32 比特的二进制,存在 R 中

```
void Cdes2Doc::F_func(bool * R,bool * key,int i)
{
    bool MR[48],MK[48];
    Transform(MR,R,E_Table,48);
    for(int j=0;j<48;j++)MK[j] = *(key+i*48+j);
    Xor(MR,MK,48);
    S_func(R,MR);
    Transform(R,R,P_Table,32);
}
```

//长度均为 len 位的二进制 M1 与 M2 相异或,结果存入 M1

```
void Cdes2Doc::Xor(bool * M1,bool * M2,int len)
{
    for(int i=0; i<len; ++i)
        M1[i] ^= M2[i];
}
```

//用 8 个 S 盒将 48 比特二进制数 In 转化为 32 比特二进制数 Out

```
void Cdes2Doc::S_func(bool * Out,bool * In)
{
    for(char i=0,j,k; i<8; ++i,In+=6,Out+=4) {
```

```
//从第 i+1 个 S 盒的第 j 行第 k 列取出一个数,转化为 4 比特二进制数,存入 Out
        j=(In[0]<<1) + In[5];
        k=(In[1]<<3) + (In[2]<<2) + (In[3]<<1) + In[4];
        ByteToBit(Out,&S_Box[i][j][k],4);
    }
}
```

//长度为 BitLen 的比特串转换为字符串 Out

```
void Cdes2Doc::BitToByte(char * Out,bool * In,int BitLen)
{
    memset(Out,0,BitLen>>3);
    for(int i=0; i<BitLen; ++i)
        Out[i>>3] |= In[i]<<(i&7);
}
```

编译、执行,可以实现对文档文件的加密、解密。